기적의 문제 해결법

초등 3-2

길벗스쿨

유형 탄생의 비밀을 알면

최상위 수학문제도 만만해!

최상위 수학학습, 사고하는 과정이 중요하다!

개념 이해를 확인하는 기본 수학문제는 보는 순간 쉽게 풀어 정답을 구할 수 있습니다. 이때는 문제가 비교적 단순해서 깊은 사고가 필요하지 않습니다. 그렇다면 어려운 수학문제는 어떨까요? '도대체 무엇을 구하라는 것이지? 어떤 방법으로 풀어야 하지?' 등 문제를 이해하는 것부터 어떤 개념을 적용하여 어떤 순서로 해결할지 여러 가지 생각을 하게 됩니다. 만약 답이 틀렸다면 문제를 다시 읽고, 왜 틀렸는지 생각하고, 옳은 답을 구하기 위해 다시 계획하고 실행하는 사고 과정을 반복하게 됩니다. 이처럼 어려운 문제를 해결하기 위해 논리적으로 사고하는 과정 속에서 수학적 사고력과 문제해결력이 향상됩니다. 이것이 바로 최상위 수학학습을 해야 하는 이유입니다.

최상위 수학학습, 초등에서는 달라야 한다!

어려운 수학문제를 논리적으로 생각해서 풀기란 쉽지 않습니다. 논리적 사고가 완전히 발달하지 못한 초등학생에게는 더더욱 힘든 일입니다. 피아제의 인지발달 단계에 따르면 추상적인 개념에 대한 논리적이고 체계적인 사고는 11세 이후 발달하며, 그 이전에는 자신이 직접 경험한 구체적 경험 중심의 직관적, 논리적 조작사고가 이루어집니다. 이에 초등학생의 최상위 수학학습은 중고등학생과는 달라야 합니다. 초등학생의 심화학습은 학생의 인지발달 단계에 맞게 구체적 경험을 통해 논리적으로 조작하는 사고 방법을 익히는 것에 중점을 두어야 합니다. 그래야만 학년이 올라감에 따라 체계적, 논리적 사고를 활용하여 학습할 수 있습니다.

초등 1, 2학년	• 암기력이 가장 좋은 시기 • 구구단과 같은 암기 위주의 단순반복 학습, 개념을 확장하는 선행심화 학습 • 호기심이나 상상을 촉진하는 다양한 활동을 통한 경험심화 학습
초등 3, 4학년	• 구체적 사물들 간의 관계성을 통하여 사고를 확대해 나가는 시기 • 배운 개념이 다른 개념으로 어떻게 확장, 응용되는지 구체적인 문제들을 통해 인지하고, 그 사이의 인과관계를 유추하는 응용심화 학습
초등 5, 6학년	• 추상적, 논리적 사고가 시작되는 시기 • 공부의 양보다는 생각의 깊이를 더해 주는 사고심화 학습

유형 탄생의 비밀을 알면 해결전략이 보인다!

기적

중고등학생은 다양한 문제를 학습하면서 스스로 조직화하고 정교화할 수 있지만
초등학생은 아직 논리적 사고가 미약하기에 스스로 조직화하며 학습하기가 어렵습니다.
그러므로 최상위 수학학습을 시작할 때 무작정 다양한 문제를 풀기보다 어려운 문제들을 관련 있는 것끼리 묶어 함께 학습하는 것이 효과적입니다. 문제와 문제가 어떻게 유기적으로 연결, 발전되는지 파악하고, 그에 따라 해결전략은 어떻게 바뀌는지 구체적으로 비교하며 학습하는 것이 좋습니다.
그래야 문제를 이해하기 쉽고, 비슷한 문제에 응용하기도 쉽습니다.

⊙ 최상위 수학문제를 조직화하는 3가지 원리 ⊙

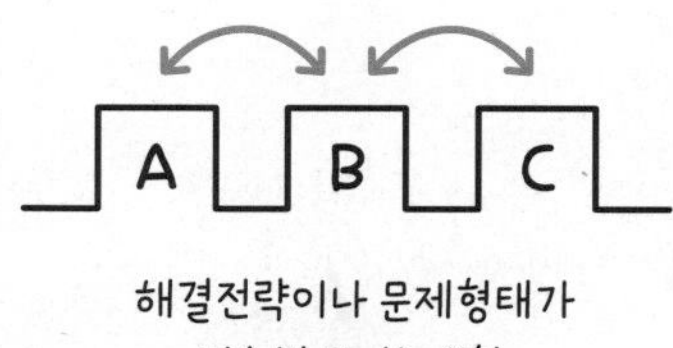
A
B
C

해결전략이나 문제형태가 비슷해 보이는 유형

1. 비교설계

비슷해 보이지만 다른 해결전략을 적용해야 하는 경우와 똑같은 해결전략을 활용하지만 표현 방식이나 소재가 다른 경우는 함께 비교하며 학습해야 해결전략의 공통점과 차이점을 확실히 알 수 있습니다. 이 유형의 문제들은 서로 혼동하여 틀리기 쉬우므로 문제별 이용되는 해결전략을 꼭 구분하여 기억합니다.

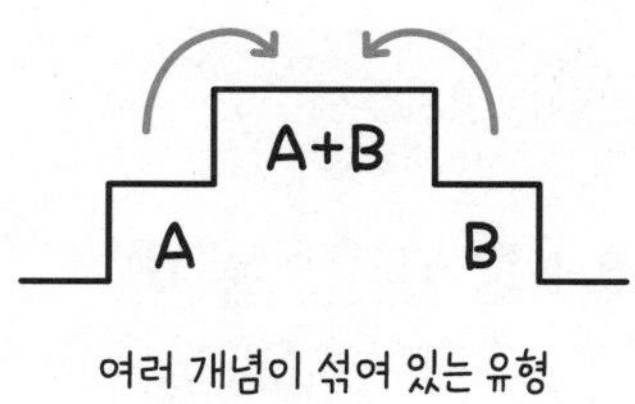
A+B
A
B

여러 개념이 섞여 있는 유형

2. 결합설계

수학은 나선형 학습! 한 번 배우고 끝나는 것이 아니라 개념에 개념을 더하며 확장해 나갑니다. 문제도 여러 개념을 섞어 종합적으로 확인하는 최상위 문제가 있습니다. 각각의 개념을 먼저 명확히 알고 있어야 여러 개념이 결합된 문제를 해결할 수 있습니다. 이에 각각의 개념을 확인하는 문제를 먼저 학습한 다음, 결합 문제를 풀면서 어떤 개념을 먼저 적용하는지 해결순서에 주의하며 학습합니다.

문제의 조건이 변하며 난이도가 올라가는 유형

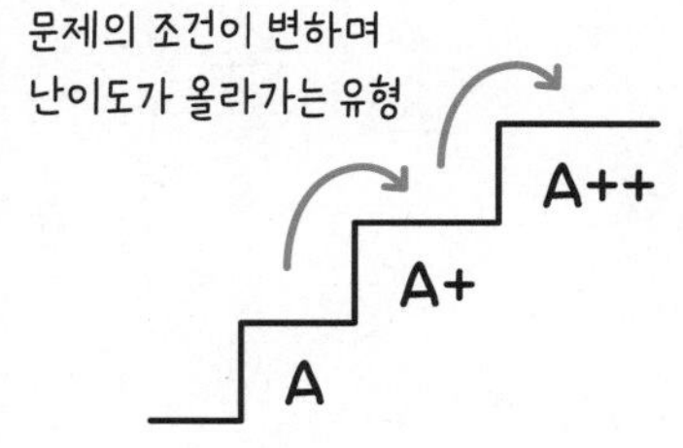
A++
A+
A

3. 심화설계

어려운 문제는 기본 문제에서 조건을 하나씩 추가하거나 낯설게 변형하여 만듭니다. 이때 문제의 조건이 바뀜에 따라 해결전략, 풀이 과정이 알고 있는 것과 어떻게 달라지는지를 비교하면서 학습하면 문제 이해도 빠르고, 해결도 쉽습니다. 나아가 더 어려운 문제가 주어졌을 때 어떻게 적용할지 알 수 있어 문제해결력을 키울 수 있습니다.

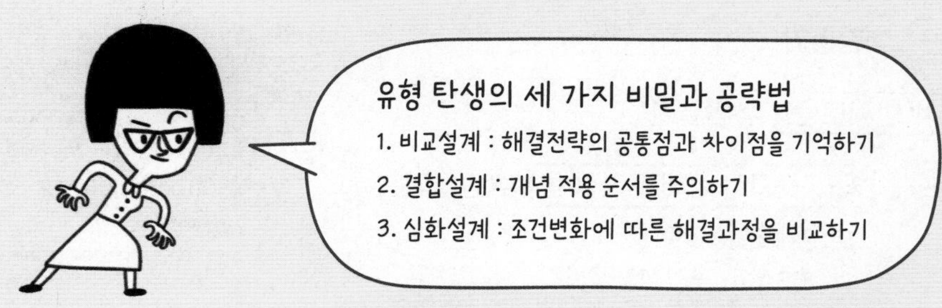
유형 탄생의 세 가지 비밀과 공략법
1. 비교설계 : 해결전략의 공통점과 차이점을 기억하기
2. 결합설계 : 개념 적용 순서를 주의하기
3. 심화설계 : 조건변화에 따른 해결과정을 비교하기

해결전략과 문제해결과정을 쉽게 익히는

기적의 문제해결법 학습설계

기적의 문제해결법은 최상위 수학문제를 출제 원리에 따라 분리 설계하여 문제와 문제가 어떻게 유기적으로 연결, 발전되는지, 그에 따른 해결전략은 어떻게 달라지는지 구체적으로 비교 학습할 수 있도록 구성되어 있습니다.

1 해결전략의 공통점과 차이점을 비교할 수 있는 'ABC 비교설계'

A [원의 크기가 같을] 때 반지름 구하기

지름과 반지름의 관계를 비교

B [원이 포개어 있을] 때 반지름 구하기

작은 원의 위치에 따른 비교

C [원이 겹쳐 있을] 때 반지름 구하기

작은 원의 크기에 따른 비교

D [크기가 다른 원이 맞닿아 있을] 때 지름 구하기

2 각 개념을 먼저 학습 후 결합문제를 해결하는 'A+B 결합설계'

A [분자에 ■가] 있는 식 완성하기

B [분모에 ■가] 있는 식 완성하기

A+B [어떤 분수] 구하기

분자, 분모가 될 수 있는 수의 조건을 알아야 결합문제 해결 가능

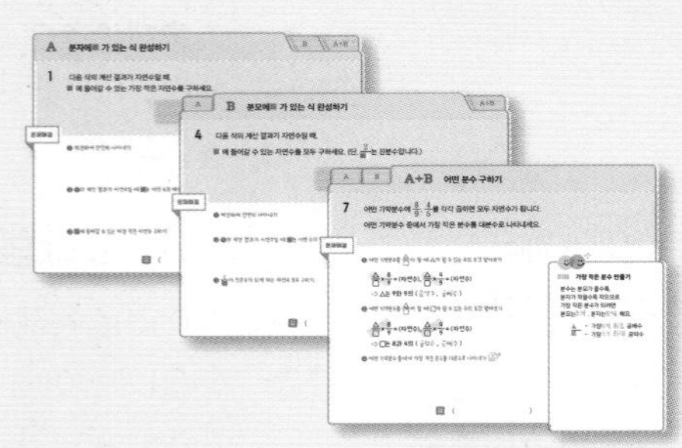

3 조건 변화에 따른 풀이의 변화를 파악할 수 있는 'A++ 심화설계'

A [가장 큰] 수 만들기

A+ [세 번째로 큰] 수 만들기

A++ [자리 숫자가 정해진 가장 큰] 수 만들기

문제 조건에 따라 큰 수 만드는 풀이 변화 확인

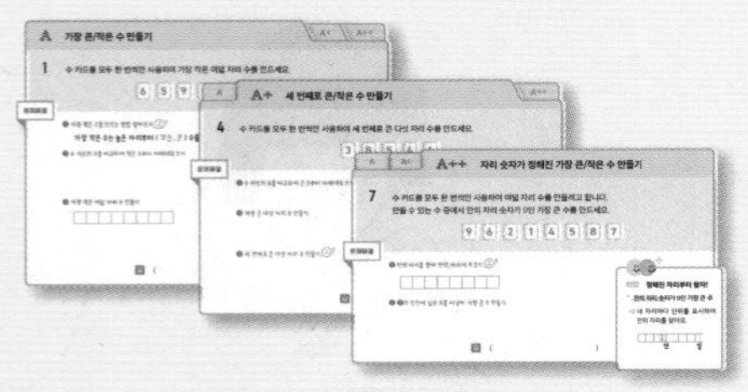

수학적 문제해결력을 키우는

기적의 문제해결법 구성

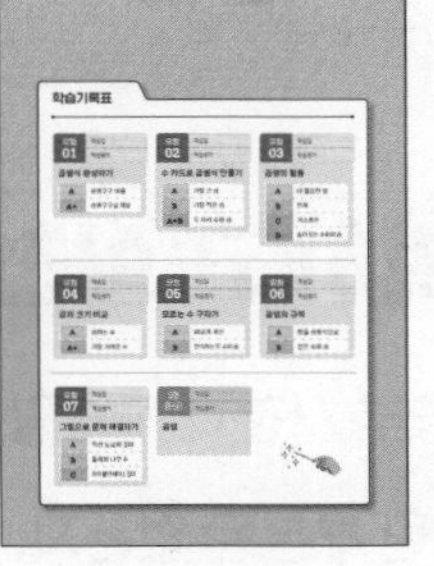

언제, 얼마나 공부할지 스스로 계획하고, 학습 후 기억에 남는 내용을 기록하며 스스로 평가합니다. 이때, 내일 다시 도전할 문제, 한 번 더 풀어 볼 문제, 비슷한 문제를 찾아 더 풀어 보기 등 구체적으로 나의 학습 상태를 기록하는 것이 좋습니다.

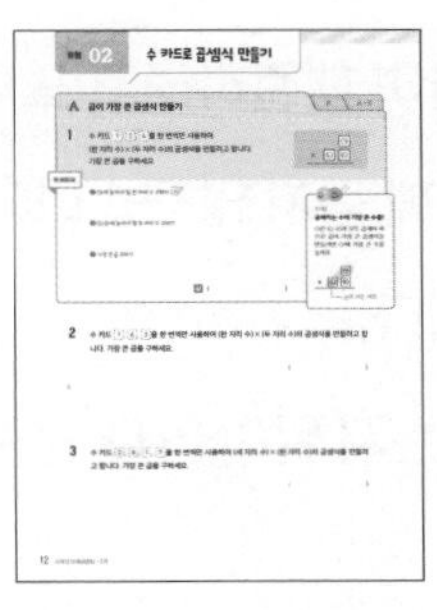

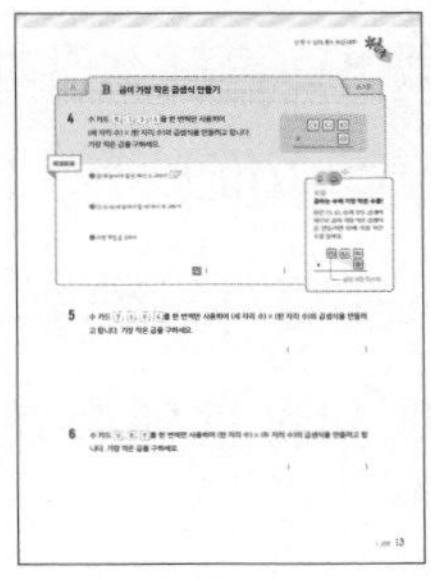

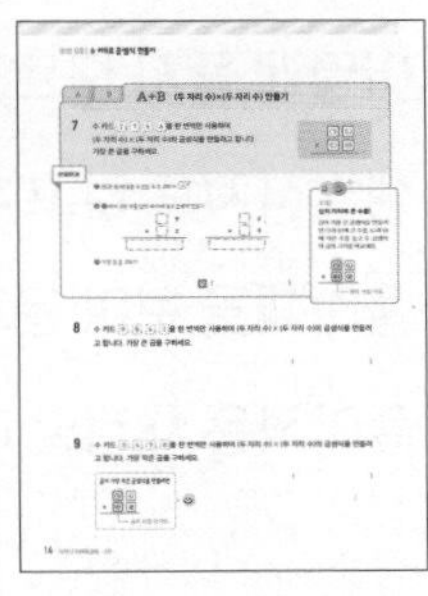

학기별 대표 최상위 수학문제 40여 가지를 엄선!
다양한 변형 문제들을 3가지 원리에 따라 조직화하여
해결전략과 해결과정을 비교하면서 학습할 수 있습니다.

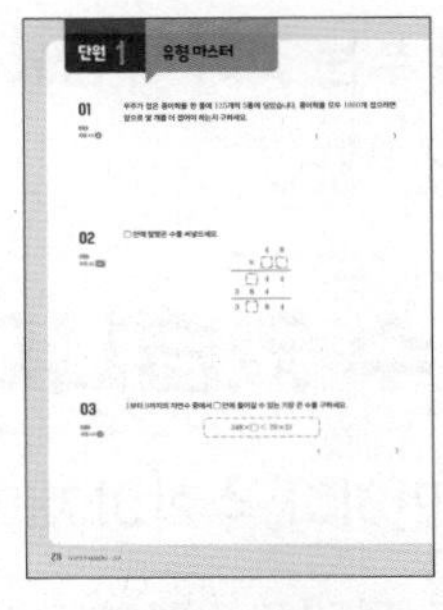

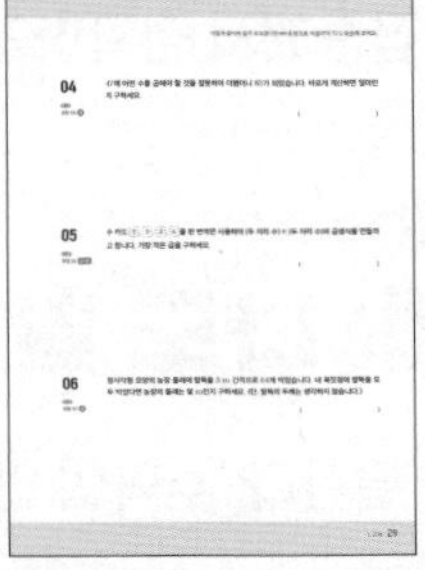

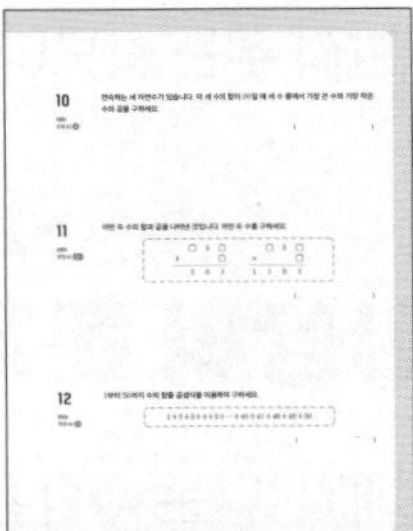

정답을 맞히는 것도 중요하지만, 어떻게 이해하고 논리적으로 사고하는지가 더 중요합니다. 정답뿐만 아니라 해결과정에 오류나 허점은 없는지 꼼꼼하게 확인하고, 이해되지 않는 문제는 관련 유형으로 돌아가서 재점검하여 이해도를 높입니다.

이름

의 **공부 다짐**

나 ____________ 은(는) 「기적의 문제해결법」을 공부할 때

스스로 계획하고 실천하겠습니다.

- 언제, 얼마만큼(공부 시간과 학습량) 공부할 것인지 나에게 맞게, 내가 정하겠습니다.
- 채점을 하면서 틀린 부분은 없는지, 틀렸다면 왜 틀렸는지도 살펴보겠습니다.
- 오늘 공부를 반성하며 다음에 더 필요한 공부도 계획하겠습니다.

2 일단, 내 힘으로 풀어 보겠습니다.

- 어떻게 풀지 모르겠어도 혼자 생각하며 해결하려고 노력하겠습니다.
- 생각하지도 않고 부모님이나 선생님께 묻지 않겠습니다.
- 풀이책을 보며 문제를 풀지 않겠습니다.
  풀이책은 채점할 때, 채점 후 왜 틀렸는지 알아볼 때만 사용하겠습니다.

딱! 집중하겠습니다.

- 딴짓하지 않고, 문제를 해결하는 것에만 딱! 집중하겠습니다.
- 목표로 한 양(또는 시간)을 다 풀 때까지 책상에서 일어나지 않겠습니다.
- 빨리 푸는 것보다 집중해서 정확하게 푸는 것이 더 중요함을 기억하겠습니다.

최상위 문제! 나도 할 수 있습니다.

- 매일 '나는 수학을 잘한다, 수학이 만만하다, 수학이 재미있다'라고 생각하겠습니다.
- 모르니까 공부하는 것! 많이 틀렸어도 절대로 실망하거나 자신감을 잃지 않겠습니다.
- 어려워도 포기하지 않고 계속! 도전하겠습니다.

차례

곱셈

학습계열표

2-2 **2. 곱셈구구**
- 1~9단 곱셈구구
- 0의 곱

3-1 **4. 곱셈**
- (몇십)×(몇)
- (몇십몇)×(몇)

3-2 **1. 곱셈**
- (세 자리 수)×(한 자리 수)
- (한 자리 수)×(두 자리 수)
- (두 자리 수)×(두 자리 수)

4-1 **3. 곱셈과 나눗셈**
- (세 자리 수)×(두 자리 수)

학습기록표

유형 01
학습일
학습평가

곱셈식 완성하기

A	곱셈구구 이용
A+	곱셈구구로 예상

유형 02
학습일
학습평가

수 카드로 곱셈식 만들기

A	가장 큰 곱
B	가장 작은 곱
A+B	두 자리 수의 곱

유형 03
학습일
학습평가

곱셈의 활용

A	더 필요한 양
B	전체
C	거스름돈
D	숨어 있는 수와의 곱

유형 04
학습일
학습평가

곱의 크기 비교

A	곱하는 수
A+	가장 가까운 수

유형 05
학습일
학습평가

모르는 수 구하기

A	바르게 계산
B	연속하는 두 수의 곱

유형 06
학습일
학습평가

곱셈의 규칙

A	합을 곱셈식으로
B	같은 수의 곱

유형 07
학습일
학습평가

그림으로 문제 해결하기

A	직선 도로의 길이
B	둘레의 나무 수
C	이어 붙인 테이프 길이

유형 마스터
학습일
학습평가

곱셈

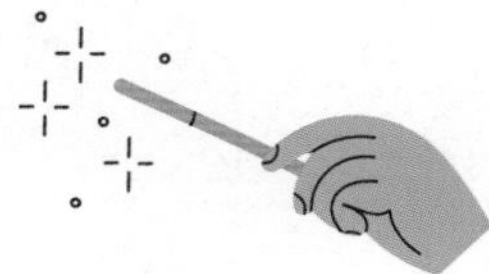

유형 01

곱셈식 완성하기

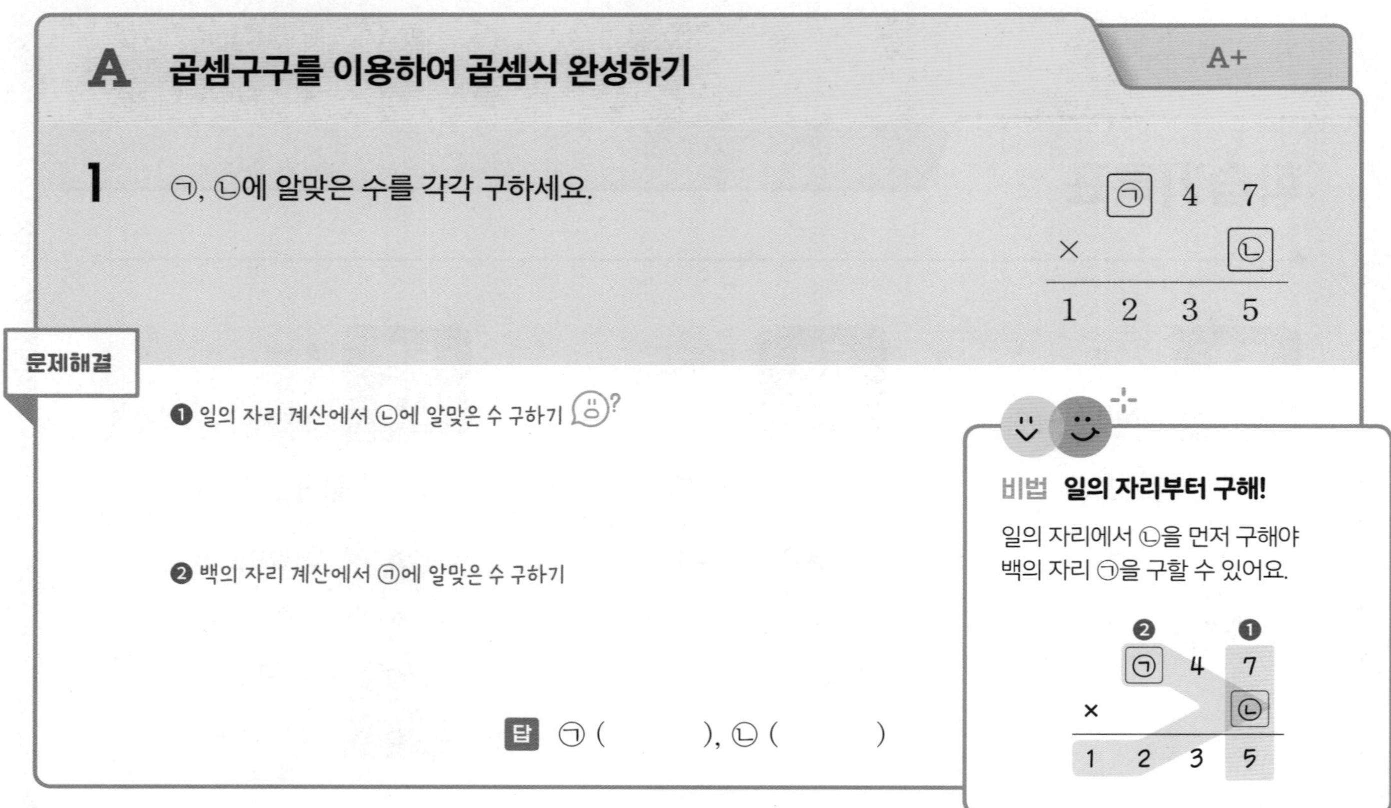

A 곱셈구구를 이용하여 곱셈식 완성하기
A+
1 ㉠, ㉡에 알맞은 수를 각각 구하세요.
㉠ 4 7
× ㉡
1 2 3 5
문제해결
❶ 일의 자리 계산에서 ㉡에 알맞은 수 구하기
❷ 백의 자리 계산에서 ㉠에 알맞은 수 구하기
답 ㉠ ( ), ㉡ ( )
비법 일의 자리부터 구해!
일의 자리에서 ㉡을 먼저 구해야
백의 자리 ㉠을 구할 수 있어요.

2 □ 안에 알맞은 수를 써넣으세요.

$$\begin{array}{rrr} & & \square \\ \times & 7 & 9 \\ \hline \square & 1 & 6 \end{array}$$

3 □ 안에 알맞은 수를 써넣으세요.

$$\begin{array}{rrrr} & & \square & 3 \\ & \times & 6 & \square \\ \hline & 5 & 8 & 4 \\ 4 & \square & 8 & \\ \hline 4 & \square & 6 & 4 \end{array}$$

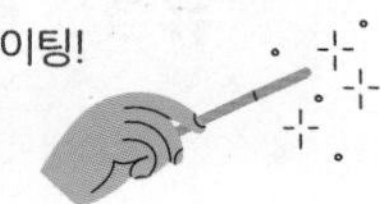

A

A+ 곱셈구구로 예상하여 곱셈식 완성하기

4 ㉠, ㉡, ㉢, ㉣에 알맞은 수를 각각 구하세요.

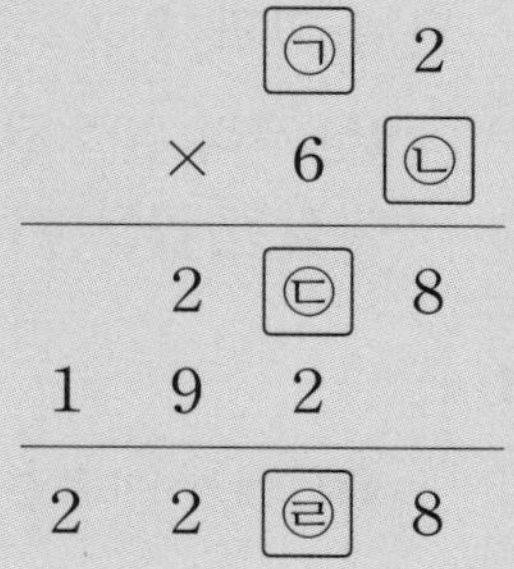

문제해결

❶ ㉠2×6=192에서 ㉠에 알맞은 수 구하기

❷ ㉠2×㉡=2㉢8에서 ㉡, ㉢에 알맞은 수 각각 구하기

❸ 2㉢8+1920=22㉣8에서 ㉣에 알맞은 수 구하기

답 ㉠ (　　　), ㉡ (　　　), ㉢ (　　　), ㉣ (　　　)

비법 곱의 두 가지 경우로 확인!

2단 곱셈구구에서
곱의 일의 자리 수가 8인 경우는
2가지예요.

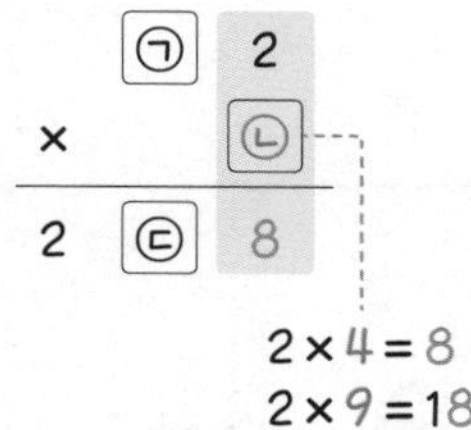

2 × 4 = 8
2 × 9 = 18

5 □ 안에 알맞은 수를 써넣으세요.

$$\begin{array}{r} 5\,\square \\ \times\ \square\,5 \\ \hline 2\,8\,0 \\ 3\,\square\,2 \\ \hline 4\,\square\,0\,0 \end{array}$$

6 ■에 공통으로 들어갈 수를 구하세요.

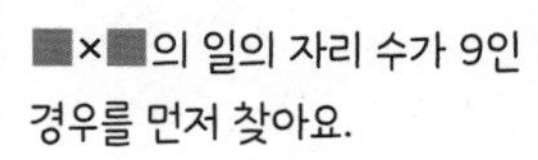

■×■의 일의 자리 수가 9인
경우를 먼저 찾아요.

$$\begin{array}{r} ■\,■\,■ \\ \times\ \ ■ \\ \hline 5\,4\,3\,9 \end{array}$$

(　　　　　　　)

유형 02 수 카드로 곱셈식 만들기

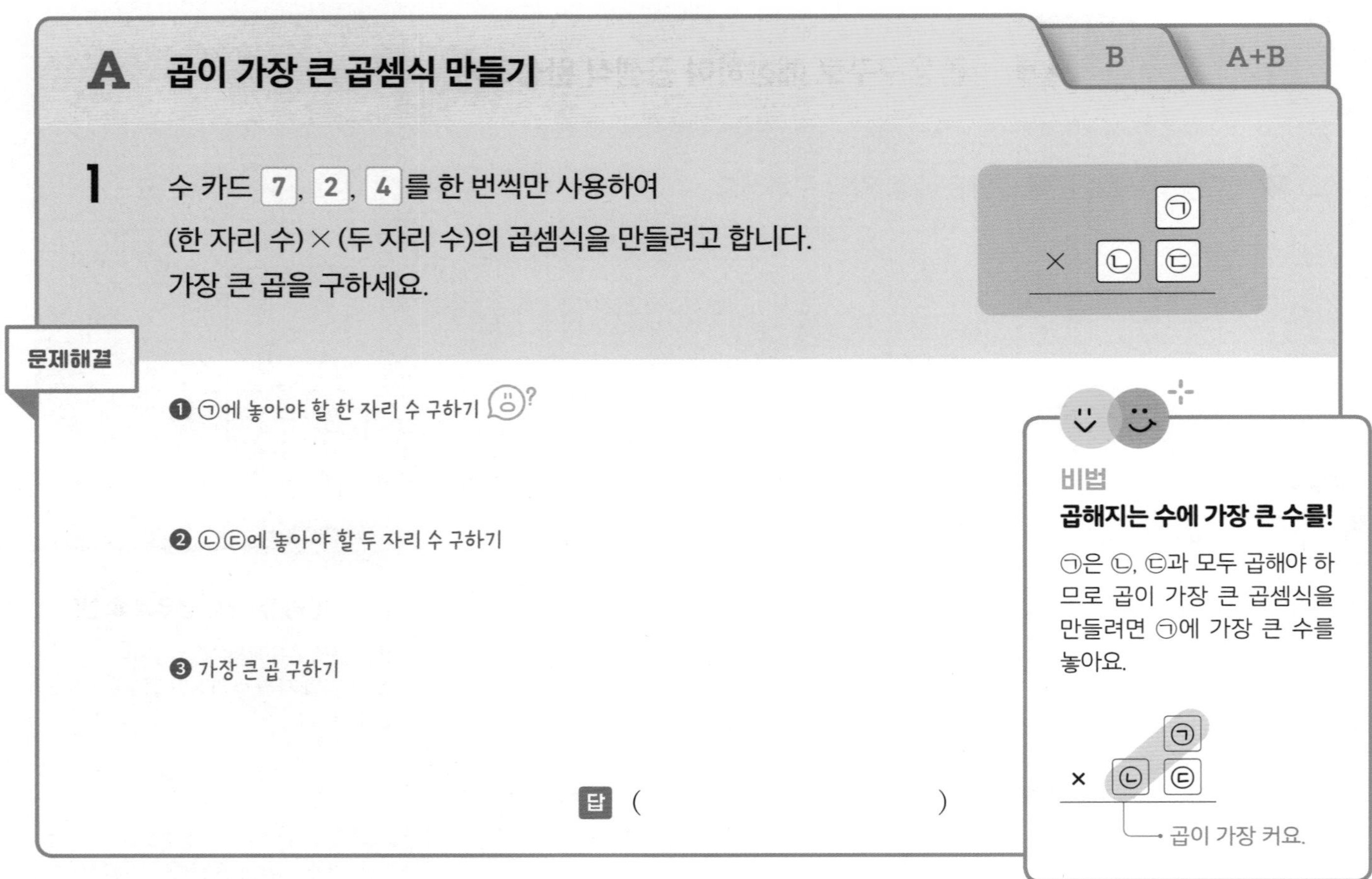

1 수 카드 7, 2, 4 를 한 번씩만 사용하여 (한 자리 수)×(두 자리 수)의 곱셈식을 만들려고 합니다. 가장 큰 곱을 구하세요.

$$\begin{array}{r} ㉠ \\ \times\ ㉡㉢ \\ \hline \end{array}$$

문제해결

❶ ㉠에 놓아야 할 한 자리 수 구하기

❷ ㉡㉢에 놓아야 할 두 자리 수 구하기

❸ 가장 큰 곱 구하기

답 (　　　　　　)

비법
곱해지는 수에 가장 큰 수를!

㉠은 ㉡, ㉢과 모두 곱해야 하므로 곱이 가장 큰 곱셈식을 만들려면 ㉠에 가장 큰 수를 놓아요.

곱이 가장 커요.

2 수 카드 1, 6, 3 을 한 번씩만 사용하여 (한 자리 수)×(두 자리 수)의 곱셈식을 만들려고 합니다. 가장 큰 곱을 구하세요.

(　　　　　　)

3 수 카드 2, 8, 1, 7 을 한 번씩만 사용하여 (세 자리 수)×(한 자리 수)의 곱셈식을 만들려고 합니다. 가장 큰 곱을 구하세요.

(　　　　　　)

A | **B** 곱이 가장 작은 곱셈식 만들기 | A+B

4 수 카드 8, 3, 5, 6 을 한 번씩만 사용하여 (세 자리 수) × (한 자리 수)의 곱셈식을 만들려고 합니다. 가장 작은 곱을 구하세요.

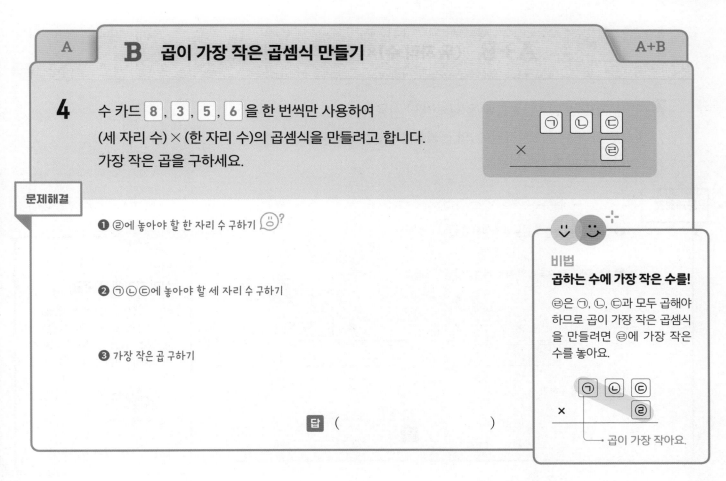

	㉠	㉡	㉢
×			㉣

문제해결

❶ ㉣에 놓아야 할 한 자리 수 구하기

❷ ㉠㉡㉢에 놓아야 할 세 자리 수 구하기

❸ 가장 작은 곱 구하기

답 (   )

비법

곱하는 수에 가장 작은 수를!

㉣은 ㉠, ㉡, ㉢과 모두 곱해야 하므로 곱이 가장 작은 곱셈식을 만들려면 ㉣에 가장 작은 수를 놓아요.

	㉠	㉡	㉢
×			㉣

곱이 가장 작아요.

5 수 카드 7, 6, 9, 4 를 한 번씩만 사용하여 (세 자리 수) × (한 자리 수)의 곱셈식을 만들려고 합니다. 가장 작은 곱을 구하세요.

(   )

6 수 카드 5, 8, 9 를 한 번씩만 사용하여 (한 자리 수) × (두 자리 수)의 곱셈식을 만들려고 합니다. 가장 작은 곱을 구하세요.

(   )

A B

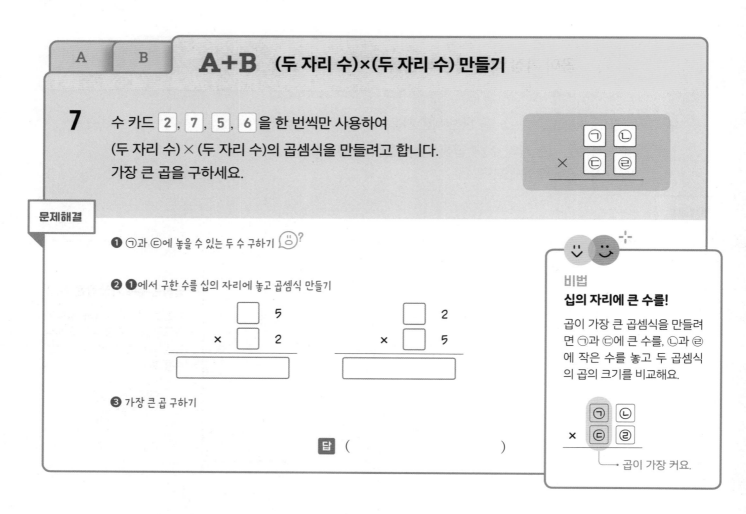

A+B (두 자리 수)×(두 자리 수) 만들기

7 수 카드 [2], [7], [5], [6]을 한 번씩만 사용하여 (두 자리 수)×(두 자리 수)의 곱셈식을 만들려고 합니다. 가장 큰 곱을 구하세요.

	㉠	㉡
×	㉢	㉣

문제해결

❶ ㉠과 ㉢에 놓을 수 있는 두 수 구하기

❷ ❶에서 구한 수를 십의 자리에 놓고 곱셈식 만들기

	□	5
×	□	2
	[ ]	

	□	2
×	□	5
	[ ]	

❸ 가장 큰 곱 구하기

답 ( )

비법
십의 자리에 큰 수를!
곱이 가장 큰 곱셈식을 만들려면 ㉠과 ㉢에 큰 수를, ㉡과 ㉣에 작은 수를 놓고 두 곱셈식의 곱의 크기를 비교해요.

	㉠	㉡
×	㉢	㉣

→ 곱이 가장 커요.

8 수 카드 [9], [8], [4], [1]을 한 번씩만 사용하여 (두 자리 수)×(두 자리 수)의 곱셈식을 만들려고 합니다. 가장 큰 곱을 구하세요.

( )

9 수 카드 [3], [4], [7], [8]을 한 번씩만 사용하여 (두 자리 수)×(두 자리 수)의 곱셈식을 만들려고 합니다. 가장 작은 곱을 구하세요.

( )

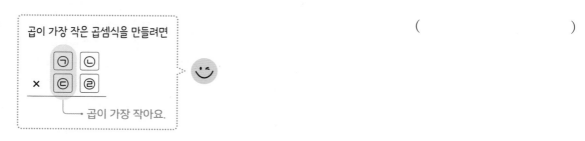

유형 03 곱셈의 활용

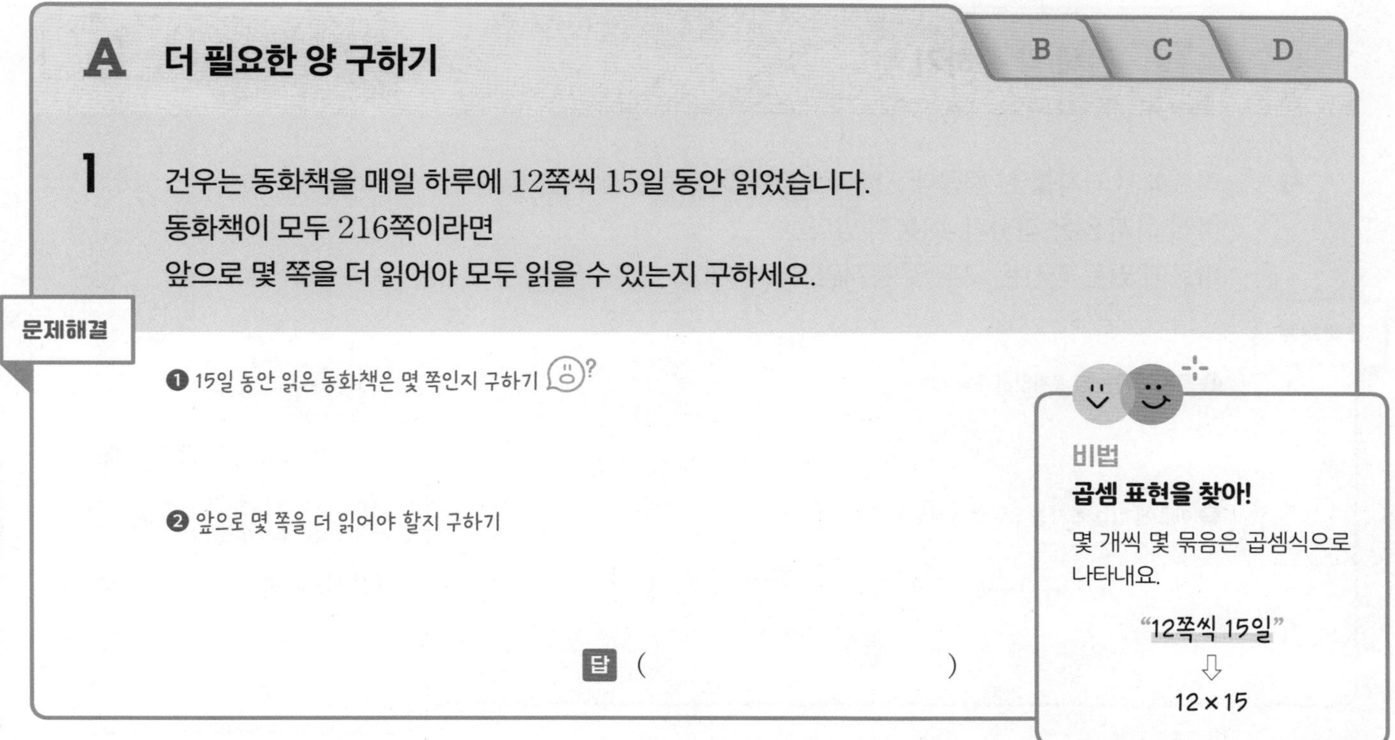

A 더 필요한 양 구하기

B C D

1 건우는 동화책을 매일 하루에 12쪽씩 15일 동안 읽었습니다.
동화책이 모두 216쪽이라면
앞으로 몇 쪽을 더 읽어야 모두 읽을 수 있는지 구하세요.

문제해결

❶ 15일 동안 읽은 동화책은 몇 쪽인지 구하기

❷ 앞으로 몇 쪽을 더 읽어야 할지 구하기

답 (　　　　　　　　)

비법
곱셈 표현을 찾아!
몇 개씩 몇 묶음은 곱셈식으로 나타내요.

"12쪽씩 15일"
⇩
12×15

2 민하는 매일 하루에 550원씩 7일 동안 저금하였습니다. 돈을 4950원 모으려면 앞으로 얼마를 더 저금해야 하는지 구하세요.

(　　　　　　　　)

3 색종이가 한 묶음에 6장씩 37묶음과 한 묶음에 9장씩 31묶음 있습니다. 이 색종이를 720명에게 한 장씩 나누어 주려면 색종이는 적어도 몇 장 더 필요한지 구하세요.

(　　　　　　　　)

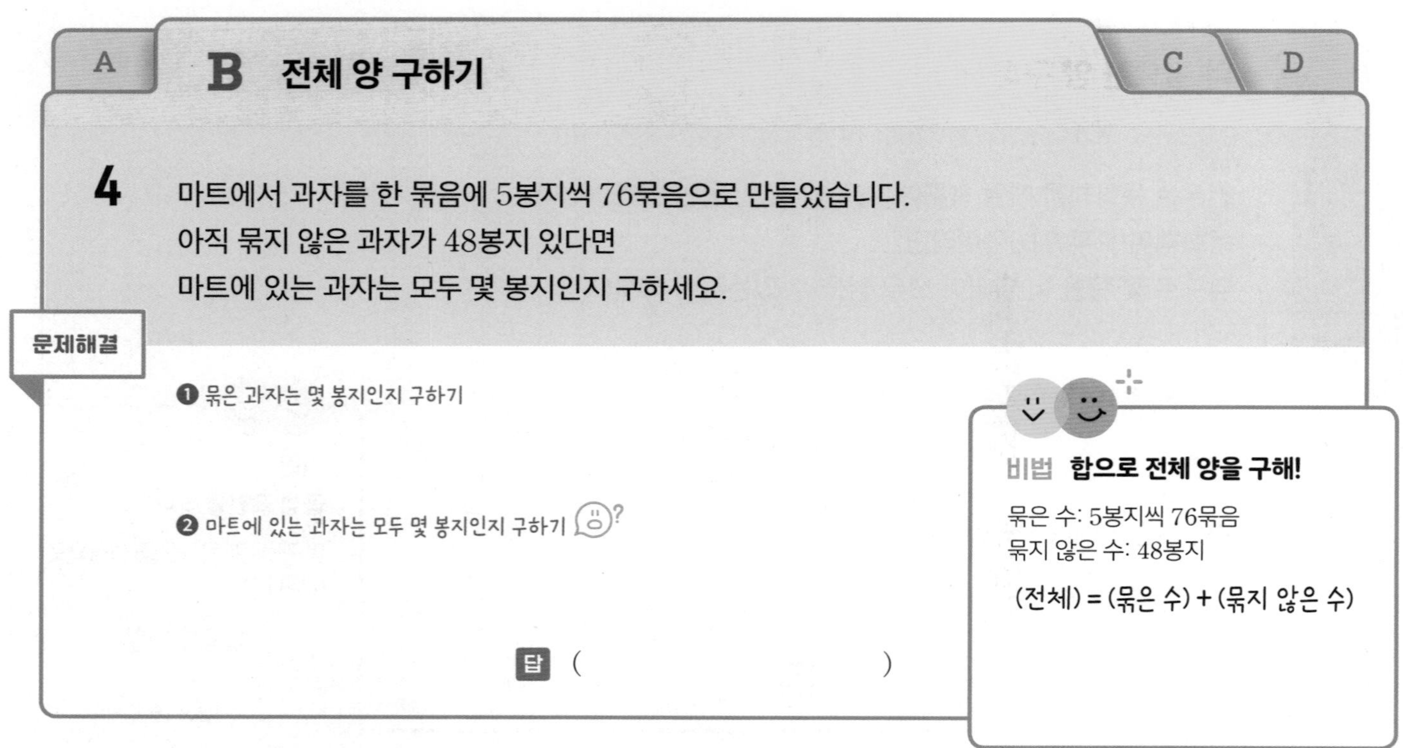

A
B 전체 양 구하기
C
D
4
마트에서 과자를 한 묶음에 5봉지씩 76묶음으로 만들었습니다.
아직 묶지 않은 과자가 48봉지 있다면
마트에 있는 과자는 모두 몇 봉지인지 구하세요.
문제해결
❶ 묶은 과자는 몇 봉지인지 구하기
❷ 마트에 있는 과자는 모두 몇 봉지인지 구하기
답 ( )
비법 합으로 전체 양을 구해!
묶은 수: 5봉지씩 76묶음
묶지 않은 수: 48봉지
(전체) = (묶은 수) + (묶지 않은 수)

5 소연이네 학교 학생들이 한 줄에 13명씩 16줄로 서 있습니다. 줄서 있지 않은 학생이 39명일 때 소연이네 학교 학생은 모두 몇 명인지 구하세요.

( )

6 연준이네 농장에 돼지가 124마리, 닭이 105마리 있습니다. 돼지와 닭의 다리는 모두 몇 개인지 구하세요.

돼지의 다리는 4개, 닭의 다리는 2개예요.

( )

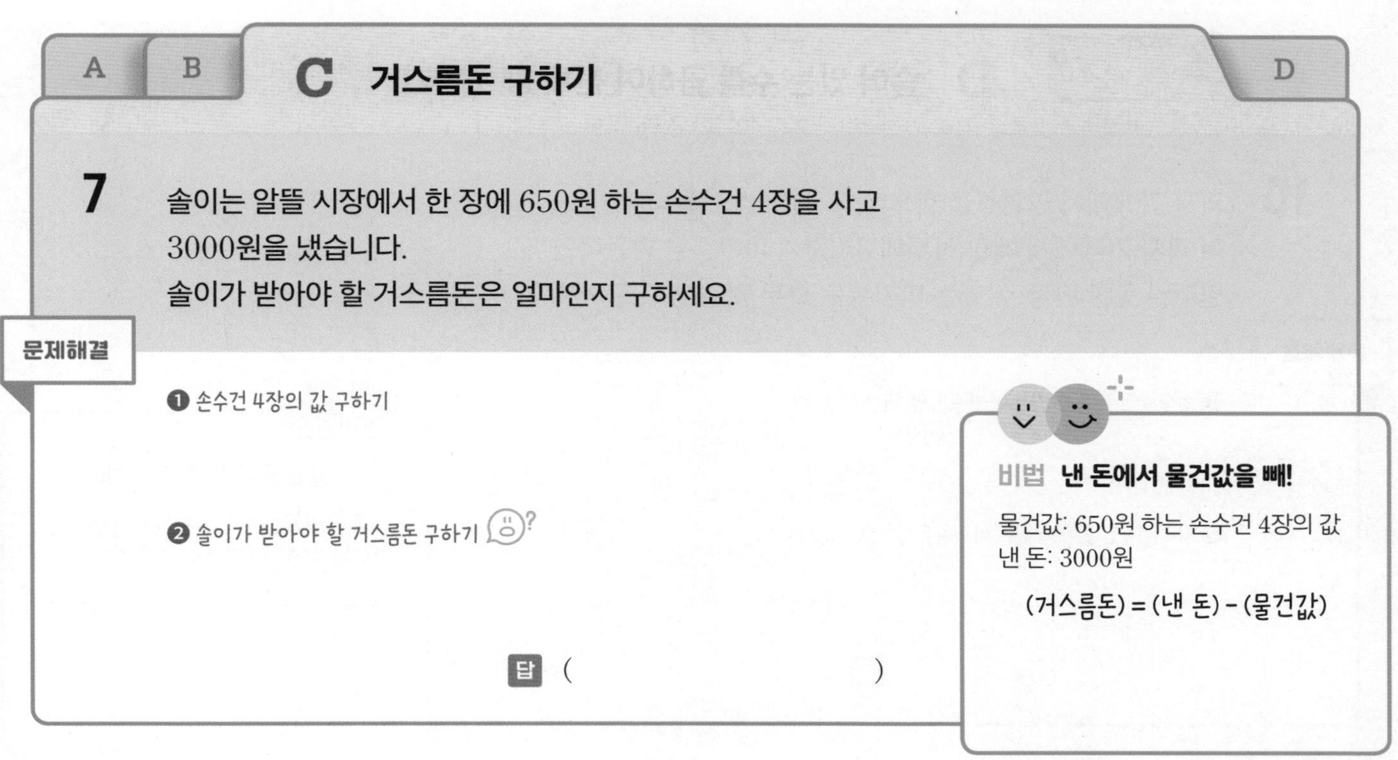

A B **C 거스름돈 구하기** D

7 솔이는 알뜰 시장에서 한 장에 650원 하는 손수건 4장을 사고 3000원을 냈습니다.
솔이가 받아야 할 거스름돈은 얼마인지 구하세요.

문제해결

❶ 손수건 4장의 값 구하기

❷ 솔이가 받아야 할 거스름돈 구하기

답 (   )

비법 낸 돈에서 물건값을 빼!

물건값: 650원 하는 손수건 4장의 값
낸 돈: 3000원

(거스름돈) = (낸 돈) − (물건값)

8 준수는 한 개에 850원 하는 솜사탕 5개를 사고 5000원을 냈습니다. 준수가 받아야 할 거스름돈은 얼마인지 구하세요.

(   )

9 은재는 문구점에서 한 자루에 90원 하는 색연필 12자루와 한 장에 40원 하는 도화지 30장을 사고 2500원을 냈습니다. 은재가 받아야 할 거스름돈은 얼마인지 구하세요.

(   )

A B C

D 숨어 있는 수를 곱하여 전체 양 구하기

10 과자 가게에서 마카롱을 한 시간에 40개씩 만듭니다.
이 과자 가게에서 매일 하루에 3시간씩 마카롱을 만든다면
일주일 동안 만들 수 있는 마카롱은 모두 몇 개인지 구하세요.

문제해결

❶ 하루 동안 만들 수 있는 마카롱은 몇 개인지 구하기

❷ 일주일 동안 만들 수 있는 마카롱은 몇 개인지 구하기

답 (   )

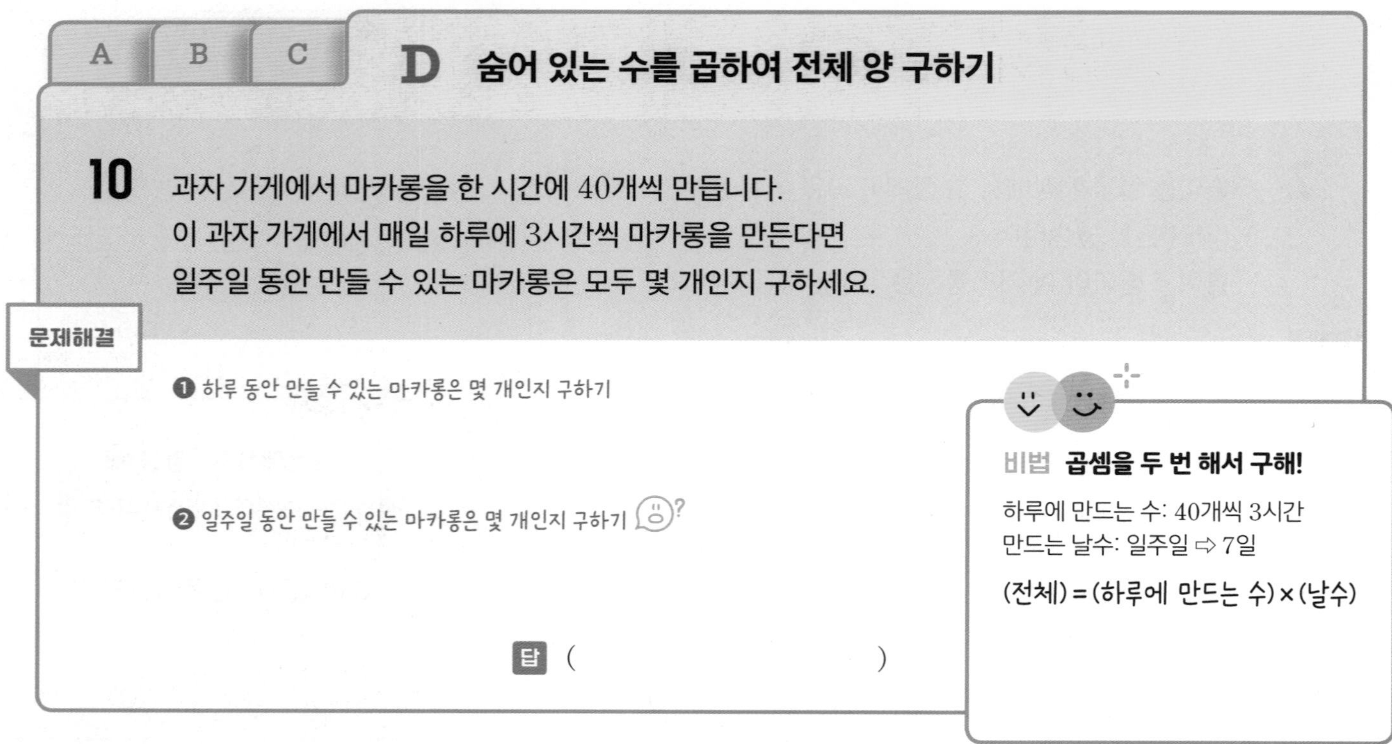

비법 곱셈을 두 번 해서 구해!

하루에 만드는 수: 40개씩 3시간
만드는 날수: 일주일 ⇨ 7일

(전체) = (하루에 만드는 수) × (날수)

11 장난감 공장에서 로봇을 한 시간에 12개씩 만듭니다. 이 장난감 공장에서 매일 하루에 8시간씩 로봇을 만든다면 5월 한 달 동안 만들 수 있는 로봇은 모두 몇 개인지 구하세요.

(   )

12 해수는 매일 하루에 20분씩 강아지와 산책을 합니다. 해수가 3주 동안 강아지와 산책을 하는 시간은 모두 몇 시간인지 구하세요.

(   )

유형 04

곱의 크기 비교

A 곱하는 수의 크기 비교하기

A+

1 1부터 9까지의 자연수 중에서 ■에 들어갈 수 있는 수를 모두 구하세요.

395 × ■ > 60 × 30

문제해결

❶ 60×30은 얼마인지 구하기

❷ ■에 4부터 수를 넣어 곱의 크기 비교하기

■=4일 때 395×4=☐ < 1800

■=5일 때 395×5=☐ ◯ 1800

❸ ■에 들어갈 수 있는 수 모두 구하기

답 (　　　　　　　　　　)

비법

어림하여 ■를 예상해 봐!

395 × ■에서
395를 400으로 어림하면
400 × 4 = 1600이고
1600 < 1800이므로
■에 4부터 넣어 찾아요.

2 1부터 9까지의 자연수 중에서 ☐ 안에 들어갈 수 있는 수를 모두 구하세요.

567 × ☐ < 48 × 70

(　　　　　　　　　　)

3 1부터 9까지의 자연수 중에서 ☐ 안에 들어갈 수 있는 수를 구하세요.

50 × 40 < 681 × ☐ < 93 × 26

(　　　　　　　　　　)

유형 04 | 곱의 크기 비교

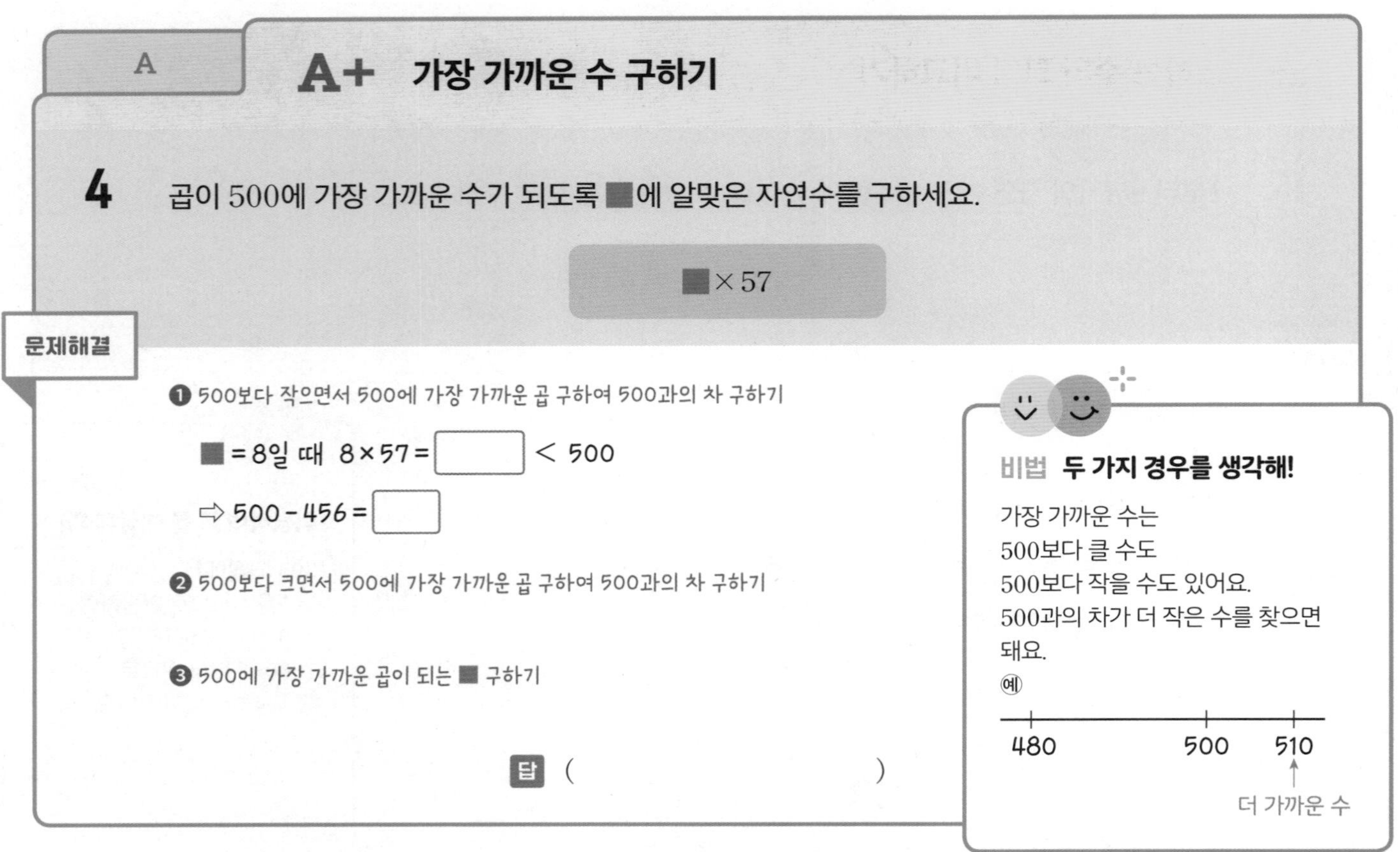

A

A+ 가장 가까운 수 구하기

4 곱이 500에 가장 가까운 수가 되도록 ■에 알맞은 자연수를 구하세요.

■ × 57

문제해결

❶ 500보다 작으면서 500에 가장 가까운 곱 구하여 500과의 차 구하기

■ = 8일 때 8 × 57 = ☐ < 500

⇨ 500 - 456 = ☐

❷ 500보다 크면서 500에 가장 가까운 곱 구하여 500과의 차 구하기

❸ 500에 가장 가까운 곱이 되는 ■ 구하기

답 (　　　　　　　　)

비법 두 가지 경우를 생각해!
가장 가까운 수는
500보다 클 수도
500보다 작을 수도 있어요.
500과의 차가 더 작은 수를 찾으면
돼요.
예
480
500
510
더 가까운 수

5 곱이 470에 가장 가까운 수가 되도록 ☐ 안에 알맞은 자연수를 구하세요.

☐ × 74

(　　　　　　　　)

6 238에 어떤 자연수를 곱하여 1000에 가장 가까운 수를 만들었습니다. 어떤 자연수는 얼마인지 구하세요.

(　　　　　　　　)

유형 05 모르는 수 구하기

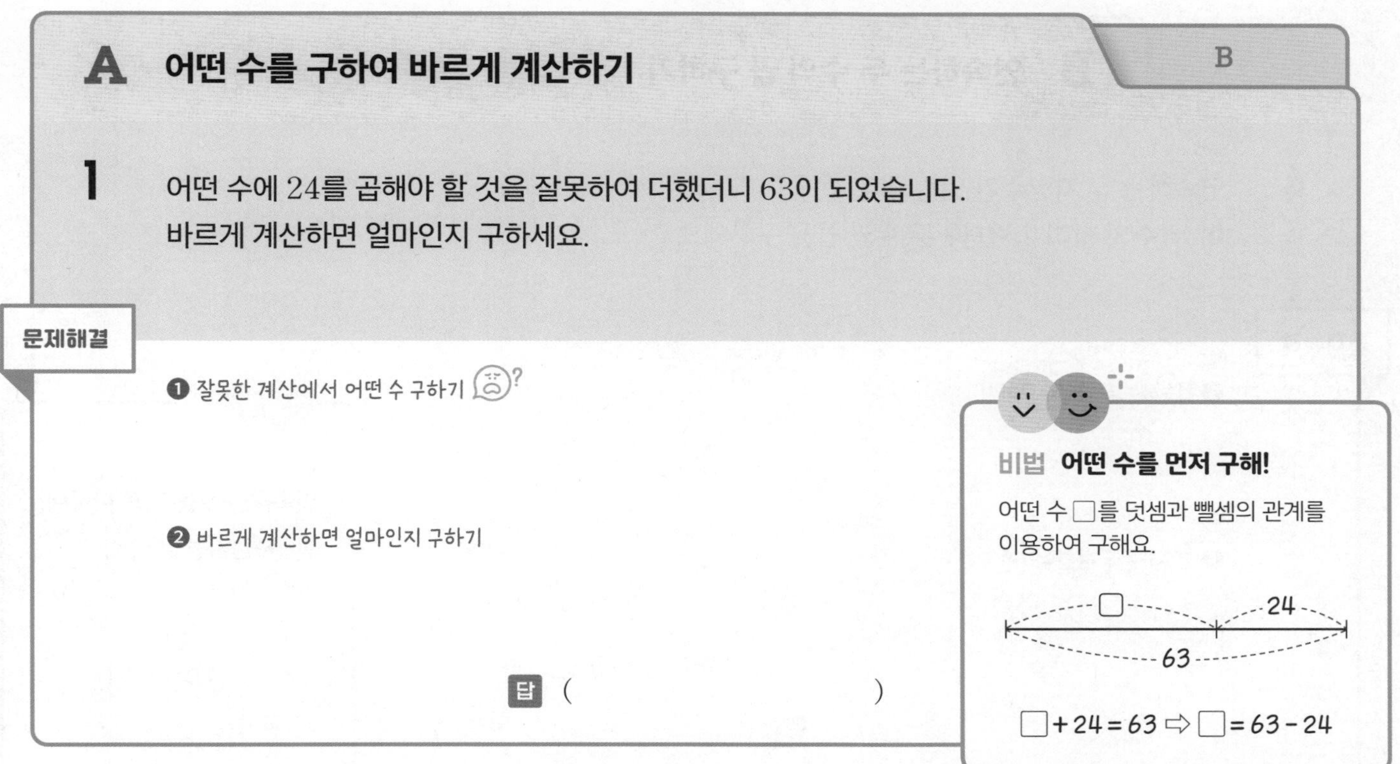

A 어떤 수를 구하여 바르게 계산하기

1 어떤 수에 24를 곱해야 할 것을 잘못하여 더했더니 63이 되었습니다. 바르게 계산하면 얼마인지 구하세요.

문제해결

❶ 잘못한 계산에서 어떤 수 구하기

❷ 바르게 계산하면 얼마인지 구하기

답 (　　　　　　)

비법 어떤 수를 먼저 구해!

어떤 수 □를 덧셈과 뺄셈의 관계를 이용하여 구해요.

□ + 24 = 63 ⇨ □ = 63 − 24

2 어떤 수에 37을 곱해야 할 것을 잘못하여 뺐더니 19가 되었습니다. 바르게 계산하면 얼마인지 구하세요.

(　　　　　　)

3 185에 어떤 수를 곱해야 할 것을 잘못하여 뺐더니 178이 되었습니다. 바르게 계산하면 얼마인지 구하세요.

(　　　　　　)

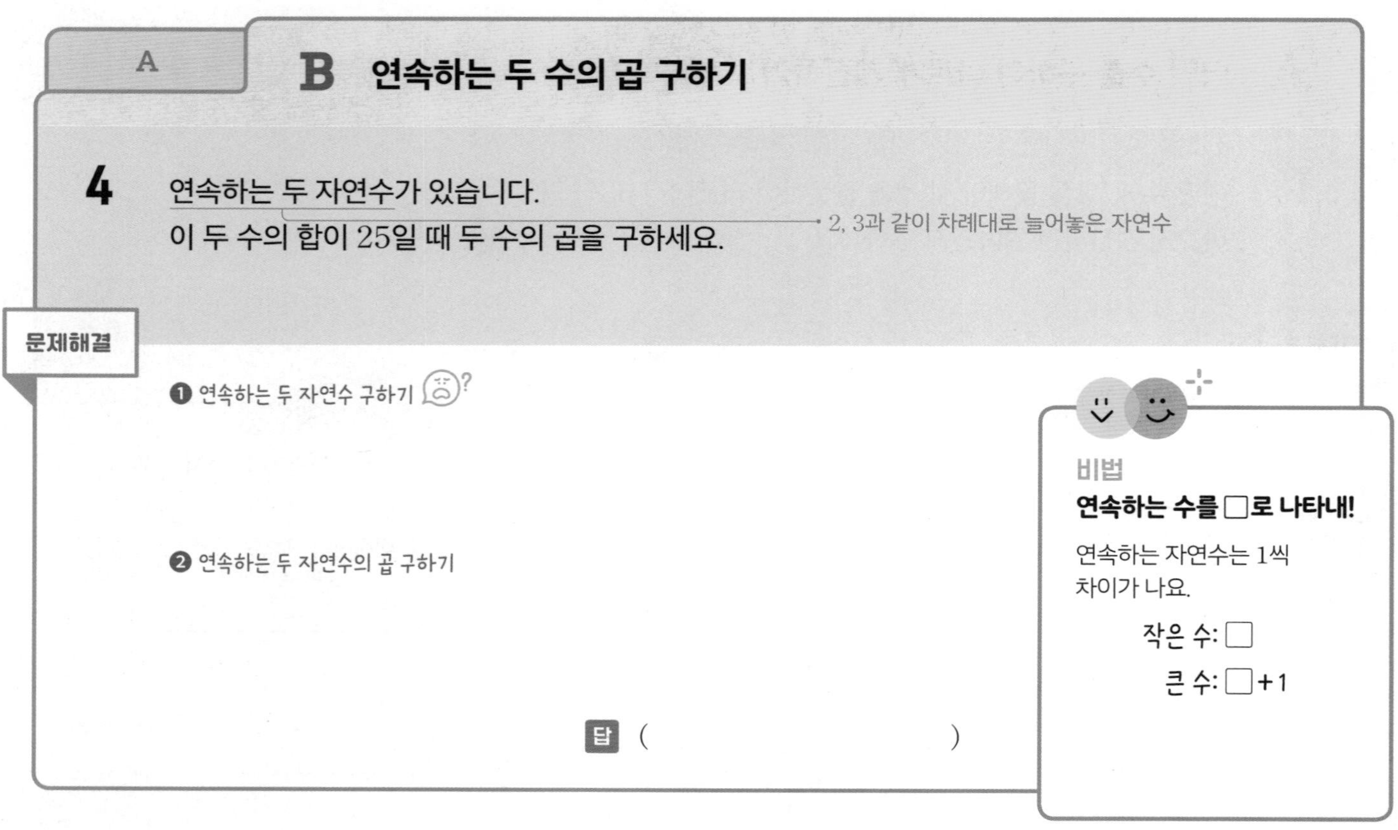

A
B 연속하는 두 수의 곱 구하기
4 연속하는 두 자연수가 있습니다.
이 두 수의 합이 25일 때 두 수의 곱을 구하세요.
2, 3과 같이 차례대로 늘어놓은 자연수
문제해결
❶ 연속하는 두 자연수 구하기
❷ 연속하는 두 자연수의 곱 구하기
답 (   )
비법
연속하는 수를 □로 나타내!
연속하는 자연수는 1씩 차이가 나요.
작은 수: □
큰 수: □+1

5 연속하는 두 자연수가 있습니다. 이 두 수의 합이 33일 때 두 수의 곱을 구하세요.

(   )

6 찬이가 동화책을 펼쳤습니다. 펼친 두 면 쪽수의 합이 101일 때 펼친 두 면 쪽수의 곱을 구하세요.

펼친 두 면의 쪽수는 연속하는 두 자연수예요.

(   )

유형 06

곱셈의 규칙

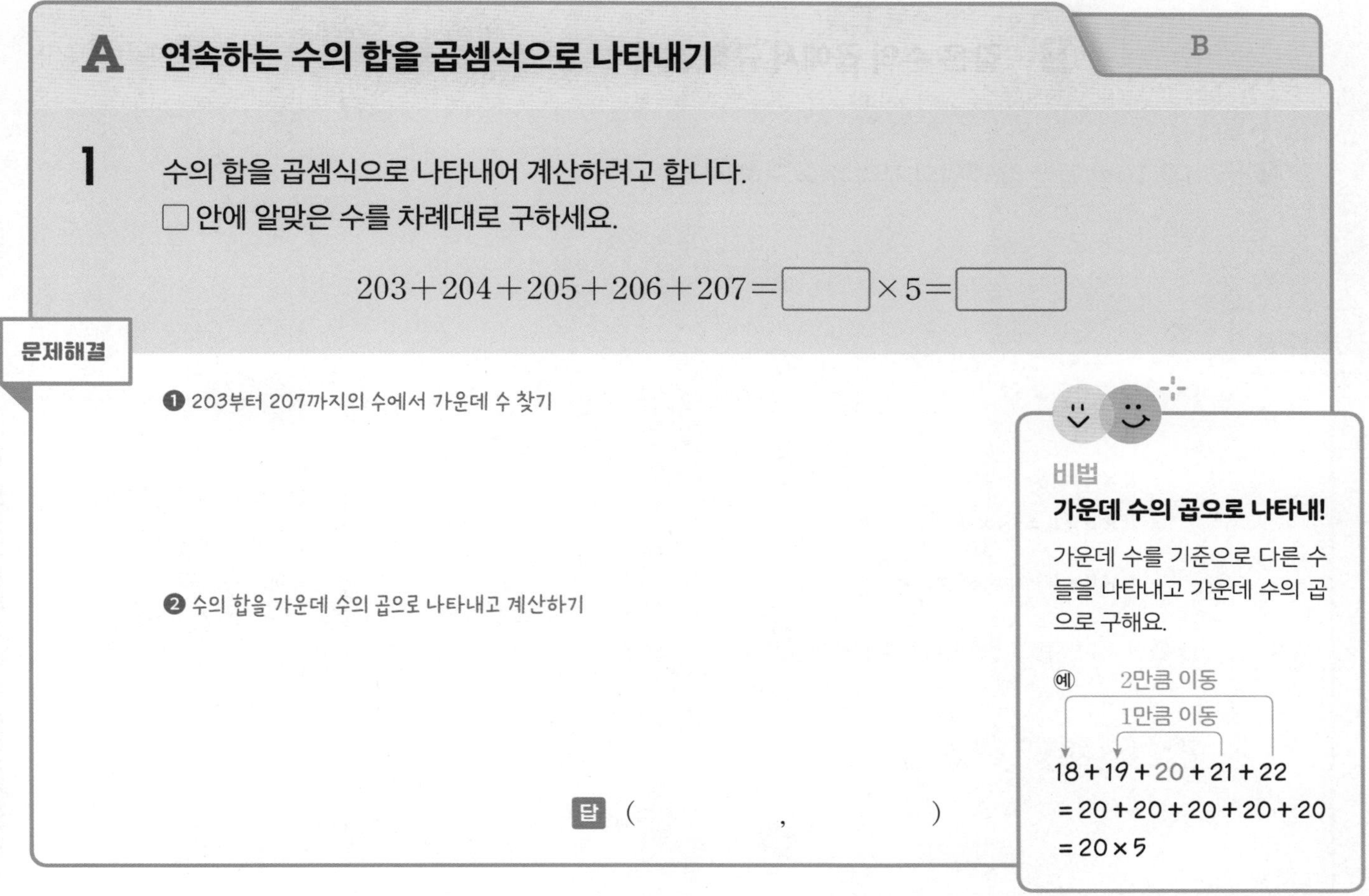

B

A 연속하는 수의 합을 곱셈식으로 나타내기

1 수의 합을 곱셈식으로 나타내어 계산하려고 합니다.
□ 안에 알맞은 수를 차례대로 구하세요.

$$203+204+205+206+207=\square\times5=\square$$

문제해결

❶ 203부터 207까지의 수에서 가운데 수 찾기

❷ 수의 합을 가운데 수의 곱으로 나타내고 계산하기

답 (　　　　　,　　　　　)

비법

가운데 수의 곱으로 나타내!

가운데 수를 기준으로 다른 수들을 나타내고 가운데 수의 곱으로 구해요.

예 2만큼 이동 / 1만큼 이동

18 + 19 + 20 + 21 + 22
= 20 + 20 + 20 + 20 + 20
= 20 × 5

2 수의 합을 곱셈식으로 나타내어 계산하려고 합니다. □ 안에 알맞은 수를 써넣으세요.

$$178+179+180+181+182=\square\times5=\square$$

3 수의 합을 곱셈식으로 나타내어 계산하려고 합니다. □ 안에 알맞은 수를 써넣으세요.

$$350+352+354+356+358+360+362=\square\times7=\square$$

A

B 같은 수의 곱에서 규칙 찾기

4 4를 10번 곱한 값의 일의 자리 수를 구하세요.

$4\times4\times4\times4\times4\times4\times4\times4\times4\times4$

문제해결

❶ 4를 몇 번 곱한 값 구하기

4

$4\times4=16$

$4\times4\times4=16\times4=\square$

$4\times4\times4\times4=64\times4=\square$

❷ ❶에서 구한 곱들의 일의 자리 수 규칙 찾기

❸ 4를 10번 곱한 값의 일의 자리 수 구하기

답 (　　　　　　)

비법

반복되는 수를 찾아!

4를 여러 번 곱했을 때 일의 자리 수는

4, 6, 4, 6, ...

4, 6의 수 2개가 반복되는 규칙이에요.

5 9를 25번 곱한 값의 일의 자리 수를 구하세요.

$9\times9\times9\times\cdots\times9\times9\times9$

(　　　　　　)

6 3을 20번 곱한 값의 일의 자리 수를 구하세요.

$3\times3\times3\times\cdots\times3\times3\times3$

(　　　　　　)

유형 07 그림으로 문제 해결하기

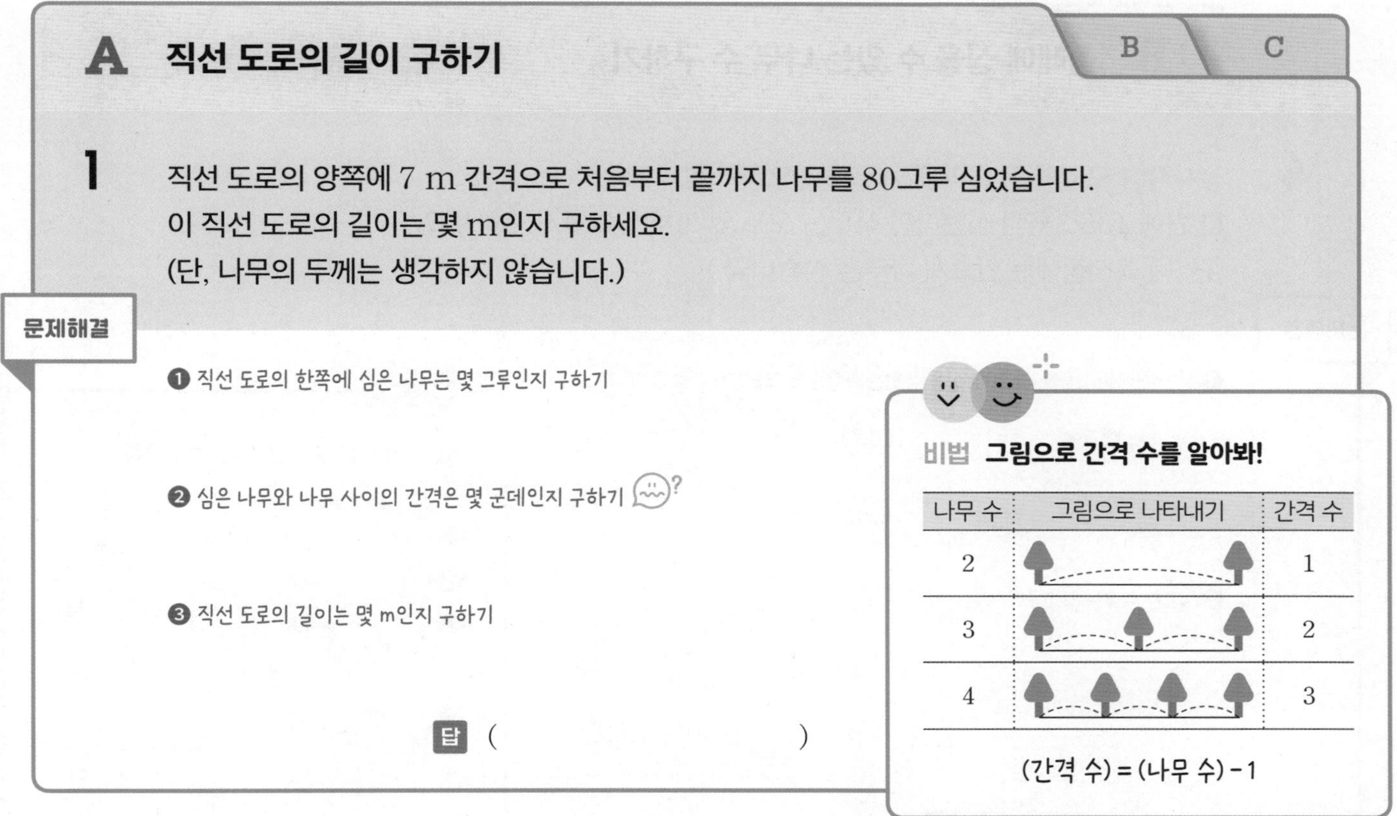

A 직선 도로의 길이 구하기

B C

1 직선 도로의 양쪽에 7 m 간격으로 처음부터 끝까지 나무를 80그루 심었습니다.
이 직선 도로의 길이는 몇 m인지 구하세요.
(단, 나무의 두께는 생각하지 않습니다.)

문제해결

❶ 직선 도로의 한쪽에 심은 나무는 몇 그루인지 구하기

❷ 심은 나무와 나무 사이의 간격은 몇 군데인지 구하기

❸ 직선 도로의 길이는 몇 m인지 구하기

답 (　　　　　　　　)

비법 그림으로 간격 수를 알아봐!

나무 수	그림으로 나타내기	간격 수
2		1
3		2
4		3

(간격 수) = (나무 수) - 1

2 직선 도로의 양쪽에 25 m 간격으로 처음부터 끝까지 가로등을 60개 세웠습니다. 이 직선 도로의 길이는 몇 m인지 구하세요. (단, 가로등의 두께는 생각하지 않습니다.)

(　　　　　　　　)

3 원 모양의 호수 둘레에 나무를 18 m 간격으로 34그루 심었습니다. 호수의 둘레는 몇 m인지 구하세요. (단, 나무의 두께는 생각하지 않습니다.)

(　　　　　　　　)

나무를 원 모양 호수 둘레에 심었을 때
(간격 수)=(나무 수)

A | **B 둘레에 심을 수 있는 나무 수 구하기** | C

4 정사각형 모양의 땅 둘레에 나무를 심으려고 합니다.
한 변에 136그루씩 심는다면 나무는 모두 몇 그루 필요한지 구하세요.
(단, 네 꼭짓점에는 반드시 나무를 심습니다.)

문제해결

❶ 한 변에 136그루씩 네 변에 심을 수 있는 나무는 몇 그루인지 구하기

136 × ☐ = ☐ (그루)

❷ 필요한 나무는 몇 그루인지 구하기

답 (   )

비법 꼭짓점에 심은 나무 수를 빼!

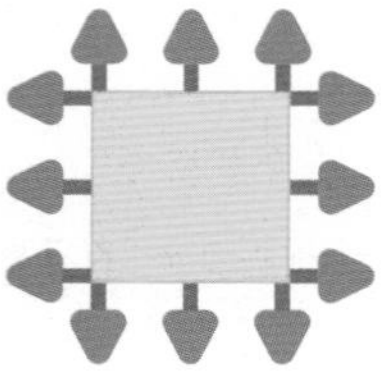

한 변에 3그루씩 심으면
3 × 4 = 12(그루)

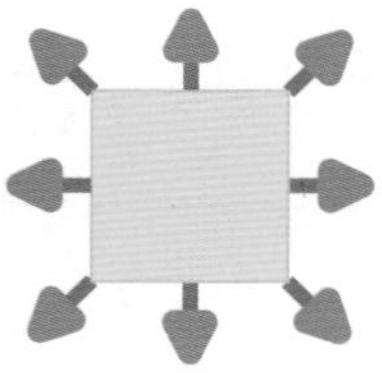

네 꼭짓점에 겹치는 4그루를 빼 주면
12 − 4 = 8(그루)

5 정사각형 모양의 농장 둘레에 나무막대를 꽂으려고 합니다. 한 변에 120개씩 꽂는다면 나무막대는 모두 몇 개 필요한지 구하세요. (단, 네 꼭짓점에는 반드시 나무막대를 꽂습니다.)

(   )

6 직사각형 모양의 운동장 둘레에 깃발을 세우려고 합니다. 가로에 147개씩, 세로에 144개씩 세운다면 깃발은 모두 몇 개 필요한지 구하세요. (단, 네 꼭짓점에는 반드시 깃발을 세웁니다.)

(   )

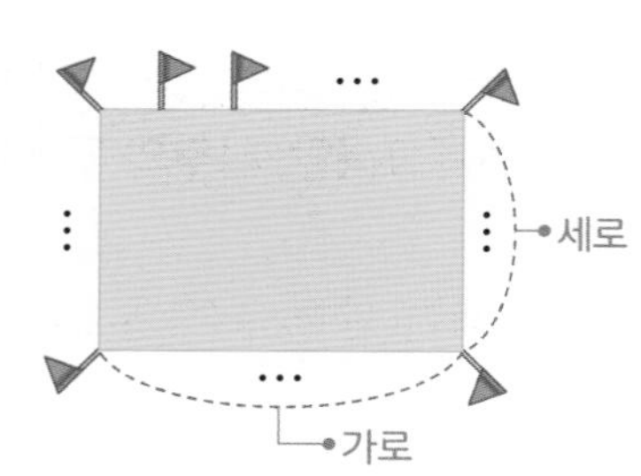

A B

C 이어 붙인 테이프의 전체 길이 구하기

7 길이가 23 cm인 테이프 35장을 그림과 같이 6 cm씩 겹쳐서 이어 붙였습니다. 이어 붙인 테이프의 전체 길이는 몇 cm인지 구하세요.

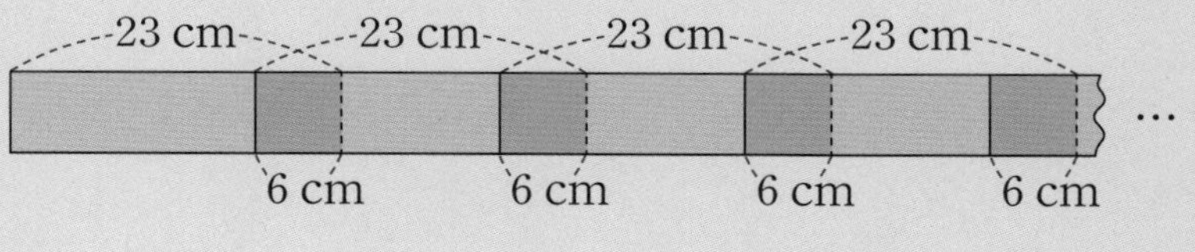

문제해결

❶ 테이프 35장 길이의 합은 몇 cm인지 구하기

❷ 겹친 부분 수를 구하여 겹친 부분 길이의 합은 몇 cm인지 구하기

❸ 이어 붙인 테이프의 전체 길이는 몇 cm인지 구하기

답 (　　　　　　　　)

비법 그림으로 겹친 부분 수를 알아봐!

테이프 수	그림으로 나타내기	겹친 부분 수
2		1
3		2
4	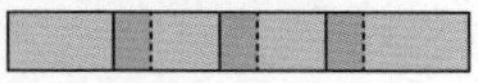	3

(겹친 부분 수) = (테이프 수) − 1

8 길이가 40 cm인 테이프 27장을 그림과 같이 9 cm씩 겹쳐서 이어 붙였습니다. 이어 붙인 테이프의 전체 길이는 몇 cm인지 구하세요.

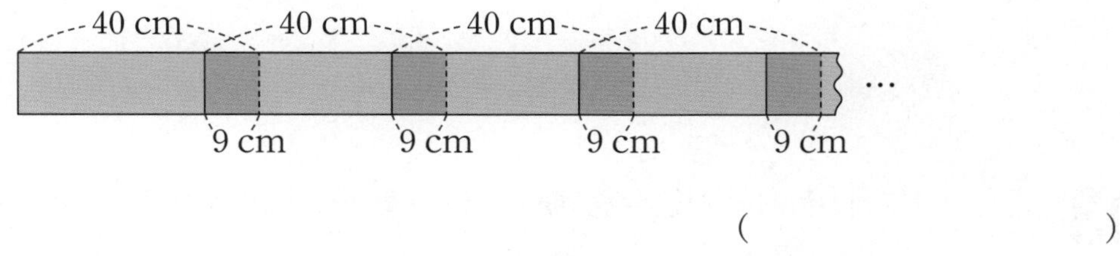

(　　　　　　　　)

9 길이가 195 mm인 테이프 8장을 한 줄로 길게 4 cm씩 겹쳐서 이어 붙였습니다. 이어 붙인 테이프의 전체 길이는 몇 cm인지 구하세요.

(　　　　　　　　)

단원 1 유형 마스터

01

유형 03 A

우주가 접은 종이학을 한 통에 125개씩 5통에 담았습니다. 종이학을 모두 1000개 접으려면 앞으로 몇 개를 더 접어야 하는지 구하세요.

(　　　　　　　)

02

유형 01 A+

□ 안에 알맞은 수를 써넣으세요.

$$\begin{array}{cccc} & & 4 & 8 \\ & \times & \square & \square \\ \hline & \square & 4 & 4 \\ 3 & 8 & 4 & \\ \hline 3 & \square & 8 & 4 \end{array}$$

03

유형 04 A

1부터 9까지의 자연수 중에서 □ 안에 들어갈 수 있는 가장 큰 수를 구하세요.

$348 \times \square < 29 \times 57$

(　　　　　　　)

04 47에 어떤 수를 곱해야 할 것을 잘못하여 더했더니 82가 되었습니다. 바르게 계산하면 얼마인지 구하세요.

유형 05 A

(　　　　　　　)

05 수 카드 5, 8, 3, 6 을 한 번씩만 사용하여 (두 자리 수) $\times$ (두 자리 수)의 곱셈식을 만들려고 합니다. 가장 작은 곱을 구하세요.

유형 02 A+B

(　　　　　　　)

06 정사각형 모양의 농장 둘레에 말뚝을 3 m 간격으로 64개 박았습니다. 네 꼭짓점에 말뚝을 모두 박았다면 농장의 둘레는 몇 m인지 구하세요. (단, 말뚝의 두께는 생각하지 않습니다.)

유형 07 A

(　　　　　　　)

07
유형 03 D

윤하는 줄넘기를 매일 하루에 85번씩 합니다. 윤하가 9월과 10월에 한 줄넘기는 모두 몇 번인지 구하세요.

(　　　　　　　　　　)

08
유형 07 B

정사각형 모양의 공원 둘레에 화분을 놓으려고 합니다. 한 변에 108개씩 놓는다면 화분은 모두 몇 개 필요한지 구하세요. (단, 네 꼭짓점에는 반드시 화분을 놓습니다.)

(　　　　　　　　　　)

09
유형 07 C

길이가 34 cm인 테이프 43장을 그림과 같이 7 cm씩 겹쳐서 이어 붙였습니다. 이어 붙인 테이프의 전체 길이는 몇 cm인지 구하세요.

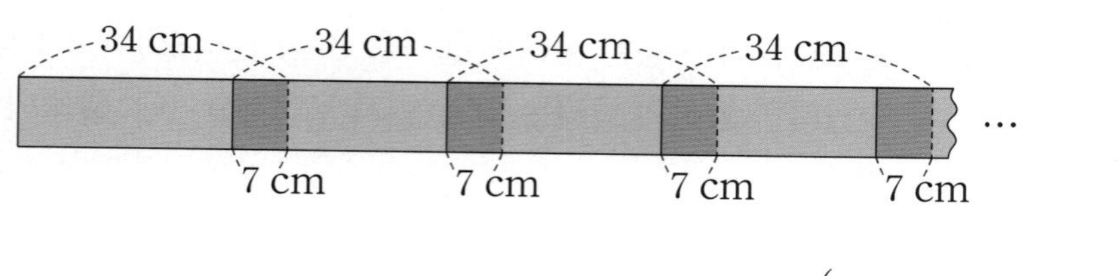

(　　　　　　　　　　)

10

유형 05 B

연속하는 세 자연수가 있습니다. 이 세 수의 합이 90일 때 세 수 중에서 가장 큰 수와 가장 작은 수의 곱을 구하세요.

(　　　　　　　　)

11

유형 01 A+

어떤 두 수의 합과 곱을 나타낸 것입니다. 어떤 두 수를 구하세요.

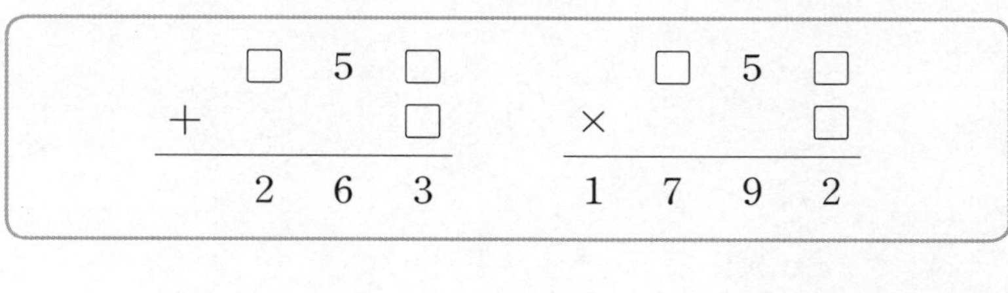

$$\begin{array}{r} \square\ 5\ \square \\ +\quad\quad \square \\ \hline 2\ 6\ 3 \end{array} \qquad \begin{array}{r} \square\ 5\ \square \\ \times\quad\quad \square \\ \hline 1\ 7\ 9\ 2 \end{array}$$

(　　　　　,　　　　　)

12

유형 06 A

1부터 50까지 수의 합을 곱셈식을 이용하여 구하세요.

$1+2+3+4+5+\cdots+46+47+48+49+50$

(　　　　　　　　)

2

나눗셈

학습계열표

2-2 **2. 곱셈구구**
- 1~9단 곱셈구구
- 0의 곱

3-1 **3. 나눗셈**
- 나눗셈 개념
- 곱셈구구 범위의 (두 자리 수)÷(한 자리 수)

3-2 **2. 나눗셈**
- (두 자리 수)÷(한 자리 수)
- (세 자리 수)÷(한 자리 수)

4-1 **3. 곱셈과 나눗셈**
- (두 자리 수)÷(두 자리 수)
- (세 자리 수)÷(두 자리 수)

학습기록표

유형 01	학습일 / 학습평가
나눗셈식 완성하기	
A	곱셈구구 이용
A+	곱셈구구로 예상

유형 02	학습일 / 학습평가
나눗셈의 활용	
A	전체를 나눈 수
B	필요한 수
C	더 필요한 수
D	바둑돌의 규칙

유형 03	학습일 / 학습평가
수 카드로 나눗셈식 만들기	
A	나누어떨어질 때
B	몫이 가장 클 때
C	몫이 가장 작을 때

유형 04	학습일 / 학습평가
나누어지는 수 구하기	
A	나누어떨어지는 수
B	수의 범위 만족
C	조건 만족
D	가장 큰 수

유형 05	학습일 / 학습평가
나눗셈의 검산 활용	
A	어떤 수
A+	처음 수
A++	바르게 계산

유형 06	학습일 / 학습평가
그림으로 문제 해결하기	
A	자른 횟수
B	도로의 나무 수
C	테이프 한 장의 길이
D	정사각형의 수

유형 마스터	학습일 / 학습평가
나눗셈	

유형 01

나눗셈식 완성하기

A 곱셈구구를 이용하여 나눗셈식 완성하기

A+

1 ㉠, ㉡, ㉢, ㉣, ㉤에 알맞은 수를 각각 구하세요.

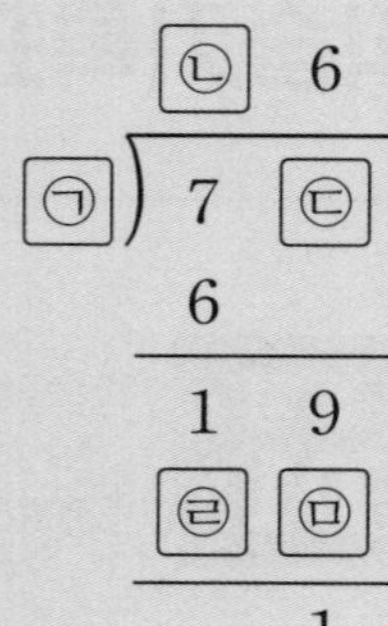

문제해결

❶ ㉢, ㉣, ㉤에 알맞은 수 각각 구하기

❷ 일의 자리 계산에서 ㉠에 알맞은 수 구하기

❸ 십의 자리 계산에서 ㉡에 알맞은 수 구하기

답 ㉠ (　　), ㉡ (　　), ㉢ (　　), ㉣ (　　), ㉤ (　　)

비법
알 수 있는 것부터!
쉽게 알 수 있는 ㉢부터 구해요.

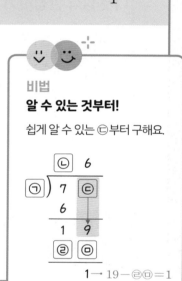

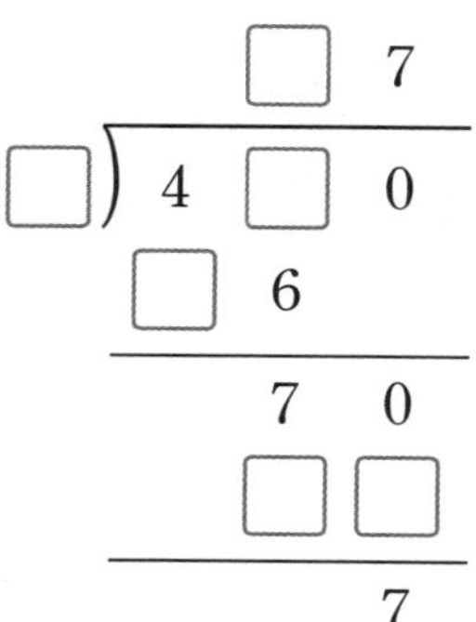

2 □ 안에 알맞은 수를 써넣으세요.

$$\begin{array}{r} 1\,\square \\ \square\,\overline{)\,9\,\square} \\ 6 \\ \hline 3\,2 \\ \square\,\square \\ \hline 2 \end{array}$$

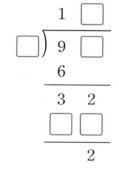

3 □ 안에 알맞은 수를 써넣으세요.

$$\begin{array}{r} \square\,7 \\ \square\,\overline{)\,4\,\square\,0} \\ \square\,6 \\ \hline 7\,0 \\ \square\,\square \\ \hline 7 \end{array}$$

A

A+ 곱셈구구로 예상하여 나눗셈식 완성하기

4 ㉠, ㉡, ㉢, ㉣, ㉤, ㉥에 알맞은 수를 각각 구하세요.

```
      ㉠ ㉡
6 ) 4 ㉢ 8
    ㉣ ㉤
    ------
       ㉥ 8
       3 6
    ------
          2
```

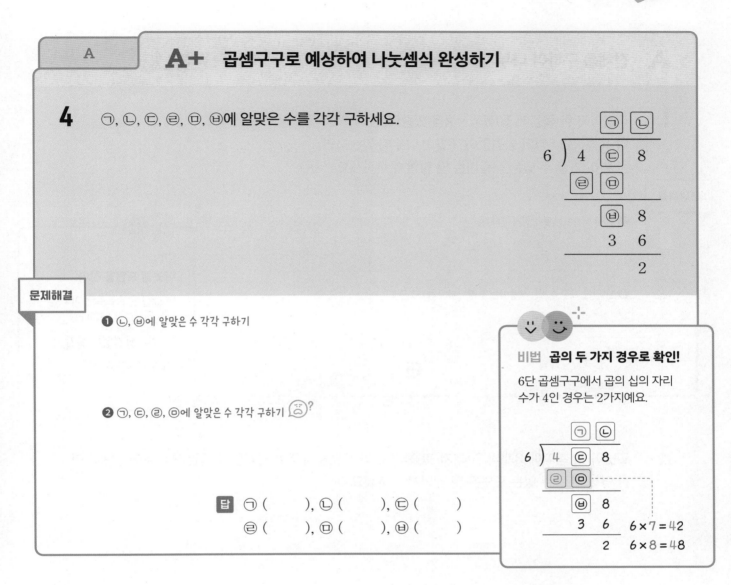

문제해결

❶ ㉡, ㉥에 알맞은 수 각각 구하기

❷ ㉠, ㉢, ㉣, ㉤에 알맞은 수 각각 구하기

답 ㉠ (　　), ㉡ (　　), ㉢ (　　)
㉣ (　　), ㉤ (　　), ㉥ (　　)

비법 곱의 두 가지 경우로 확인!

6단 곱셈구구에서 곱의 십의 자리 수가 4인 경우는 2가지예요.

```
      ㉠ ㉡
6 ) 4 ㉢ 8
    ㉣ ㉤
    ------
       ㉥ 8
       3 6      6×7=42
    ------
          2     6×8=48
```

5 □안에 알맞은 수를 써넣으세요.

```
       □ □
7 ) 2 □ 9
    □ □
    ------
       □ 9
       5 □
    ------
          3
```

6 □안에 알맞은 수를 써넣으세요.

```
       1 □
□ ) 6 □
    □
    ------
    □ 5
    □ □
    ------
       1
```

유형 02 나눗셈의 활용

A 전체를 구하여 나누기

B C D

1 색종이가 한 묶음에 10장씩 9묶음 있습니다.
이 색종이를 6명이 남김없이 똑같이 나누어 갖는다면
한 명이 가질 수 있는 색종이는 몇 장인지 구하세요.

문제해결

❶ 전체 색종이는 몇 장인지 구하기

❷ 한 명이 가질 수 있는 색종이는 몇 장인지 구하기

답 (　　　　　　　　)

비법
나눗셈 표현을 찾아!
몇 개를 몇으로 똑같이 나누면 나눗셈식으로 나타내요.
"6명이 남김없이 똑같이 나누어 갖는다면"
⇨ ÷6

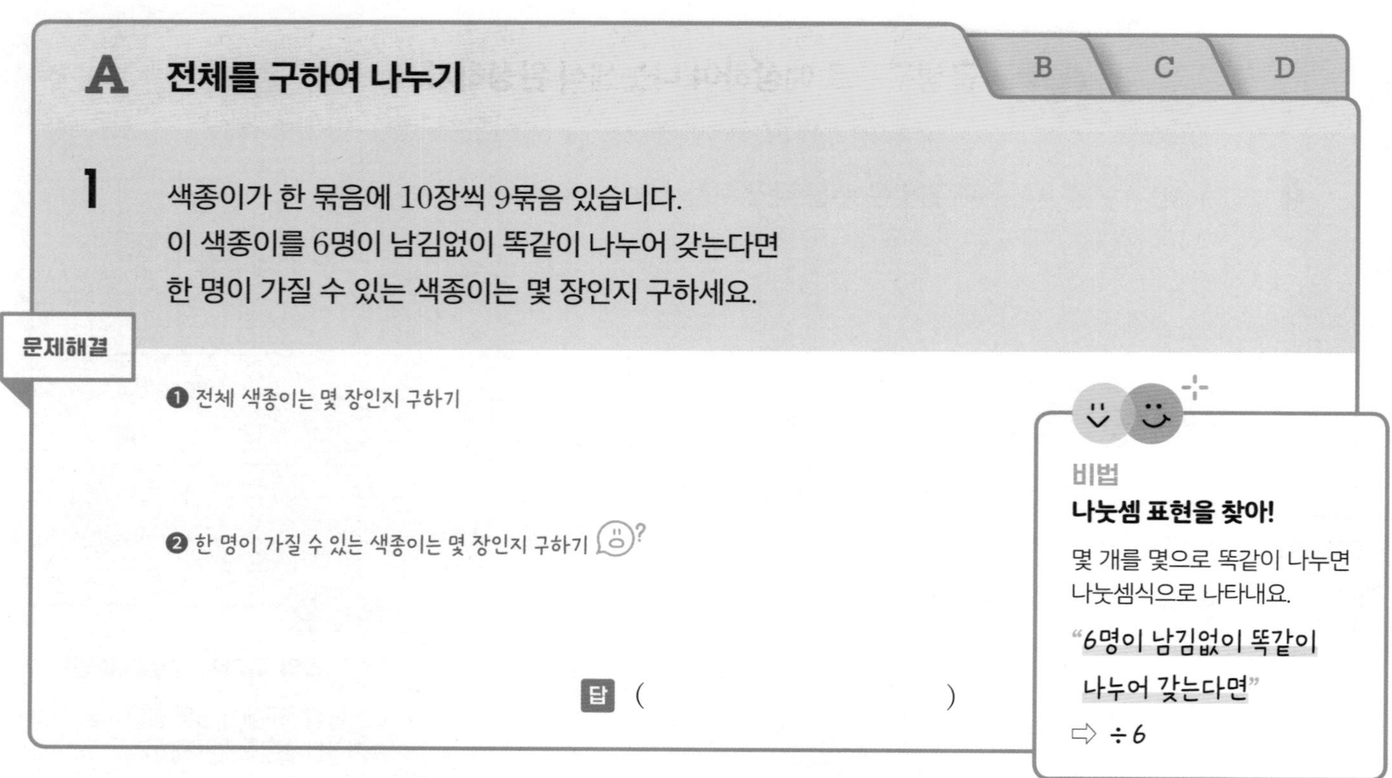

2 도넛이 한 봉지에 3개씩 24봉지 있습니다. 이 도넛을 4명이 남김없이 똑같이 나누어 갖는다면 한 명이 가질 수 있는 도넛은 몇 개인지 구하세요.

(　　　　　　　　)

3 양말이 한 상자에 15켤레씩 8상자 있습니다. 이 양말을 한 명당 7켤레씩 갖는다면 모두 몇 명이 가질 수 있고, 몇 켤레가 남는지 구하세요.

(　　　　,　　　　)

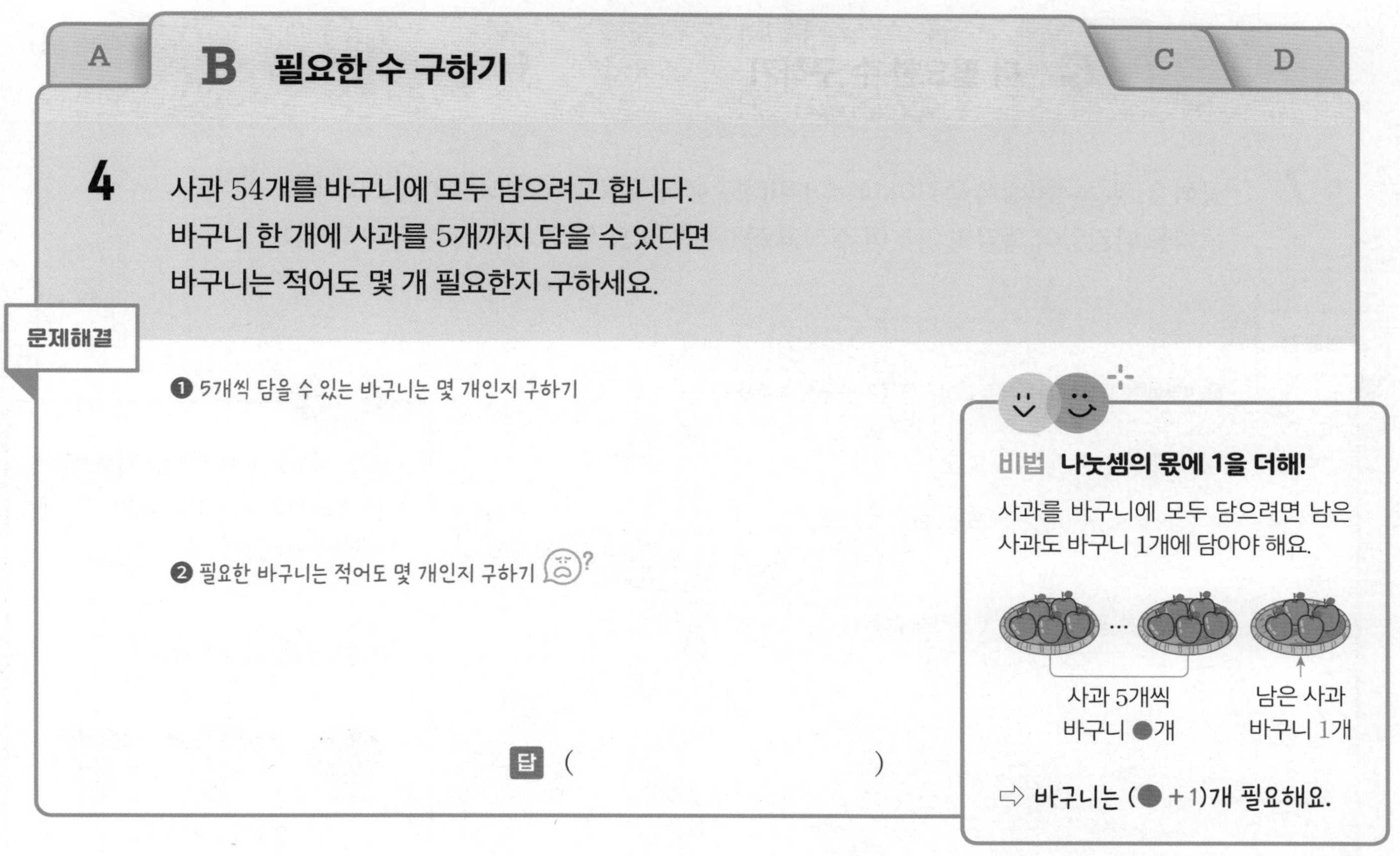

A
B 필요한 수 구하기
C
D
4 사과 54개를 바구니에 모두 담으려고 합니다.
바구니 한 개에 사과를 5개까지 담을 수 있다면
바구니는 적어도 몇 개 필요한지 구하세요.
문제해결
❶ 5개씩 담을 수 있는 바구니는 몇 개인지 구하기
❷ 필요한 바구니는 적어도 몇 개인지 구하기
답 (   )
비법 나눗셈의 몫에 1을 더해!
사과를 바구니에 모두 담으려면 남은 사과도 바구니 1개에 담아야 해요.
사과 5개씩
바구니 ●개
남은 사과
바구니 1개
⇨ 바구니는 (● + 1)개 필요해요.

5 공깃돌 81개를 유리병에 모두 담으려고 합니다. 유리병 한 개에 공깃돌을 6개까지 담을 수 있다면 유리병은 적어도 몇 개 필요한지 구하세요.

(   )

6 초록색 구슬 69개와 노란색 구슬 74개를 색깔에 관계없이 통에 모두 넣으려고 합니다. 통 한 개에 구슬을 9개까지 넣을 수 있다면 통은 적어도 몇 개 필요한지 구하세요.

(   )

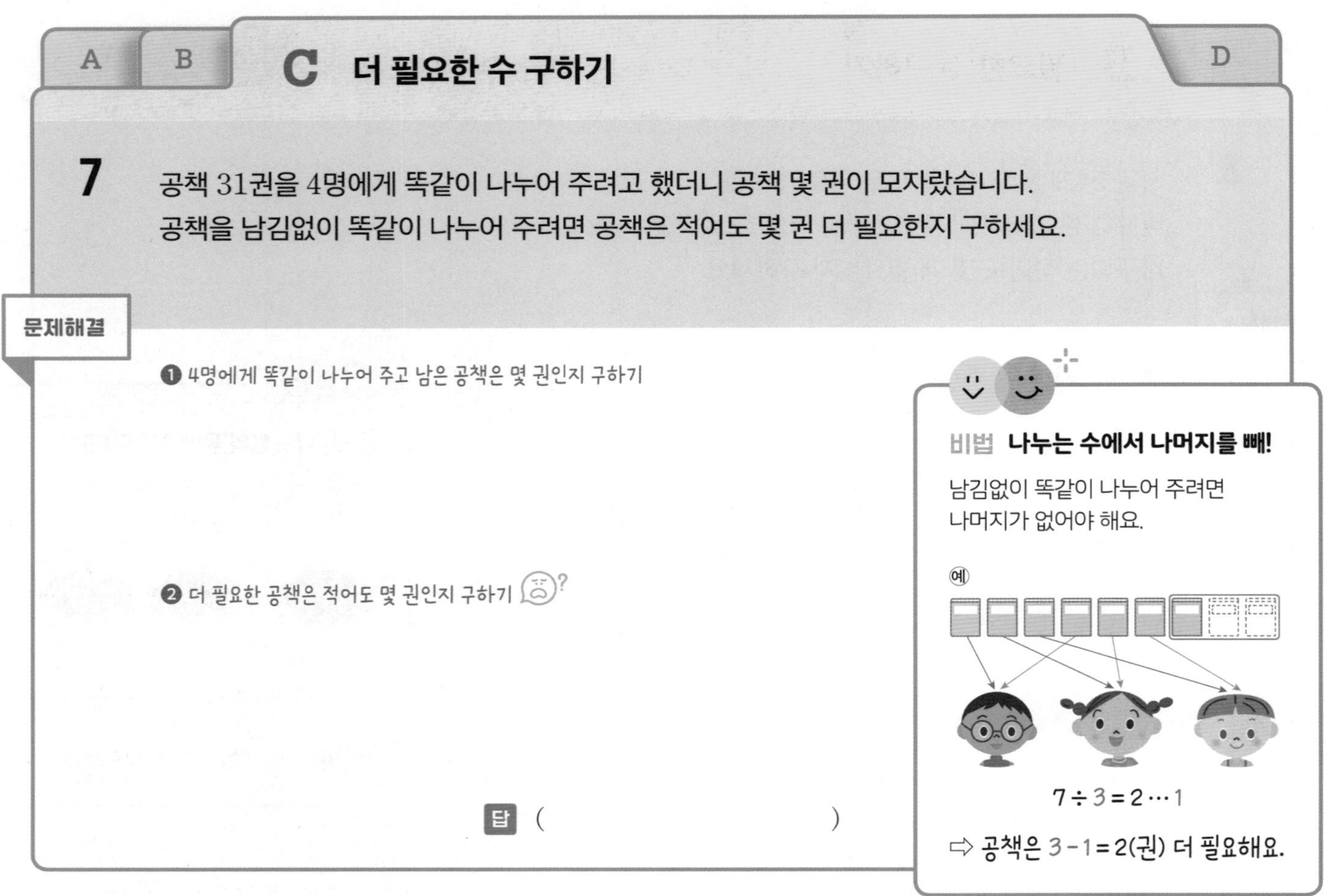

A
B
C 더 필요한 수 구하기
D
문제해결
비법 나누는 수에서 나머지를 빼!
남김없이 똑같이 나누어 주려면
나머지가 없어야 해요.
예
7 ÷ 3 = 2 ··· 1
⇨ 공책은 3 - 1 = 2(권) 더 필요해요.

7 공책 31권을 4명에게 똑같이 나누어 주려고 했더니 공책 몇 권이 모자랐습니다. 공책을 남김없이 똑같이 나누어 주려면 공책은 적어도 몇 권 더 필요한지 구하세요.

❶ 4명에게 똑같이 나누어 주고 남은 공책은 몇 권인지 구하기

❷ 더 필요한 공책은 적어도 몇 권인지 구하기

답 (   )

8 초콜릿 64개를 9봉지에 똑같이 나누어 포장하려고 했더니 초콜릿 몇 개가 모자랐습니다. 초콜릿을 남김없이 똑같이 나누어 포장하려면 초콜릿은 적어도 몇 개 더 필요한지 구하세요.

(   )

9 도화지 한 묶음에 12장입니다. 도화지 13묶음을 8명에게 똑같이 나누어 주려고 했더니 도화지 몇 장이 모자랐습니다. 도화지를 남김없이 똑같이 나누어 주려면 도화지는 적어도 몇 장 더 필요한지 구하세요.

(   )

A B C

D 늘어놓은 바둑돌의 규칙 찾기

10 규칙에 따라 검은색 바둑돌과 흰색 바둑돌을 늘어놓았습니다.
20번째에 놓일 바둑돌의 색깔을 구하세요.

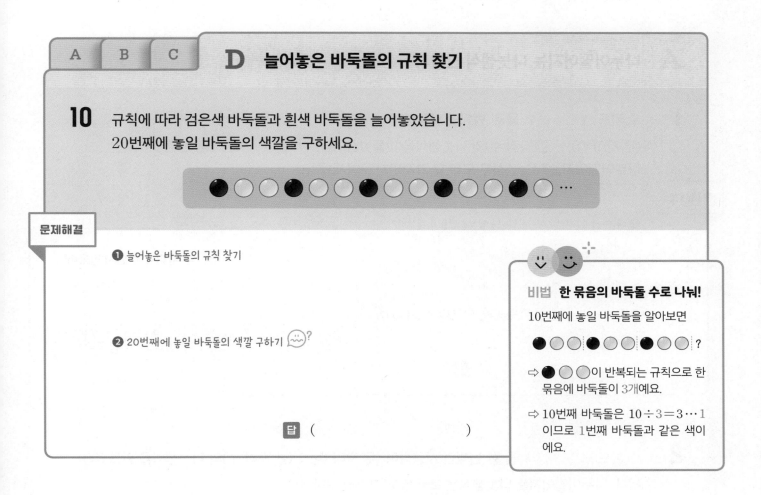

●○○●○○●○○●○○●○ …

문제해결

❶ 늘어놓은 바둑돌의 규칙 찾기

❷ 20번째에 놓일 바둑돌의 색깔 구하기

답 (   )

비법 한 묶음의 바둑돌 수로 나눠!

10번째에 놓일 바둑돌을 알아보면

●○○ | ●○○ | ●○○ | ?

⇨ ●○○이 반복되는 규칙으로 한 묶음에 바둑돌이 3개예요.

⇨ 10번째 바둑돌은 $10 \div 3 = 3 \cdots 1$이므로 1번째 바둑돌과 같은 색이에요.

11 규칙에 따라 흰색 바둑돌과 검은색 바둑돌을 늘어놓았습니다. 75번째에 놓일 바둑돌의 색깔을 구하세요.

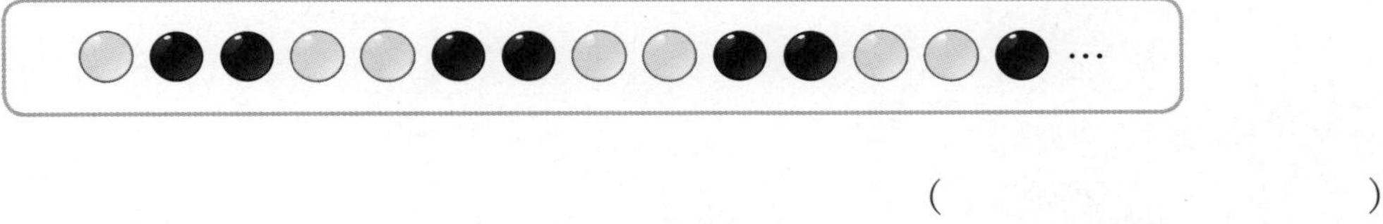

(   )

12 규칙에 따라 수를 늘어놓았습니다. 106번째에 놓일 수를 구하세요.

7 5 2 7 4 7 5 2 7 4 7 5 2 7 4 7 5 2 …

(   )

유형 03 수 카드로 나눗셈식 만들기

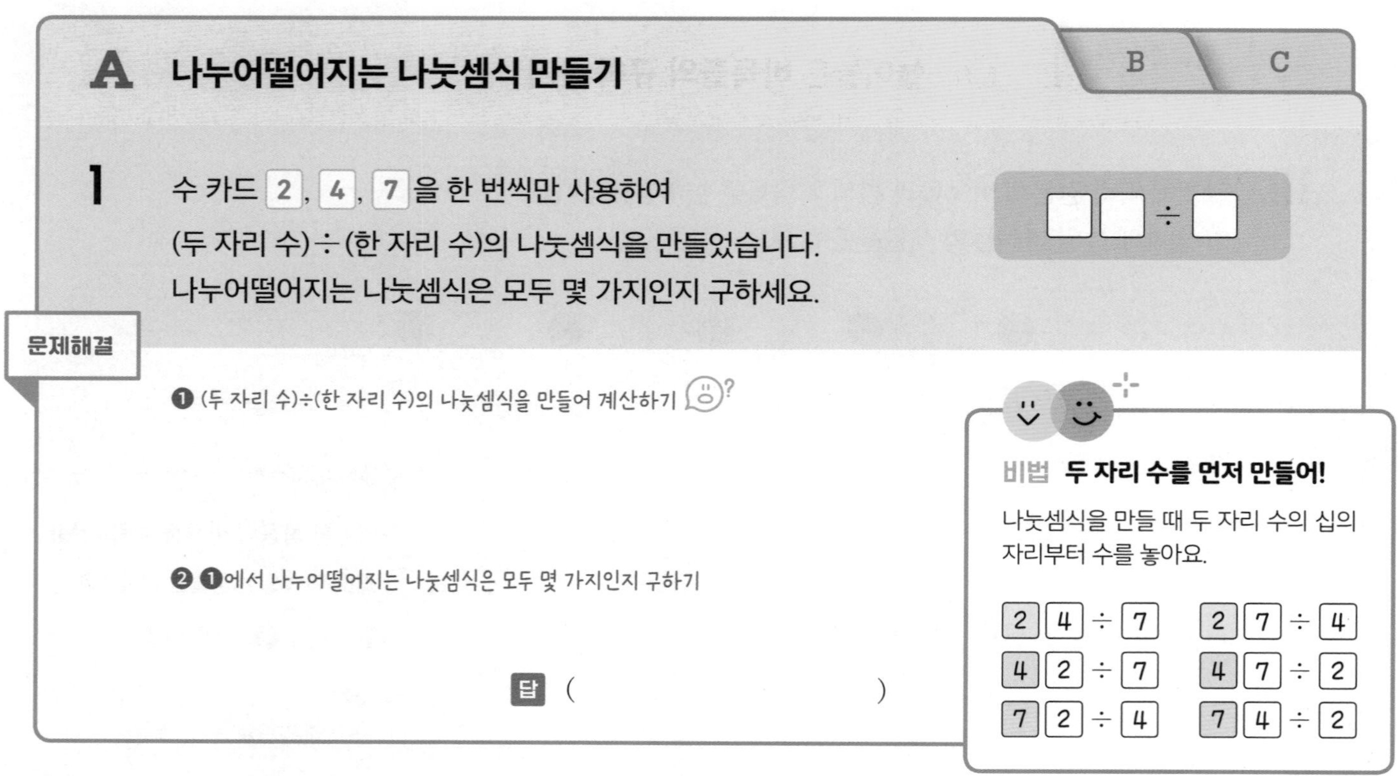

A 나누어떨어지는 나눗셈식 만들기

B C

1 수 카드 [2], [4], [7]을 한 번씩만 사용하여 (두 자리 수)÷(한 자리 수)의 나눗셈식을 만들었습니다. 나누어떨어지는 나눗셈식은 모두 몇 가지인지 구하세요.

□□ ÷ □

문제해결

❶ (두 자리 수)÷(한 자리 수)의 나눗셈식을 만들어 계산하기

❷ ❶에서 나누어떨어지는 나눗셈식은 모두 몇 가지인지 구하기

답 (   )

비법 두 자리 수를 먼저 만들어!

나눗셈식을 만들 때 두 자리 수의 십의 자리부터 수를 놓아요.

24 ÷ 7	27 ÷ 4
42 ÷ 7	47 ÷ 2
72 ÷ 4	74 ÷ 2

2 수 카드 [6], [9], [3]을 한 번씩만 사용하여 (두 자리 수)÷(한 자리 수)의 나눗셈식을 만들었습니다. 나누어떨어지는 나눗셈식은 모두 몇 가지인지 구하세요.

(   )

3 수 카드 [8], [2], [5]를 한 번씩만 사용하여 (두 자리 수)÷(한 자리 수)의 나눗셈식을 만들었습니다. 나머지가 있는 나눗셈식은 모두 몇 가지인지 구하세요.

(   )

A | **B 몫이 가장 큰 나눗셈식 만들기** | C

4 수 카드 [7], [5], [8]을 한 번씩만 사용하여
(두 자리 수)÷(한 자리 수)의 나눗셈식을 만들려고 합니다.
몫이 가장 큰 나눗셈식의 몫과 나머지를 구하세요.

□□÷□

문제해결

❶ 몫이 가장 클 때 나누어지는 수에 놓아야 할 두 자리 수 구하기

❷ 몫이 가장 클 때 나누는 수에 놓아야 할 한 자리 수 구하기

❸ 몫이 가장 큰 나눗셈식의 몫과 나머지 구하기

답 몫 ( ), 나머지 ( )

비법
나누어지는 수를 가장 크게!
나누어지는 수가 클수록
나누는 수가 작을수록
몫이 커요.

□□÷□
가장 큰 수 가장 작은 수

5 수 카드 [3], [9], [2]를 한 번씩만 사용하여 (두 자리 수)÷(한 자리 수)의 나눗셈식을 만들려고 합니다. 몫이 가장 큰 나눗셈식의 몫과 나머지를 구하세요.

몫 ( ), 나머지 ( )

6 수 카드 [4], [6], [7], [3]을 한 번씩만 사용하여 (세 자리 수)÷(한 자리 수)의 나눗셈식을 만들려고 합니다. 몫이 가장 큰 나눗셈식의 몫과 나머지를 구하세요.

몫 ( ), 나머지 ( )

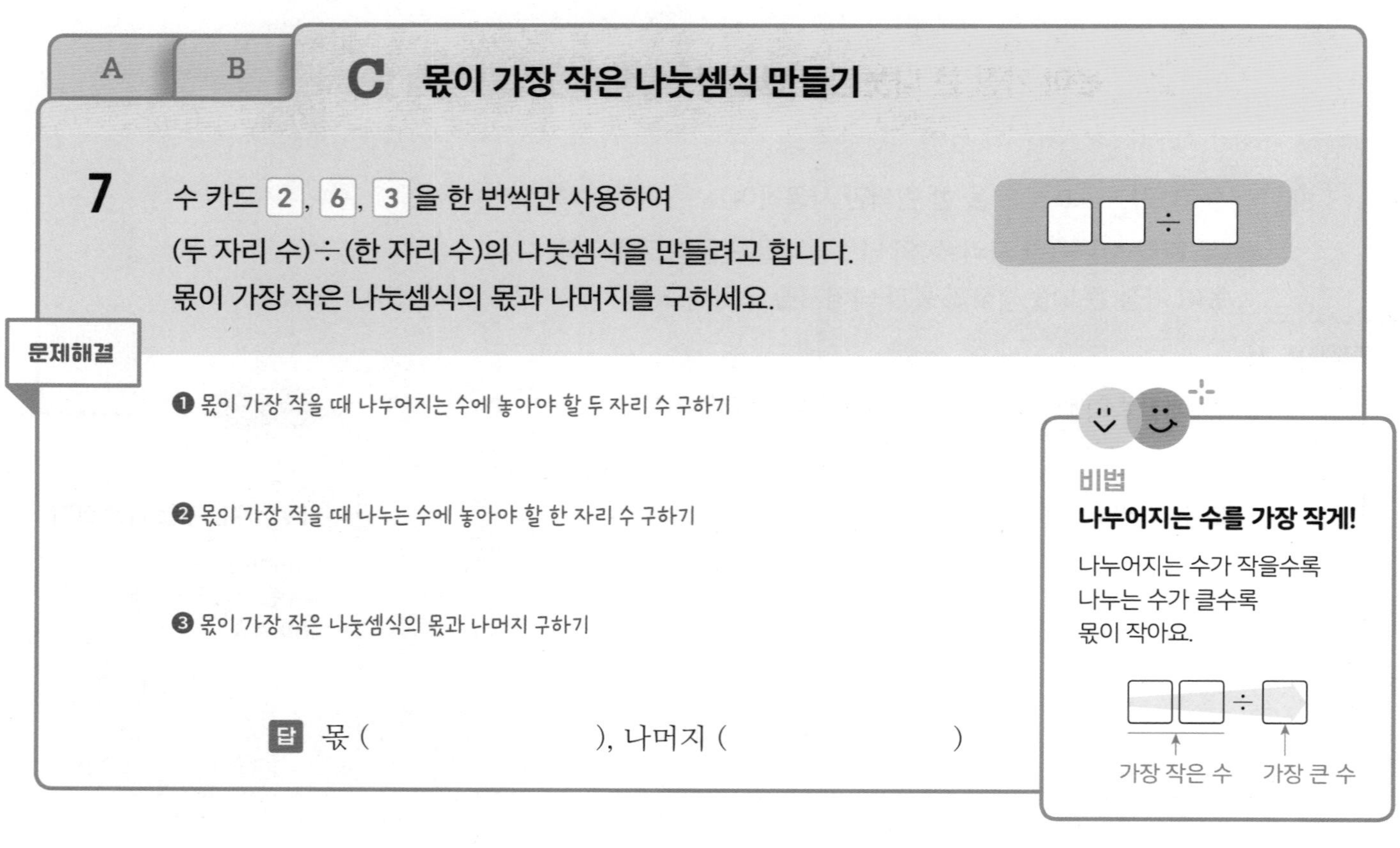

A B **C 몫이 가장 작은 나눗셈식 만들기**

7 수 카드 [2], [6], [3] 을 한 번씩만 사용하여 (두 자리 수) ÷ (한 자리 수)의 나눗셈식을 만들려고 합니다. 몫이 가장 작은 나눗셈식의 몫과 나머지를 구하세요.

□□ ÷ □

문제해결

❶ 몫이 가장 작을 때 나누어지는 수에 놓아야 할 두 자리 수 구하기

❷ 몫이 가장 작을 때 나누는 수에 놓아야 할 한 자리 수 구하기

❸ 몫이 가장 작은 나눗셈식의 몫과 나머지 구하기

답 몫 ( ), 나머지 ( )

비법
나누어지는 수를 가장 작게!
나누어지는 수가 작을수록
나누는 수가 클수록
몫이 작아요.

8 수 카드 [6], [7], [4] 를 한 번씩만 사용하여 (두 자리 수) ÷ (한 자리 수)의 나눗셈식을 만들려고 합니다. 몫이 가장 작은 나눗셈식의 몫과 나머지를 구하세요.

몫 ( ), 나머지 ( )

9 수 카드 [5], [8], [2], [7] 을 한 번씩만 사용하여 (세 자리 수) ÷ (한 자리 수)의 나눗셈식을 만들려고 합니다. 몫이 가장 작은 나눗셈식의 몫과 나머지를 구하세요.

몫 ( ), 나머지 ( )

유형 04

나누어지는 수 구하기

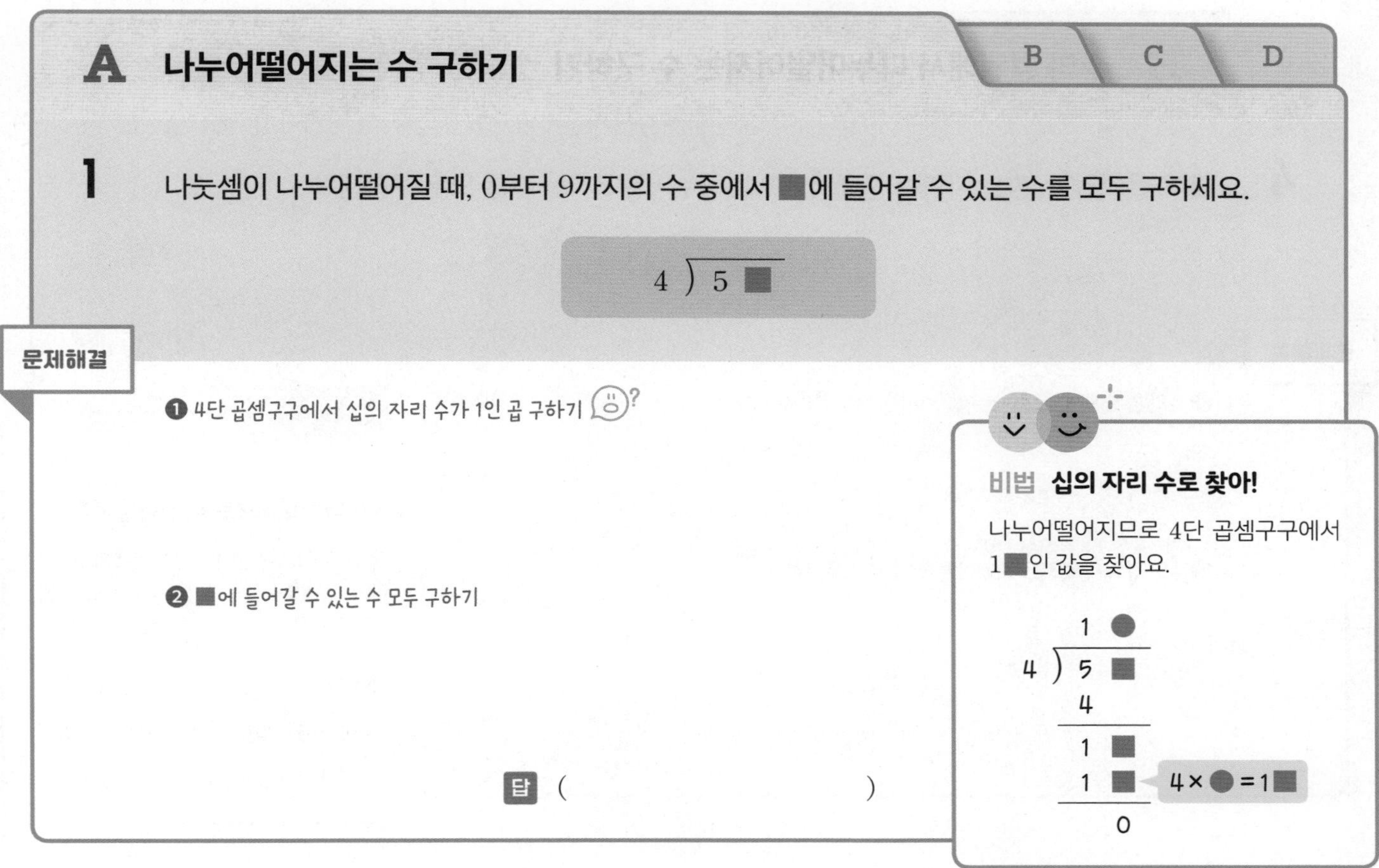

A 나누어떨어지는 수 구하기
B
C
D
1 나눗셈이 나누어떨어질 때, 0부터 9까지의 수 중에서 ■에 들어갈 수 있는 수를 모두 구하세요.
4) 5 ■
문제해결
❶ 4단 곱셈구구에서 십의 자리 수가 1인 곱 구하기
❷ ■에 들어갈 수 있는 수 모두 구하기
답 ( )

비법 **십의 자리 수로 찾아!**

나누어떨어지므로 4단 곱셈구구에서 1■인 값을 찾아요.

$4 \times ● = 1■$

2 나눗셈이 나누어떨어질 때, 0부터 9까지의 수 중에서 □ 안에 들어갈 수 있는 수를 모두 구하세요.

5) 7 □

( )

3 나눗셈이 나누어떨어질 때, 0부터 9까지의 수 중에서 □ 안에 들어갈 수 있는 수를 모두 구하세요.

49□ ÷ 6

( )

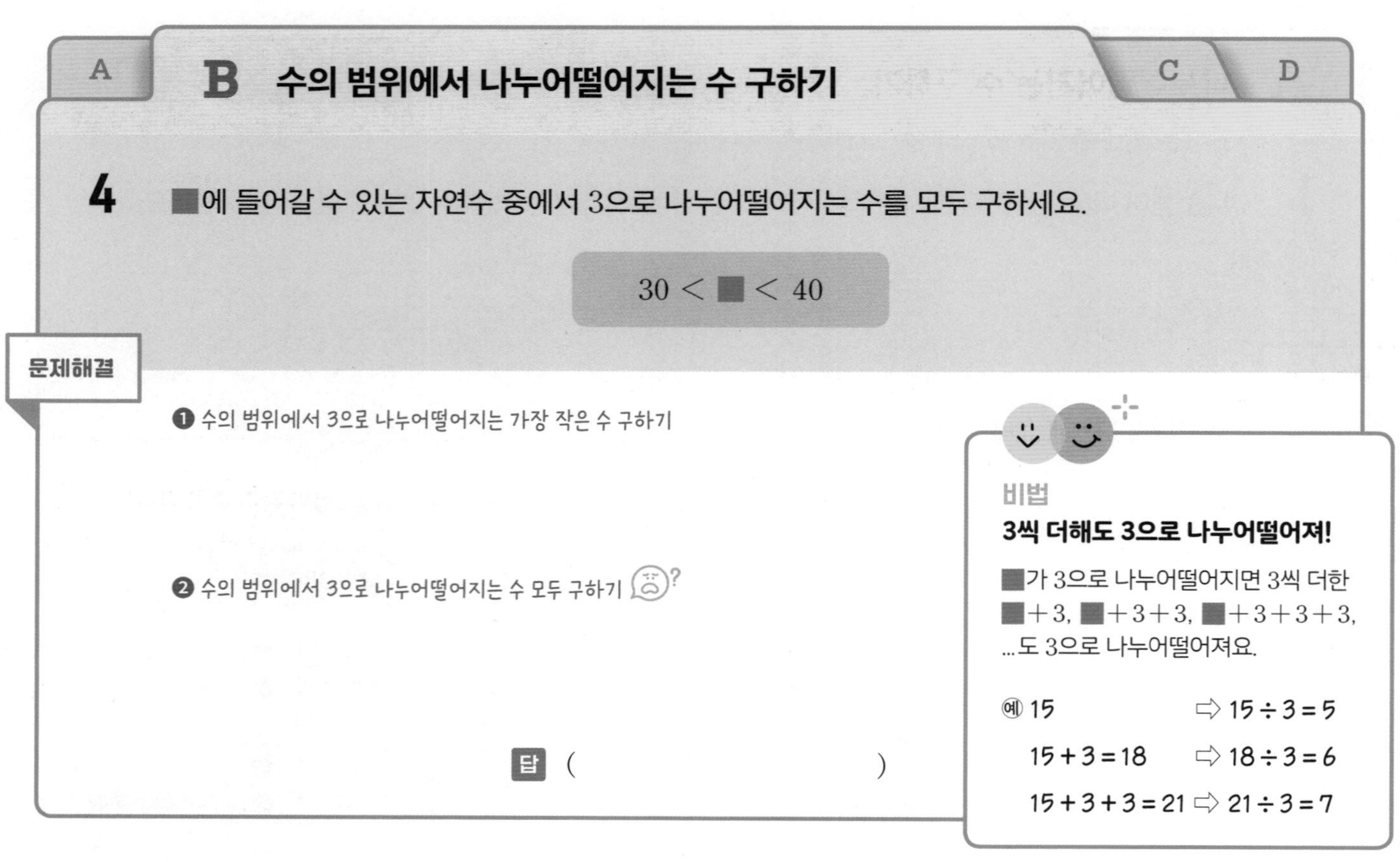

A

B 수의 범위에서 나누어떨어지는 수 구하기

C D

4 ■에 들어갈 수 있는 자연수 중에서 3으로 나누어떨어지는 수를 모두 구하세요.

$30 < ■ < 40$

문제해결

❶ 수의 범위에서 3으로 나누어떨어지는 가장 작은 수 구하기

❷ 수의 범위에서 3으로 나누어떨어지는 수 모두 구하기

답 (   )

비법

3씩 더해도 3으로 나누어떨어져!

■가 3으로 나누어떨어지면 3씩 더한 ■+3, ■+3+3, ■+3+3+3, ...도 3으로 나누어떨어져요.

예 15 ⇨ 15÷3=5

15+3=18 ⇨ 18÷3=6

15+3+3=21 ⇨ 21÷3=7

5 □ 안에 들어갈 수 있는 자연수 중에서 4로 나누어떨어지는 수를 모두 구하세요.

$65 < □ < 75$

(   )

6 80보다 크고 100보다 작은 자연수 중에서 7로 나누어떨어지는 수는 모두 몇 개인지 구하세요.

(   )

A B **C** D

C 조건을 만족하는 나누어지는 수 구하기

7 조건을 만족하는 자연수를 모두 구하세요.

- 40보다 크고 70보다 작습니다.
- 6으로 나누면 나머지가 4입니다.

문제해결

❶ 40보다 크고 70보다 작은 자연수 중에서 6으로 나누어떨어지는 수 구하기

❷ ❶에서 구한 수를 이용하여 6으로 나누면 나머지가 4인 수 모두 구하기

답 (　　　　　　　　)

비법
4만큼 더 큰 수를 구해!
6으로 나누었을 때 나머지가 4인 수는 나누어떨어지는 수보다 4만큼 더 큰 수예요.

예 $30 \div 6 = 5$이므로
$30 + 4 = 34$
⇨ $34 \div 6 = 5 \cdots 4$

8 조건을 만족하는 자연수를 모두 구하세요.

- 55보다 크고 85보다 작습니다.
- 7로 나누면 나머지가 2입니다.

(　　　　　　　　)

9 조건을 만족하는 자연수를 구하세요.

- 70보다 크고 95보다 작습니다.
- 8로 나누면 나머지가 3입니다.
- 9로 나누면 나머지가 1입니다.

(　　　　　　　　)

A B C

D 나누어지는 수가 될 수 있는 가장 큰 수 구하기

10 ■에 들어갈 수 있는 자연수 중에서 가장 큰 수를 구하세요.

■÷5=17…▲

문제해결

❶ 5로 나눌 때 가장 큰 나머지 ▲ 구하기

❷ 나눗셈의 계산이 맞는지 확인하는 식으로 ■에 들어갈 수 있는 수 구하기

5×17=□, 85+▲=■ ⇨ ■=85+□=□

답 (   )

비법
▲는 5보다 작아!
나머지 ▲는 나누는 수 5보다 작아야 하므로 5로 나눌 때 나머지가 될 수 있는 수는
0, 1, 2, 3, 4

11 □ 안에 들어갈 수 있는 자연수 중에서 가장 큰 수를 구하세요.

□÷6=12…△

(   )

12 나눗셈의 몫이 28일 때 □ 안에 들어갈 수 있는 자연수 중에서 가장 큰 수를 구하세요.

□÷9

(   )

유형 05 나눗셈의 검산 활용

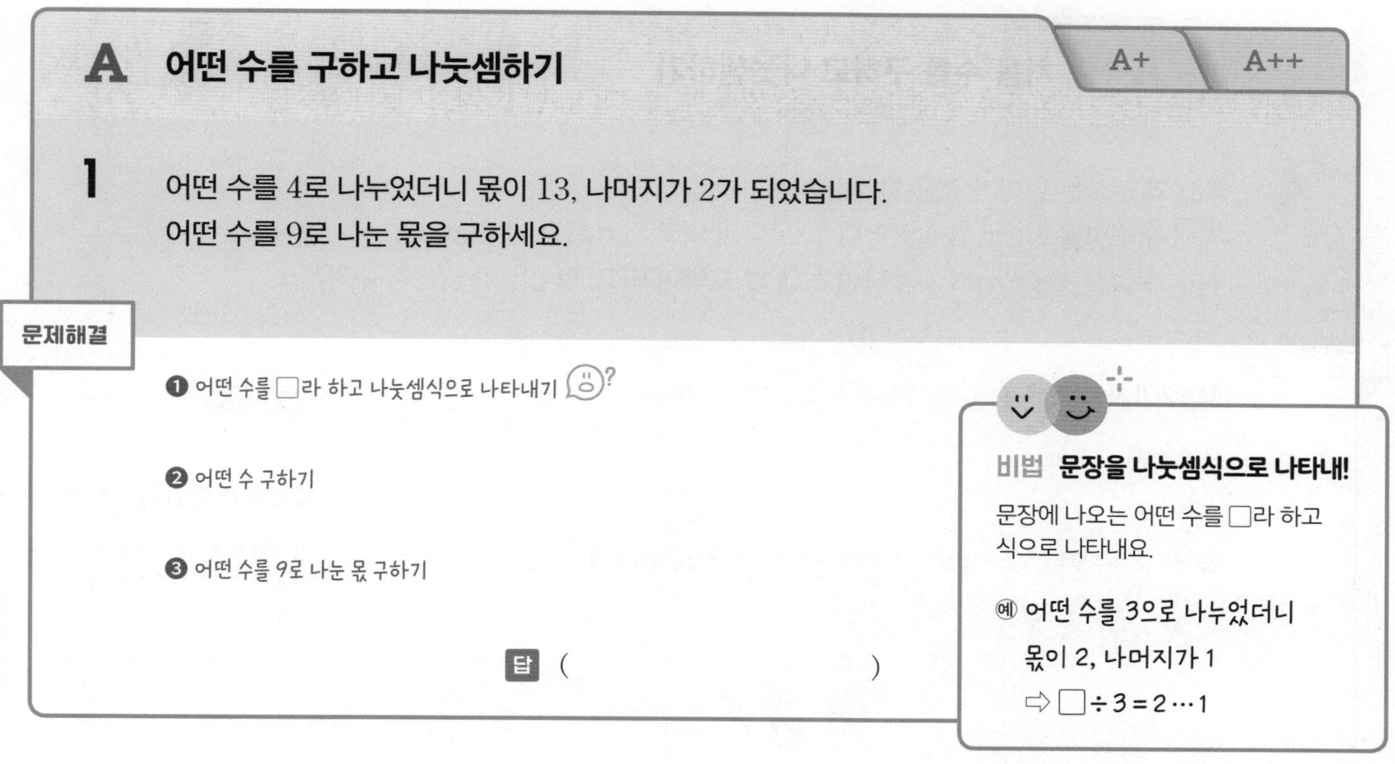

A 어떤 수를 구하고 나눗셈하기

A+ A++

1 어떤 수를 4로 나누었더니 몫이 13, 나머지가 2가 되었습니다.
어떤 수를 9로 나눈 몫을 구하세요.

문제해결

❶ 어떤 수를 □라 하고 나눗셈식으로 나타내기

❷ 어떤 수 구하기

❸ 어떤 수를 9로 나눈 몫 구하기

답 (　　　　　　　　)

비법 문장을 나눗셈식으로 나타내!

문장에 나오는 어떤 수를 □라 하고 식으로 나타내요.

예 어떤 수를 3으로 나누었더니 몫이 2, 나머지가 1
⇨ □ ÷ 3 = 2 ⋯ 1

2 어떤 수를 7로 나누었더니 몫이 11, 나머지가 4가 되었습니다. 어떤 수를 3으로 나눈 몫을 구하세요.

(　　　　　　　　)

3 어떤 수를 8로 나누었더니 몫이 ★, 나머지가 6이 되었고, ★을 3으로 나누었더니 몫이 14, 나머지가 1이 되었습니다. 어떤 수를 2로 나눈 몫을 구하세요.

(　　　　　　　　)

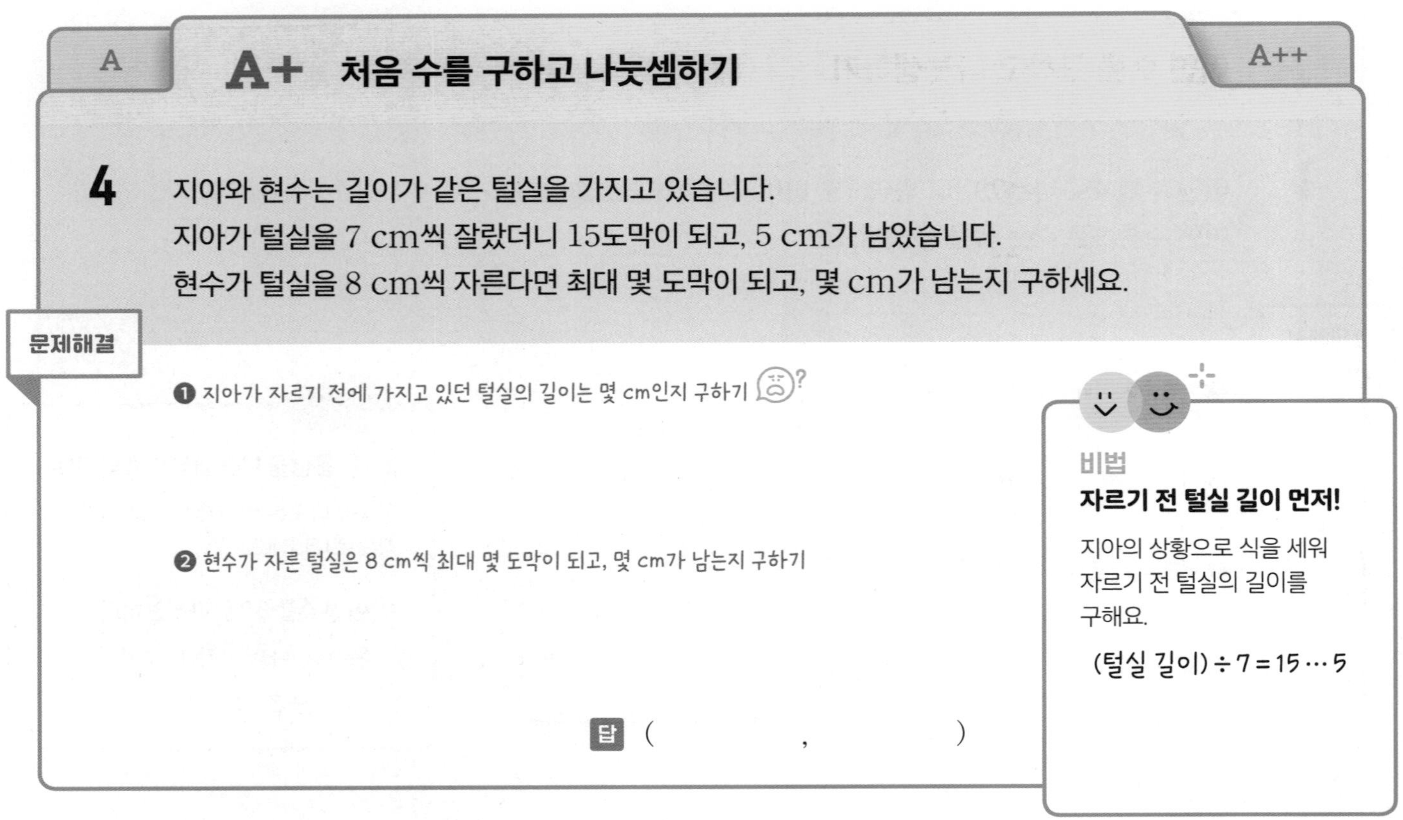

4 지아와 현수는 길이가 같은 털실을 가지고 있습니다.
지아가 털실을 7 cm씩 잘랐더니 15도막이 되고, 5 cm가 남았습니다.
현수가 털실을 8 cm씩 자른다면 최대 몇 도막이 되고, 몇 cm가 남는지 구하세요.

문제해결

❶ 지아가 자르기 전에 가지고 있던 털실의 길이는 몇 cm인지 구하기

❷ 현수가 자른 털실은 8 cm씩 최대 몇 도막이 되고, 몇 cm가 남는지 구하기

답 (　　　　,　　　　)

비법
자르기 전 털실 길이 먼저!
지아의 상황으로 식을 세워 자르기 전 털실의 길이를 구해요.
(털실 길이) ÷ 7 = 15 ⋯ 5

5 건이와 솔이는 같은 동화책을 읽었습니다. 건이가 동화책을 매일 하루에 9쪽씩 일주일 동안 읽었더니 1쪽이 남았습니다. 솔이가 동화책을 매일 하루에 6쪽씩 읽는다면 최대 며칠 동안 읽을 수 있고, 몇 쪽이 남는지 구하세요.

(　　　　,　　　　)

6 쿠키를 한 줄에 8개씩 놓았더니 12줄이 되고, 7개가 남았습니다. 이 쿠키를 5개까지 넣을 수 있는 상자에 담으려고 합니다. 쿠키를 상자에 모두 담으려면 상자는 적어도 몇 개 필요한지 구하세요.

(　　　　　　)

A　A+

A++ 어떤 수를 구하여 바르게 계산하기

7 어떤 수에 6을 곱해야 할 것을 잘못하여 나누었더니
몫이 23, 나머지가 5가 되었습니다.
바르게 계산한 값을 구하세요.

문제해결

❶ 어떤 수를 □라 하고 잘못한 계산을 나눗셈식으로 나타내기

❷ 어떤 수 구하기

❸ 바르게 계산한 값 구하기

답 (　　　　　　)

비법 문장을 정리해서 구해 봐!
"어떤 수에 6을 곱해야 할 것을
□
잘못하여 나누었더니 몫이 23,
÷6　=23
나머지가 5가 되었습니다."
…5

8 어떤 수에 9를 곱해야 할 것을 잘못하여 나누었더니 몫이 8, 나머지가 6이 되었습니다. 바르게 계산한 값을 구하세요.

(　　　　　　)

9 어떤 수를 5로 나누어야 할 것을 잘못하여 4로 나누었더니 몫이 15, 나머지가 3이 되었습니다. 바르게 계산한 몫과 나머지를 구하세요.

몫 (　　　　　　), 나머지 (　　　　　　)

유형 06 그림으로 문제 해결하기

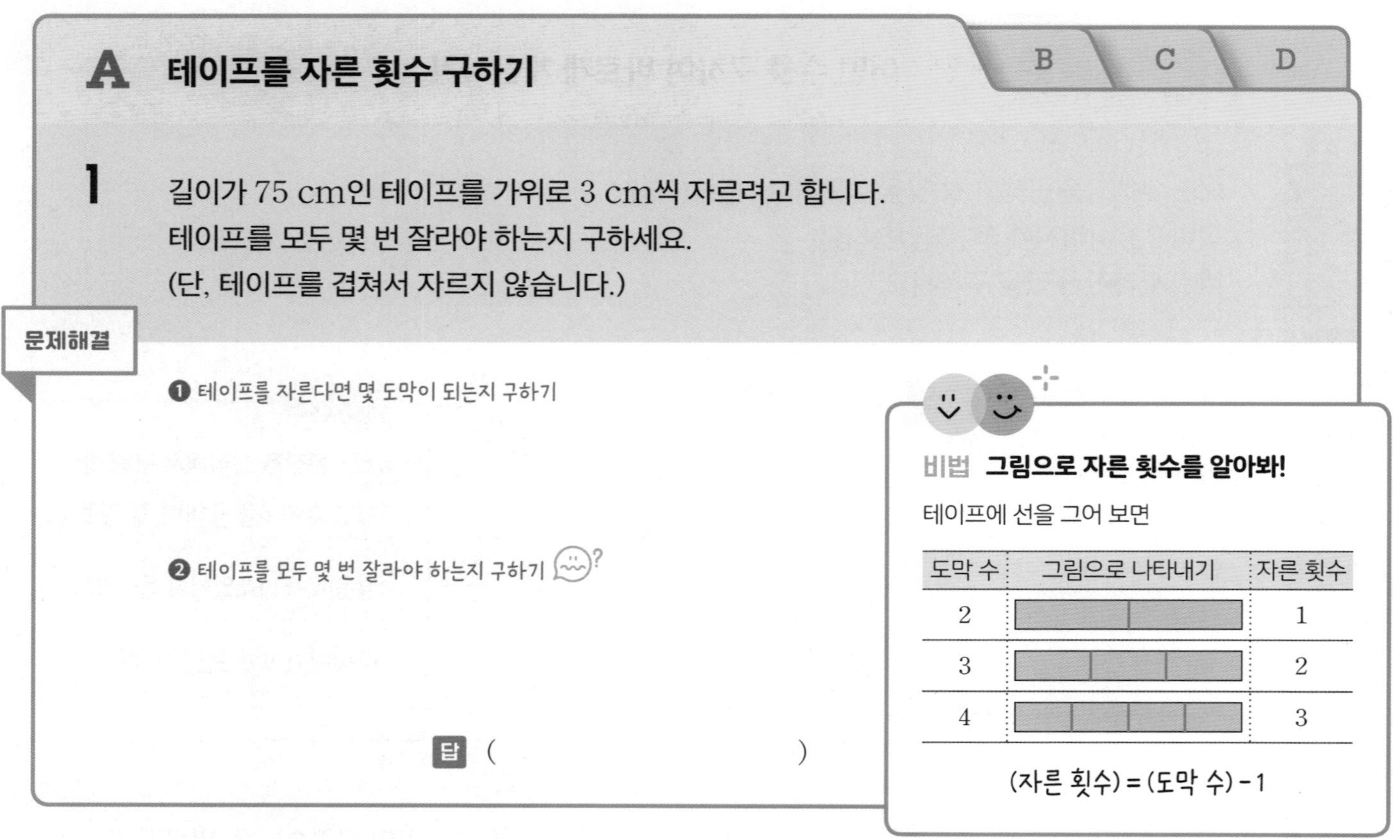

A 테이프를 자른 횟수 구하기

B C D

1 길이가 75 cm인 테이프를 가위로 3 cm씩 자르려고 합니다.
테이프를 모두 몇 번 잘라야 하는지 구하세요.
(단, 테이프를 겹쳐서 자르지 않습니다.)

문제해결

❶ 테이프를 자른다면 몇 도막이 되는지 구하기

❷ 테이프를 모두 몇 번 잘라야 하는지 구하기

답 (　　　　　　　　)

비법 그림으로 자른 횟수를 알아봐!

테이프에 선을 그어 보면

도막 수	그림으로 나타내기	자른 횟수
2		1
3		2
4		3

(자른 횟수) = (도막 수) − 1

2 길이가 84 cm인 통나무를 톱으로 6 cm씩 자르려고 합니다. 통나무를 모두 몇 번 잘라야 하는지 구하세요. (단, 통나무를 겹쳐서 자르지 않습니다.)

(　　　　　　　　)

3 길이가 168 cm인 리본 끈을 같은 길이로 7번 자르려고 합니다. 자른 리본 끈 한 도막의 길이는 몇 cm인지 구하세요. (단, 리본 끈을 겹쳐서 자르지 않습니다.)

리본 끈을 1번 자르면 2도막이 돼요.
(도막 수)=(자른 횟수)+1

(　　　　　　　　)

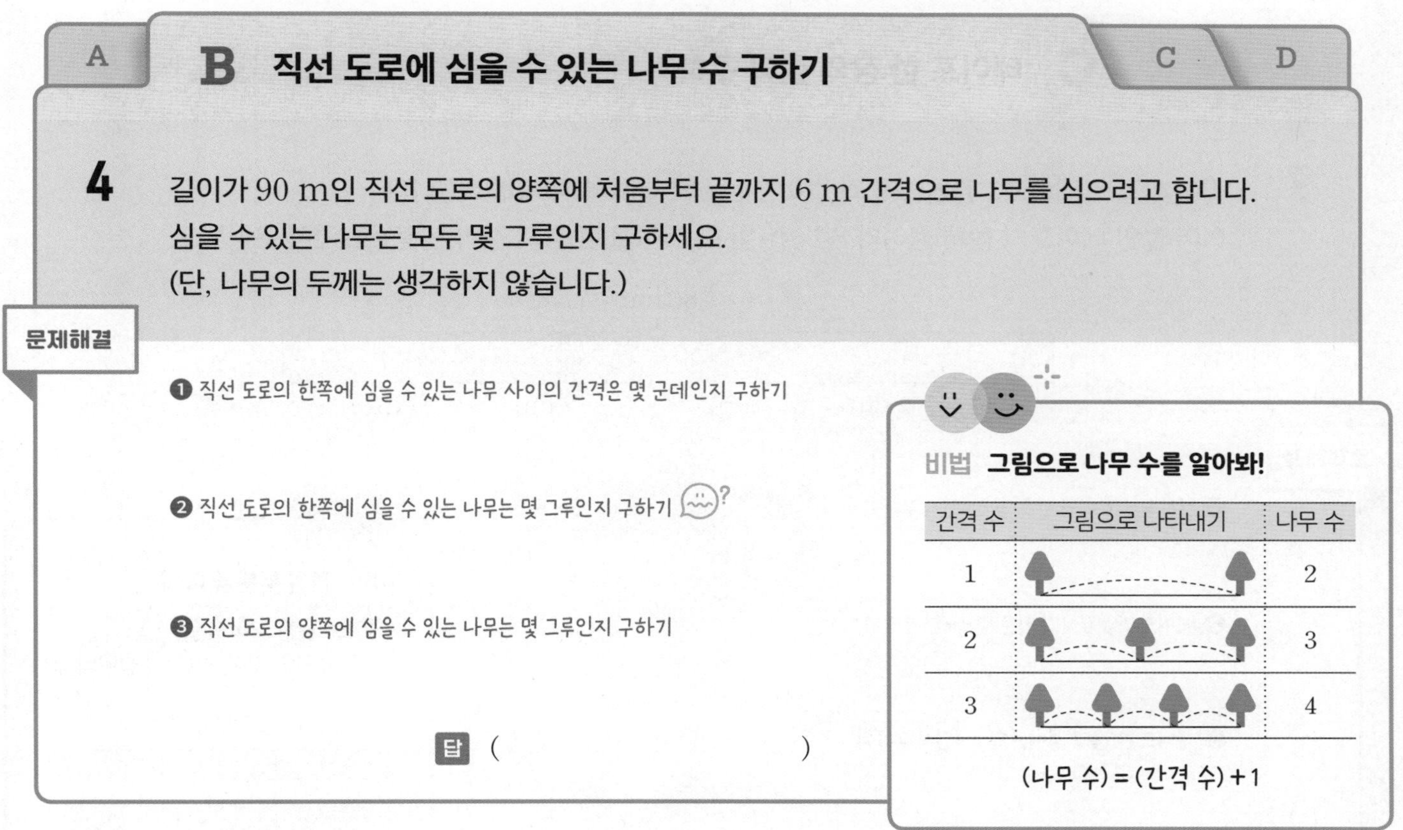

B 직선 도로에 심을 수 있는 나무 수 구하기

4 길이가 90 m인 직선 도로의 양쪽에 처음부터 끝까지 6 m 간격으로 나무를 심으려고 합니다. 심을 수 있는 나무는 모두 몇 그루인지 구하세요.
(단, 나무의 두께는 생각하지 않습니다.)

문제해결

❶ 직선 도로의 한쪽에 심을 수 있는 나무 사이의 간격은 몇 군데인지 구하기

❷ 직선 도로의 한쪽에 심을 수 있는 나무는 몇 그루인지 구하기

❸ 직선 도로의 양쪽에 심을 수 있는 나무는 몇 그루인지 구하기

답 (　　　　　　　　)

비법 그림으로 나무 수를 알아봐!

간격 수	그림으로 나타내기	나무 수
1		2
2		3
3		4

(나무 수) = (간격 수) + 1

5 길이가 168 m인 직선 도로의 양쪽에 처음부터 끝까지 7 m 간격으로 가로등을 세우려고 합니다. 세울 수 있는 가로등은 모두 몇 개인지 구하세요. (단, 가로등의 두께는 생각하지 않습니다.)

(　　　　　　　　)

6 길이가 90 m인 직선 도로의 한쪽에 일정한 간격으로 나무를 7그루 심었습니다. 직선 도로의 한쪽에 처음부터 끝까지 나무를 심었다면 나무 사이의 간격은 몇 m인지 구하세요. (단, 나무의 두께는 생각하지 않습니다.)

(　　　　　　　　)

A B **C 테이프 한 장의 길이 구하기** D

7 길이가 같은 테이프 7장을 그림과 같이 2 cm씩 겹쳐서 이어 붙였습니다. 이어 붙인 테이프의 전체 길이가 86 cm일 때 테이프 한 장의 길이는 몇 cm인지 구하세요.

86 cm

2 cm 2 cm 2 cm 2 cm

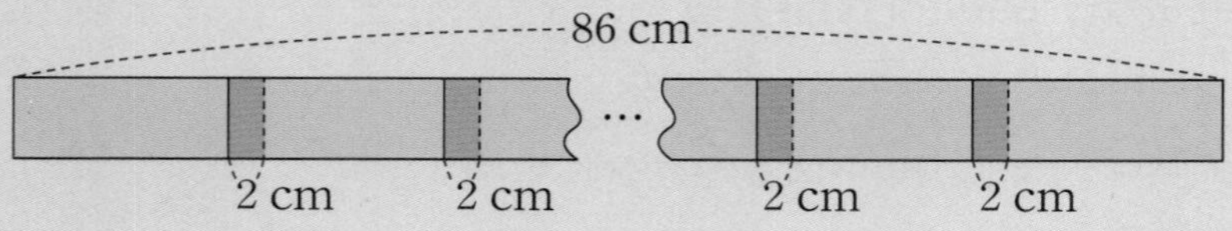

문제해결

❶ 겹친 부분 길이의 합은 몇 cm인지 구하기

❷ 테이프 7장 길이의 합은 몇 cm인지 구하기

❸ 테이프 한 장의 길이는 몇 cm인지 구하기

답 (　　　　　　　　)

비법 겹친 부분을 더해!

(테이프 ★장 길이의 합)
=(이어 붙인 길이)+(겹친 길이의 합)

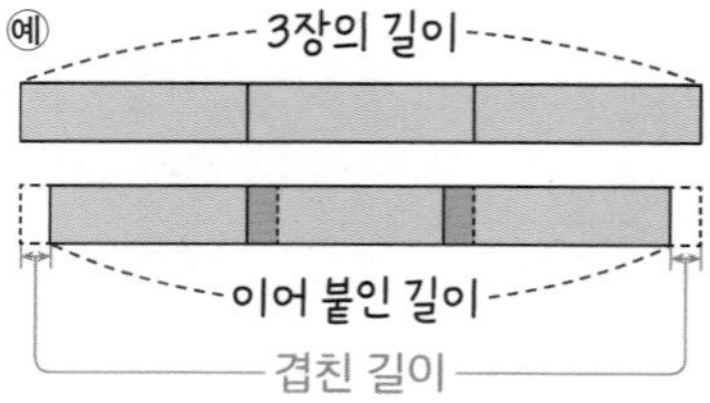

예 3장의 길이

이어 붙인 길이

겹친 길이

8 길이가 같은 테이프 8장을 그림과 같이 3 cm씩 겹쳐서 이어 붙였습니다. 이어 붙인 테이프의 전체 길이가 107 cm일 때 테이프 한 장의 길이는 몇 cm인지 구하세요.

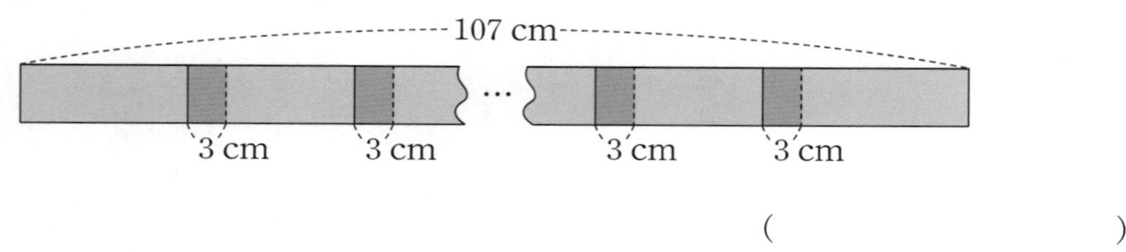

(　　　　　　　　)

9 길이가 40 cm인 테이프 9장을 한 줄로 길게 같은 길이만큼 겹쳐서 이어 붙였더니 테이프의 전체 길이가 224 cm가 되었습니다. 테이프를 몇 cm씩 겹쳐서 이어 붙였는지 구하세요.

(　　　　　　　　)

A B C

D 만들 수 있는 정사각형의 수 구하기

10 직사각형 모양의 종이를 한 변의 길이가 5 cm인 정사각형 모양으로 자르려고 합니다.
정사각형 모양의 종이는 모두 몇 장 만들 수 있는지 구하세요.

60 cm
75 cm

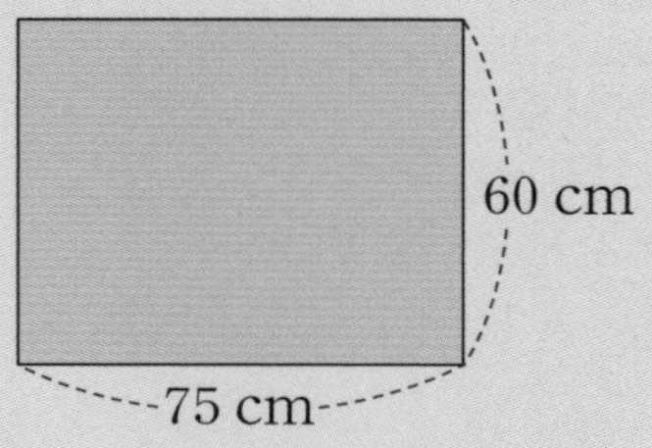

문제해결

❶ 75 cm인 한 변에 만들 수 있는 정사각형 모양의 종이는 몇 장인지 구하기

❷ 60 cm인 한 변에 만들 수 있는 정사각형 모양의 종이는 몇 장인지 구하기

❸ 만들 수 있는 정사각형 모양의 종이는 모두 몇 장인지 구하기

답 (   )

비법 정사각형 한 변의 길이로 나눠!

직사각형의 두 변의 길이를 각각 정사각형의 한 변의 길이로 나누어 구해요.

예

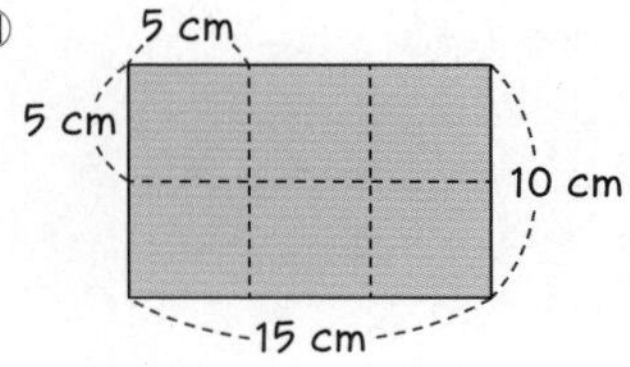

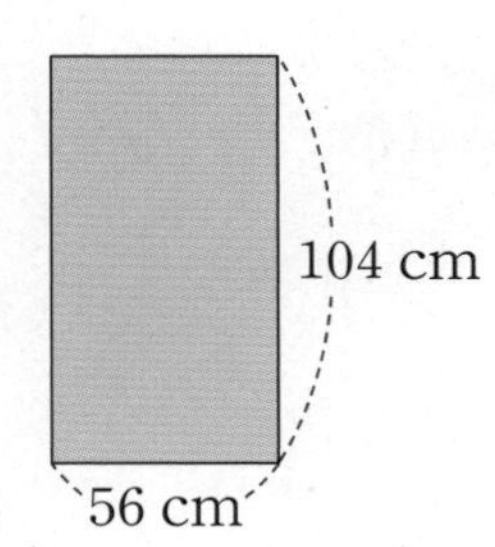

15 cm인 한 변에 $15 \div 5 = 3$(장)

10 cm인 한 변에 $10 \div 5 = 2$(장)

⇨ $3 \times 2 = 6$(장)

11 직사각형 모양의 종이를 한 변의 길이가 8 cm인 정사각형 모양으로 자르려고 합니다. 정사각형 모양의 종이는 모두 몇 장 만들 수 있는지 구하세요.

104 cm
56 cm

(   )

12 색 도화지에 긴 변의 길이가 4 cm, 짧은 변의 길이가 3 cm인 직사각형 모양의 붙임딱지를 겹치지 않게 빈틈없이 모두 붙이려고 합니다. 붙임딱지는 모두 몇 장 필요한지 구하세요.

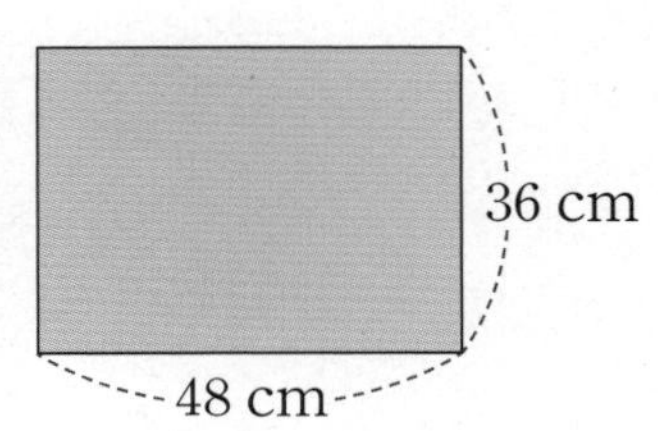

(   )

단원 2 유형 마스터

01

유형 02 Ⓐ

귤이 한 상자에 36개씩 5상자 있습니다. 이 귤을 여섯 모둠이 남김없이 똑같이 나누어 갖는다면 한 모둠이 가질 수 있는 귤은 몇 개인지 구하세요.

(　　　　　　　　　　)

02

유형 02 Ⓑ

배지 105개를 주머니에 모두 넣으려고 합니다. 주머니 한 개에 배지를 4개까지 넣을 수 있다면 주머니는 적어도 몇 개 필요한지 구하세요.

(　　　　　　　　　　)

03

유형 01 Ⓐ

□ 안에 알맞은 수를 써넣으세요.

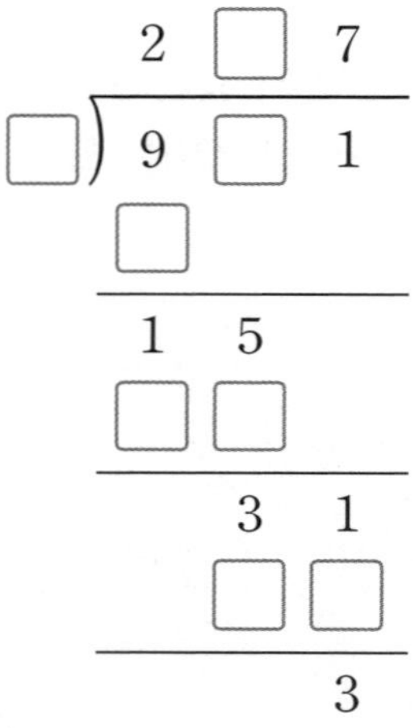

$$\begin{array}{r} 2\,\square\,7 \\ \square\,\overline{)\,9\,\square\,1} \\ \underline{\square} \\ 1\,5 \\ \underline{\square\,\square} \\ 3\,1 \\ \underline{\square\,\square} \\ 3 \end{array}$$

04 송편 82개를 접시 7개에 똑같이 나누어 담으려고 했더니 송편 몇 개가 모자랐습니다. 송편을 남김없이 똑같이 나누어 담으려면 송편은 적어도 몇 개 더 필요한지 구하세요.

유형 02 C

(　　　　　　　　)

05 수 카드 6, 5, 7, 9 를 한 번씩만 사용하여 (세 자리 수)÷(한 자리 수)의 나눗셈식을 만들려고 합니다. 몫이 가장 큰 나눗셈식의 몫과 나머지를 구하세요.

유형 03 B

몫 (　　　　　　　　), 나머지 (　　　　　　　　)

06 70보다 크고 100보다 작은 자연수 중에서 8로 나누어떨어지는 수를 모두 구하세요.

유형 04 B

(　　　　　　　　)

07

유형 05 A++

어떤 수를 3으로 나누어야 할 것을 잘못하여 8로 나누었더니 몫이 6, 나머지가 5가 되었습니다. 바르게 계산한 몫과 나머지를 구하세요.

몫 (　　　　　　　　　　), 나머지 (　　　　　　　　　　)

08

유형 06 C

길이가 같은 테이프 8장을 한 줄로 길게 4 cm씩 겹쳐서 이어 붙였습니다. 이어 붙인 테이프의 전체 길이가 76 cm일 때 테이프 한 장의 길이는 몇 cm인지 구하세요.

(　　　　　　　　　　)

09

유형 06 D

직사각형 모양의 종이에 한 변의 길이가 90 mm인 정사각형 모양의 종이를 겹치지 않게 빈틈없이 모두 붙이려고 합니다. 정사각형 모양의 종이를 모두 몇 장 붙일 수 있는지 구하세요.

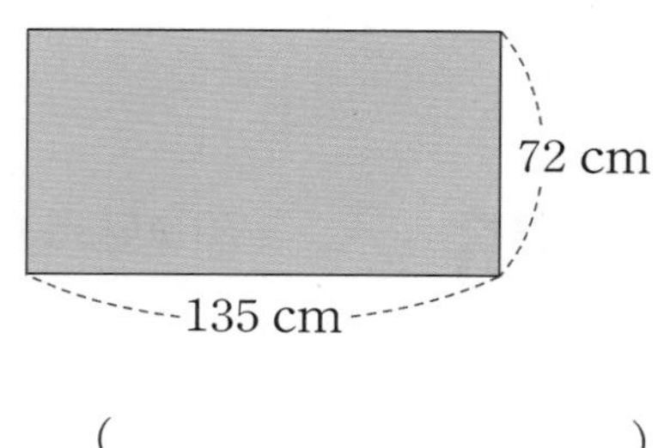

(　　　　　　　　　　)

10 유형 04 D

나눗셈의 몫과 나머지가 같을 때 □ 안에 들어갈 수 있는 자연수 중에서 가장 큰 수를 구하세요.

$\square \div 8$

(　　　　　　　　)

11 유형 06 B

한 변이 60 m인 정사각형 모양의 땅 둘레에 5 m 간격으로 나무를 심으려고 합니다. 정사각형 모양 땅의 네 꼭짓점에 반드시 나무를 심는다면 나무를 모두 몇 그루 심을 수 있는지 구하세요. (단, 나무의 두께는 생각하지 않습니다.)

(　　　　　　　　)

12 유형 02 D

규칙에 따라 수를 늘어놓았습니다. 95번째와 108번째에 놓일 두 수의 차를 구하세요.

8 3 1 9 6 8 8 3 1 9 6 8 8 3 1 9 6 8 8 ⋯

(　　　　　　　　)

원

학습계열표

1-2 **3. 여러 가지 모양**
- ■, ▲, ● 모양 찾기
- ■, ▲, ● 모양 알기

2-1 **2. 여러 가지 도형**
- 삼각형, 사각형, 원
- 원의 의미와 특징

3-2 **3. 원**
- 원의 중심, 반지름, 지름
- 지름과 반지름의 관계

6-2 **5. 원의 넓이**
- 원주율
- 원의 둘레와 넓이

학습기록표

유형 01
학습일
학습평가

원의 중심의 수

A	찾을 수 있는 원의 중심
A+	컴퍼스 침을 꽂는 곳

유형 02
학습일
학습평가

원 안에 원

A	크기가 같을 때
B	포개어 있을 때
C	겹쳐 있을 때
D	맞닿아 있을 때

유형 03
학습일
학습평가

크기가 같은 원

A	선분의 길이
B	변의 길이의 합
C	사각형의 네 변의 합
C+	네 변의 합에서 반지름

유형 04
학습일
학습평가

크기가 다른 원

A	선분의 길이
B	맞닿은 원에서 변의 합
C	반지름
D	겹친 부분 알 때 변의 합

유형 05
학습일
학습평가

사각형 안에 그리는 원

A	가장 큰 원의 반지름
B	그릴 수 있는 원의 수

유형 06
학습일
학습평가

규칙 찾아 길이 구하기

A	규칙 따른 원의 지름
B	규칙 따른 선분 길이

유형 마스터
학습일
학습평가

원

유형 01

원의 중심의 수

A 찾을 수 있는 원의 중심의 수 구하기

A+

1 주어진 모양에서 찾을 수 있는 원의 중심은 모두 몇 개인지 구하세요.

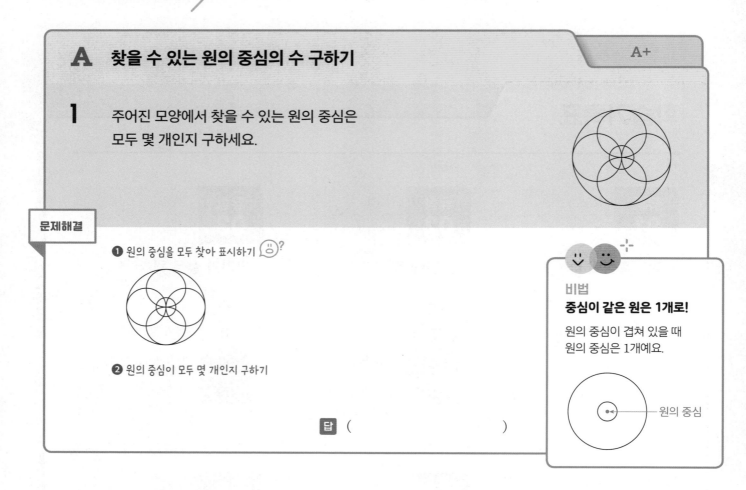

문제해결

❶ 원의 중심을 모두 찾아 표시하기

❷ 원의 중심이 모두 몇 개인지 구하기

답 (　　　　　　　　)

비법

중심이 같은 원은 1개로!

원의 중심이 겹쳐 있을 때 원의 중심은 1개예요.

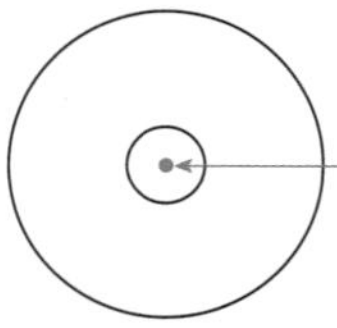

원의 중심

2 주어진 모양에서 찾을 수 있는 원의 중심은 모두 몇 개인지 구하세요.

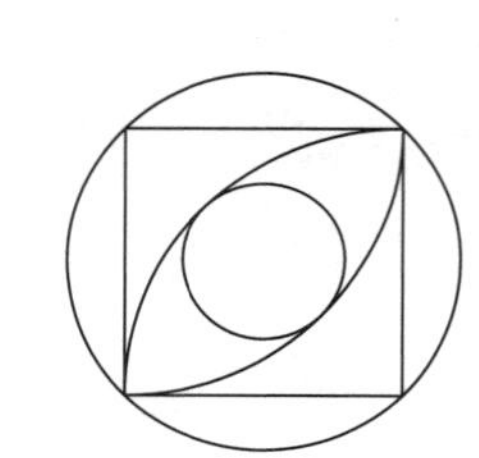

(　　　　　　　　)

3 가와 나 모양에서 찾을 수 있는 원의 중심은 모두 몇 개인지 구하세요.

가

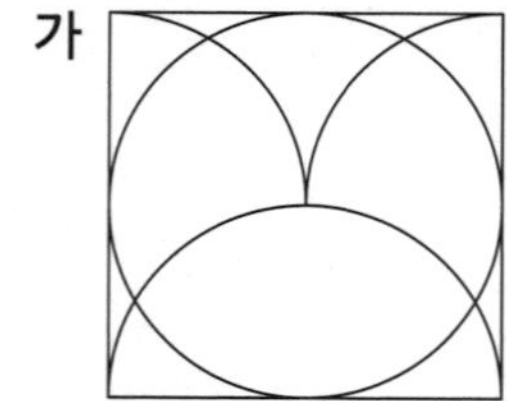

나

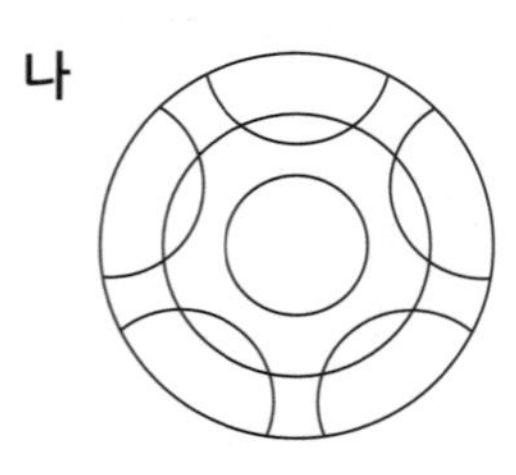

(　　　　　　　　)

A

A+ 컴퍼스의 침을 꽂아야 할 곳의 수 구하기

4 주어진 모양을 그리기 위해 컴퍼스의 침을 꽂아야 할 곳은 모두 몇 군데인지 구하세요.

문제해결

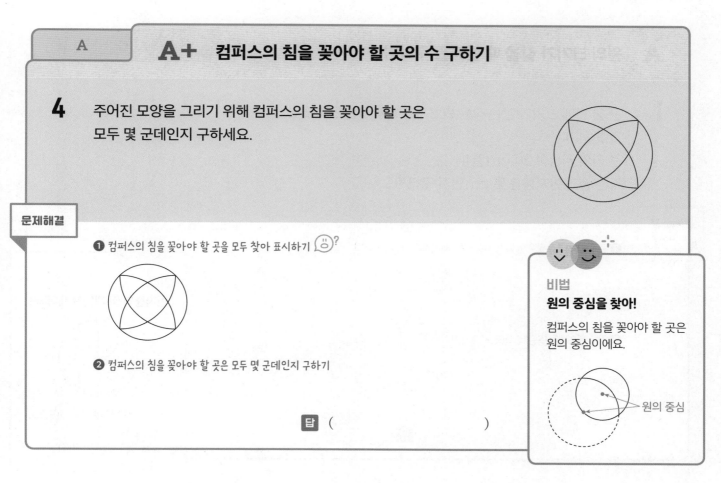

❶ 컴퍼스의 침을 꽂아야 할 곳을 모두 찾아 표시하기

❷ 컴퍼스의 침을 꽂아야 할 곳은 모두 몇 군데인지 구하기

답 (   )

비법
원의 중심을 찾아!
컴퍼스의 침을 꽂아야 할 곳은 원의 중심이에요.

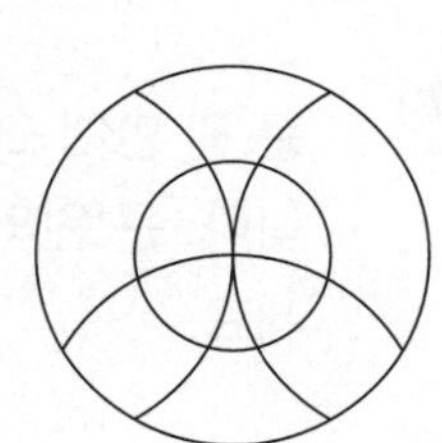

5 주어진 모양을 그리기 위해 컴퍼스의 침을 꽂아야 할 곳은 모두 몇 군데인지 구하세요.

(   )

6 두 모양을 그리기 위해 컴퍼스의 침을 꽂아야 할 곳은 **가**와 **나** 모양 중에서 어느 모양이 몇 군데 더 많은지 구하세요.

가

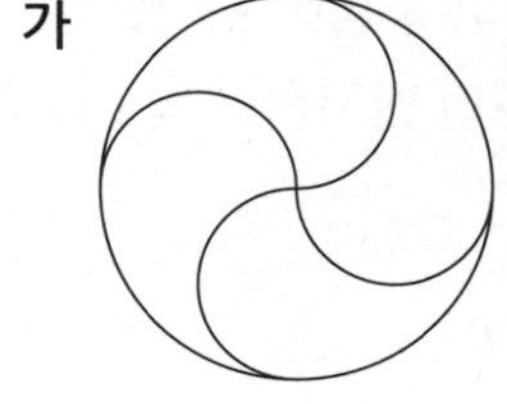

나

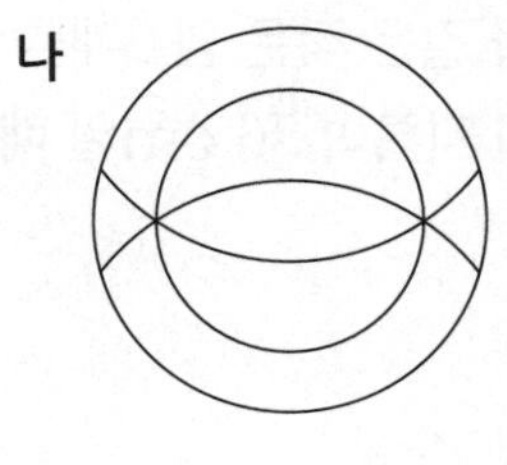

(,   )

유형 02

원 안에 원

A 원의 크기가 같을 때 반지름 구하기

B C D

1 큰 원 안에 크기가 같은 작은 원 2개를 겹치지 않도록 맞닿게 그렸습니다.
큰 원의 지름이 20 cm일 때
작은 원의 반지름은 몇 cm인지 구하세요.

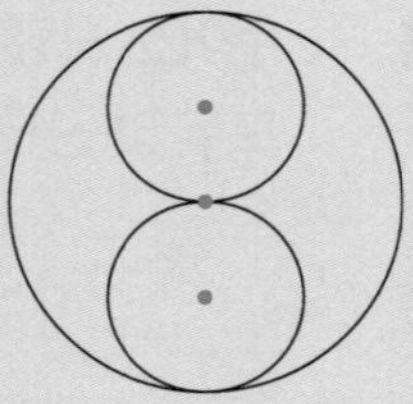

문제해결

❶ 큰 원의 지름은 작은 원의 반지름의 몇 배인지 구하기

❷ 작은 원의 반지름은 몇 cm인지 구하기

답 (   )

비법
반지름이 몇 개인지 세어 봐!

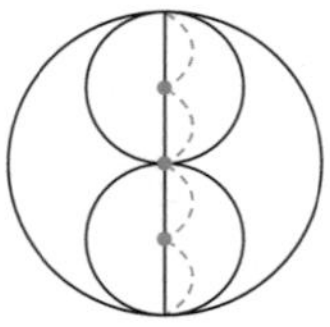

작은 원의 반지름은 4개이므로
(큰 원의 지름)
=(작은 원의 반지름)×4

2 큰 원 안에 크기가 같은 작은 원 3개를 겹치지 않도록 맞닿게 이어 그렸습니다. 큰 원의 지름이 48 cm일 때 작은 원의 반지름은 몇 cm인지 구하세요.

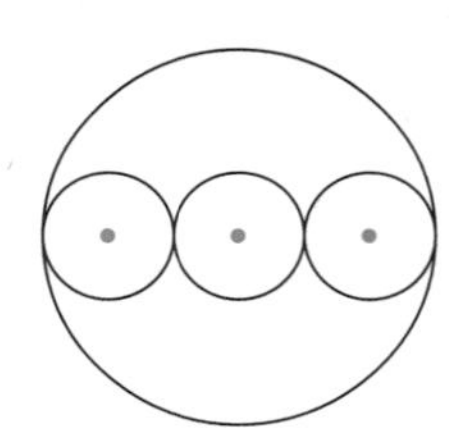

(   )

3 큰 원 안에 크기가 같은 작은 원 3개를 서로 원의 중심이 지나도록 겹쳐 그렸습니다. 큰 원의 지름이 36 cm일 때 작은 원의 반지름은 몇 cm인지 구하세요.

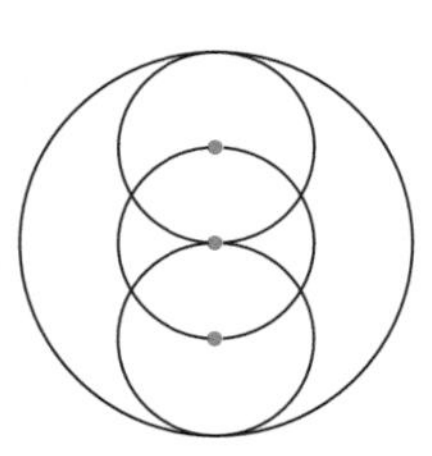

(   )

A | B 원이 포개어 있을 때 반지름 구하기 | C | D

B 원이 포개어 있을 때 반지름 구하기

4 가장 큰 원 안에 크기가 다른 작은 원 2개를 포개어 그렸습니다.
가장 큰 원의 지름이 16 cm일 때
가장 작은 원의 반지름은 몇 cm인지 구하세요.

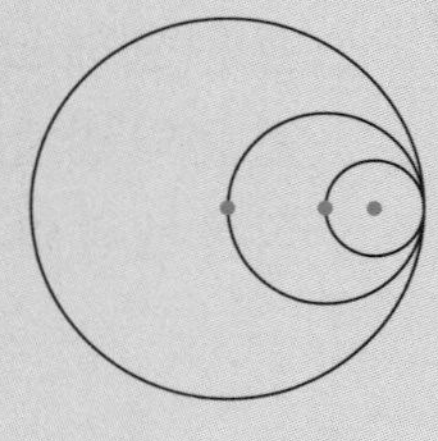

문제해결

❶ 가장 큰 원의 반지름은 몇 cm인지 구하기

❷ 두 번째로 큰 원의 반지름은 몇 cm인지 구하기

❸ 가장 작은 원의 반지름은 몇 cm인지 구하기

탑 (　　　　　　　　)

비법

큰 원의 반지름의 반이야!

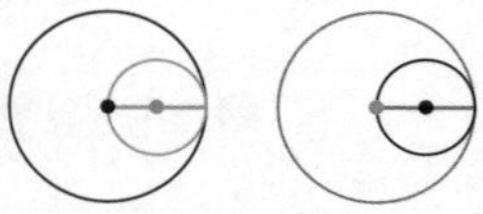

작은 원의 지름은
큰 원의 반지름과 같으므로
(작은 원의 반지름)
=(큰 원의 반지름)÷2

5 가장 큰 원 안에 크기가 다른 작은 원 2개를 포개어 그렸습니다. 가장 큰 원의 지름이 24 cm일 때 가장 작은 원의 반지름은 몇 cm인지 구하세요.

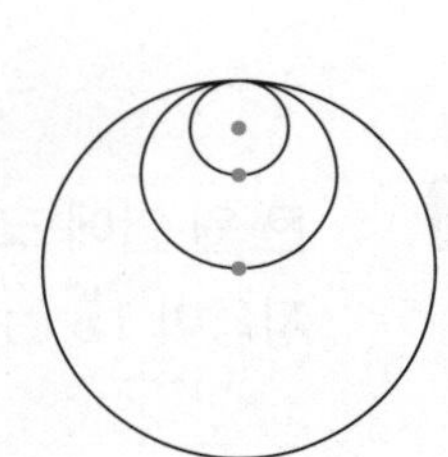

(　　　　　　　　)

6 가장 큰 원 안에 크기가 다른 작은 원 2개를 포개어 그렸습니다. 가장 큰 원의 반지름이 21 cm일 때 초록색 원의 반지름은 몇 cm인지 구하세요.

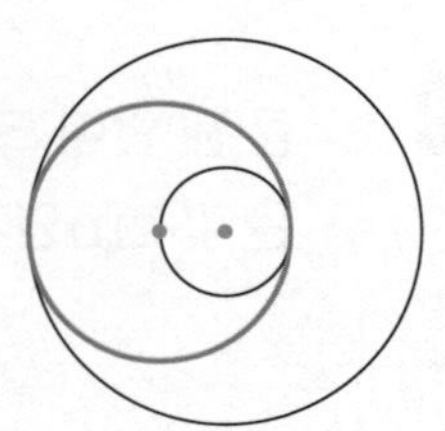

(　　　　　　　　)

A B **C** D

C 원이 겹쳐 있을 때 반지름 구하기

7 큰 원 안에 크기가 같은 작은 원 2개를 겹쳐 그렸습니다.
큰 원의 반지름이 16 cm일 때
작은 원의 반지름은 몇 cm인지 구하세요.

8 cm

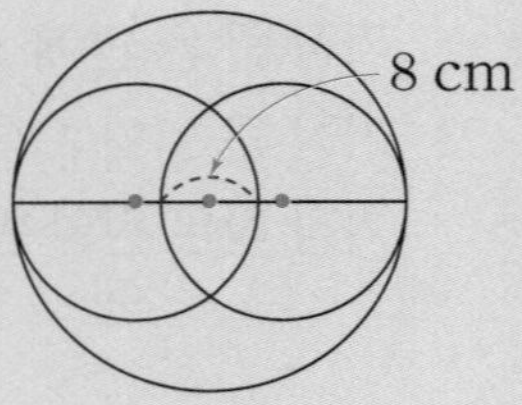

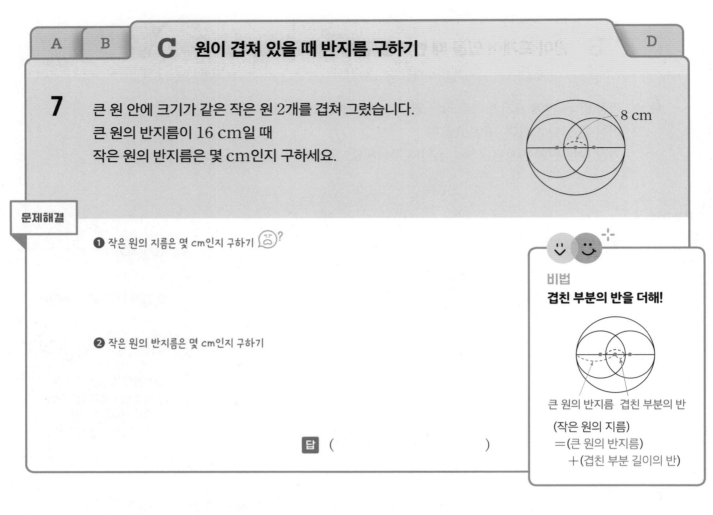

문제해결

❶ 작은 원의 지름은 몇 cm인지 구하기

❷ 작은 원의 반지름은 몇 cm인지 구하기

답 (   )

비법
겹친 부분의 반을 더해!

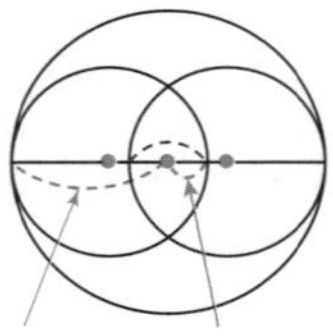

큰 원의 반지름 겹친 부분의 반

(작은 원의 지름)
=(큰 원의 반지름)
+(겹친 부분 길이의 반)

8 큰 원 안에 크기가 같은 작은 원 2개를 겹쳐 그렸습니다. 큰 원의 반지름이 15 cm일 때 작은 원의 반지름은 몇 cm인지 구하세요.

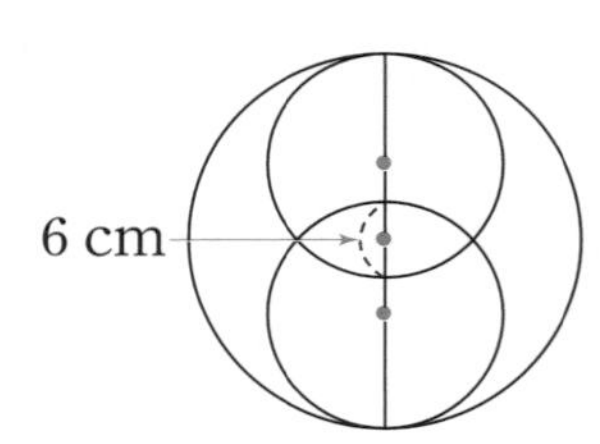

(   )

9 큰 원 안에 크기가 같은 작은 원 2개를 겹쳐 그렸습니다. 큰 원의 지름은 몇 cm인지 구하세요.

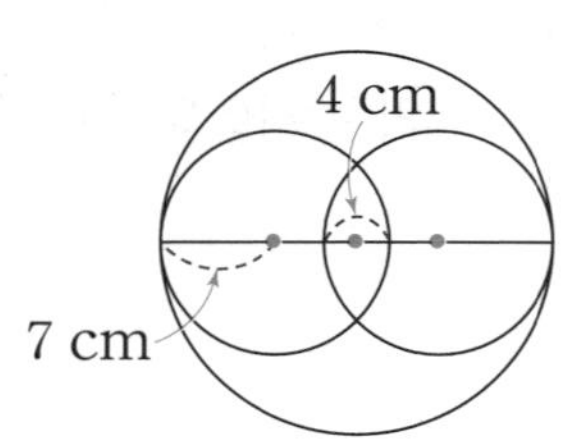

(   )

A B C

D 크기가 다른 원이 맞닿아 있을 때 지름 구하기

10 가장 큰 원 안에 크기가 다른 원 2개를 겹치지 않도록 맞닿게 그렸습니다.
가장 큰 원의 지름은 몇 cm인지 구하세요.

5 cm

18 cm

문제해결

❶ 가장 작은 원의 지름은 몇 cm인지 구하기

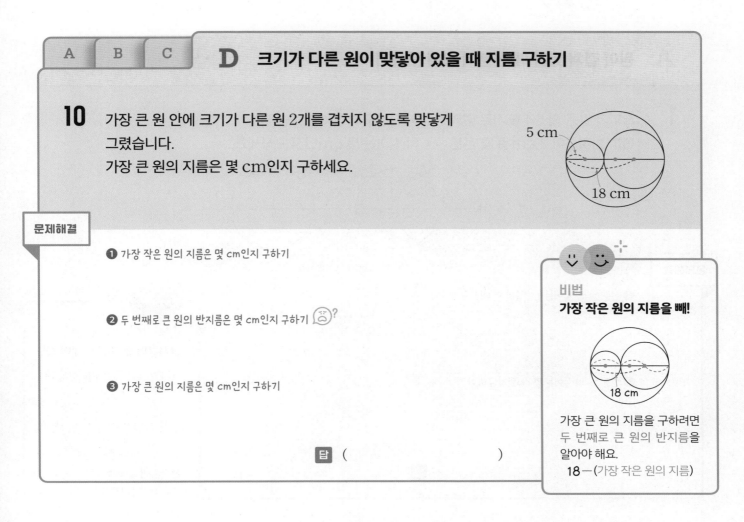

❷ 두 번째로 큰 원의 반지름은 몇 cm인지 구하기

❸ 가장 큰 원의 지름은 몇 cm인지 구하기

답 (   )

비법
가장 작은 원의 지름을 빼!

18 cm

가장 큰 원의 지름을 구하려면 두 번째로 큰 원의 반지름을 알아야 해요.
18 − (가장 작은 원의 지름)

11 가장 큰 원 안에 크기가 다른 원 2개를 겹치지 않도록 맞닿게 그렸습니다.
가장 큰 원의 지름은 몇 cm인지 구하세요.

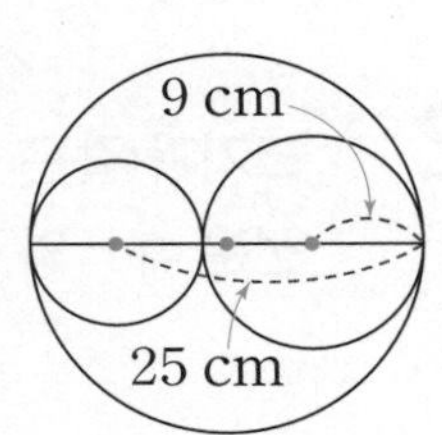

(   )

12 가장 큰 원 안에 크기가 다른 원 2개를 겹치지 않도록 맞닿게 그렸습니다.
가장 큰 원의 지름이 30 cm일 때 가장 작은 원의 반지름은 몇 cm인지 구하세요.

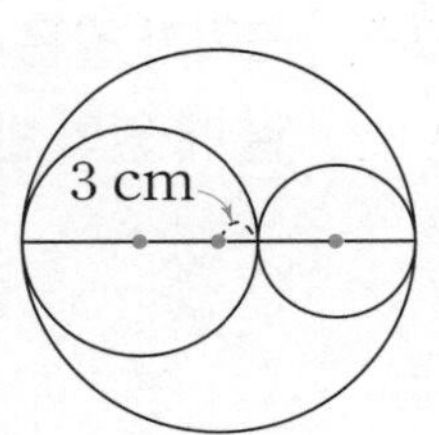

(   )

유형 03

크기가 같은 원

A **원이 겹쳐 있을 때 선분의 길이 구하기** B C C+

1 크기가 같은 원 5개를 서로 원의 중심이 지나도록 겹쳐 그렸습니다. 원의 반지름이 2 cm일 때 선분 ㄱㄴ의 길이는 몇 cm인지 구하세요.

ㄱ ㄴ

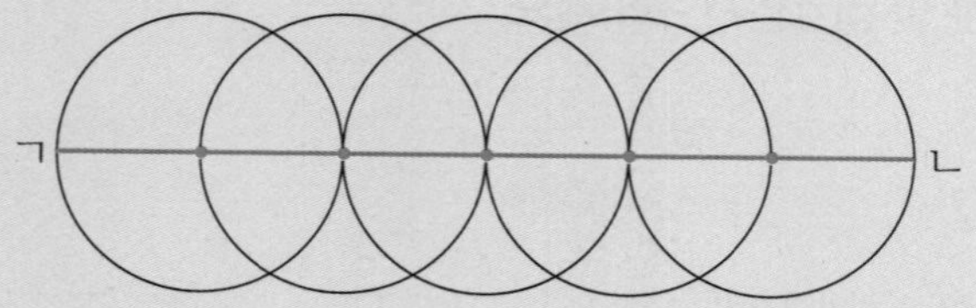

문제해결

❶ 선분 ㄱㄴ의 길이는 반지름의 몇 배인지 구하기

❷ 선분 ㄱㄴ의 길이는 몇 cm인지 구하기

답 (   )

비법
반지름이 몇 개인지 세어 봐!
크기가 같은 원 2개를 겹칠 때

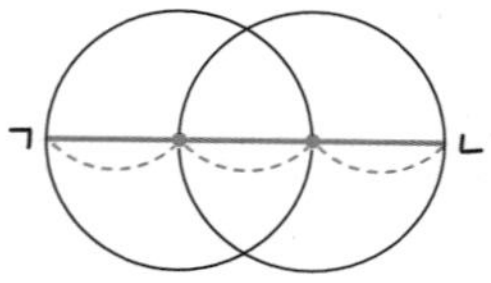

ㄱ ㄴ

반지름이 3개이므로
(선분 ㄱㄴ)=(반지름)×3

2 크기가 같은 원 6개를 서로 원의 중심이 지나도록 겹쳐 그렸습니다. 원의 반지름이 5 cm일 때 선분 ㄱㄴ의 길이는 몇 cm인지 구하세요.

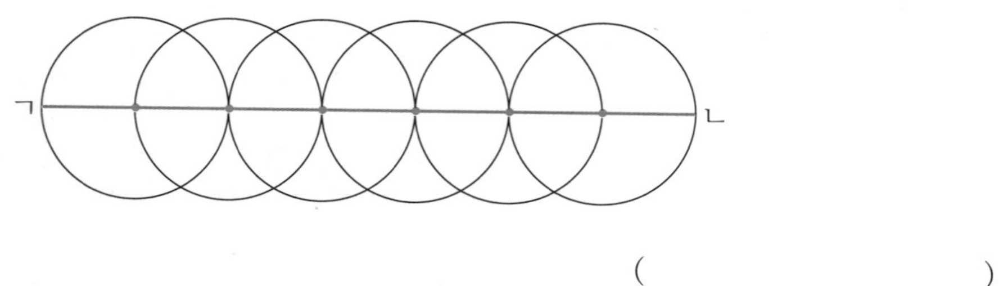

(   )

3 크기가 같은 원 8개를 서로 원의 중심이 지나도록 겹쳐 그렸습니다. 선분 ㄱㄴ의 길이가 54 cm일 때 원의 반지름은 몇 cm인지 구하세요.

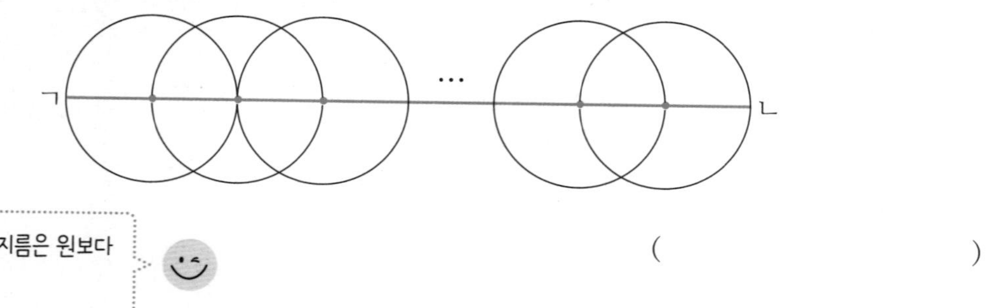

선분 ㄱㄴ에서 반지름은 원보다 1개 더 많아요.

(   )

A | **B** | C | C+

B 원을 겹쳐 만든 도형의 변의 길이의 합 구하기

4 크기가 같은 원 3개를 원의 중심에서 겹치도록 그렸습니다.
원의 지름이 18 cm일 때
세 원의 중심을 선으로 이어서 만든 삼각형 ㄱㄴㄷ의
세 변의 길이의 합은 몇 cm인지 구하세요.

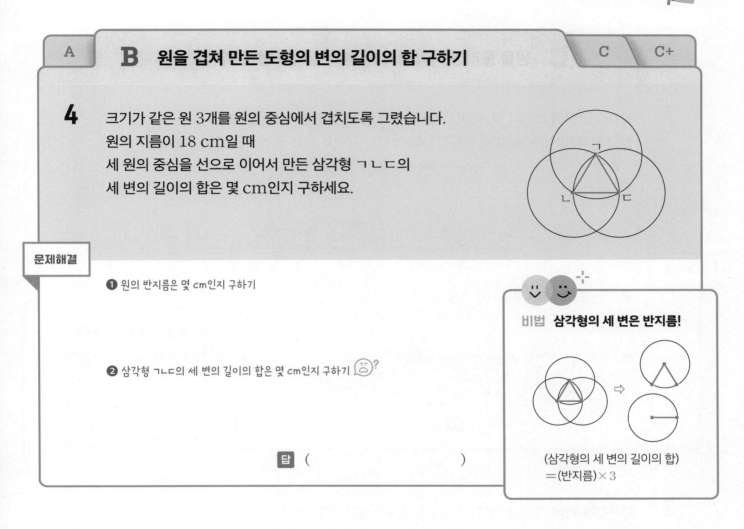

문제해결

❶ 원의 반지름은 몇 cm인지 구하기

❷ 삼각형 ㄱㄴㄷ의 세 변의 길이의 합은 몇 cm인지 구하기

답 (　　　　　　　　)

비법 삼각형의 세 변은 반지름!

(삼각형의 세 변의 길이의 합)
=(반지름)×3

5 크기가 같은 원 2개를 원의 중심에서 겹치도록 그렸습니다. 원의 지름이 16 cm일 때 두 원의 중심과 겹친 점을 선으로 이어서 만든 사각형 ㄱㄴㄷㄹ의 네 변의 길이의 합은 몇 cm인지 구하세요.

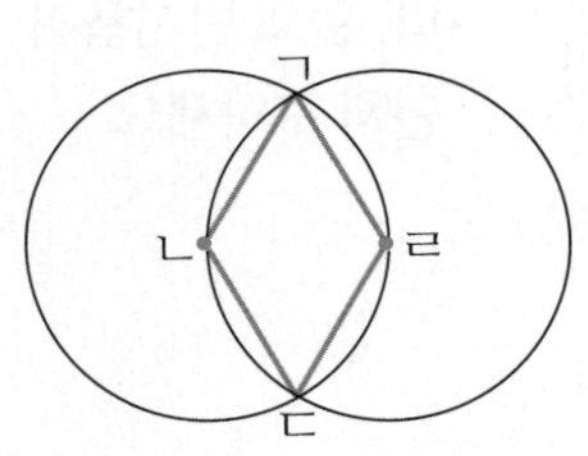

(　　　　　　　　)

6 크기가 같은 원 3개를 원의 중심에서 겹치도록 그렸습니다. 세 원의 중심을 선으로 이어서 만든 삼각형 ㄱㄴㄷ의 세 변의 길이의 합이 21 cm일 때 한 원의 지름은 몇 cm인지 구하세요.

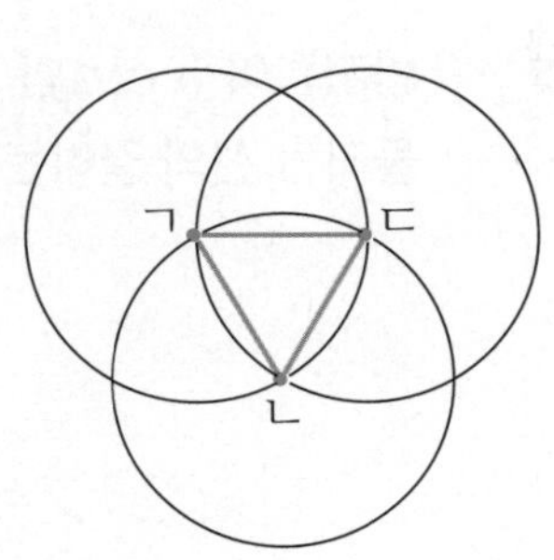

(　　　　　　　　)

A B **C 원을 둘러싼 사각형의 네 변의 길이의 합 구하기** C+

7 직사각형 안에 크기가 같은 원 4개를 겹치지 않게 이어 붙여 그렸습니다.
원의 반지름이 7 cm일 때 직사각형의 네 변의 길이의 합은 몇 cm인지 구하세요.

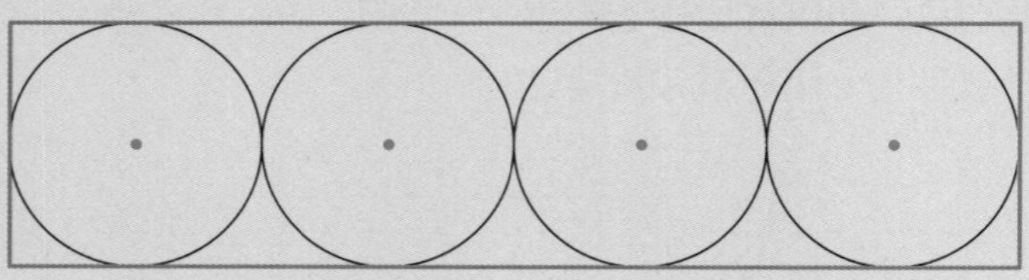

문제해결

❶ 원의 지름은 몇 cm인지 구하기

❷ 직사각형의 네 변의 길이의 합은 몇 cm인지 구하기

답 (   )

비법 지름이 몇 개인지 세어 봐!
네 변의 길이의 합은 지름 또는 반지름의 몇 배로 구해요.

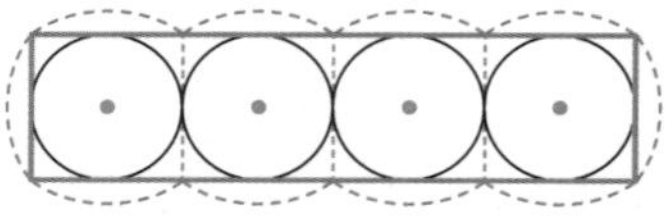

8 정사각형 안에 크기가 같은 원 4개를 겹치지 않게 이어 붙여 그렸습니다. 원의 반지름이 4 cm일 때 정사각형의 네 변의 길이의 합은 몇 cm인지 구하세요.

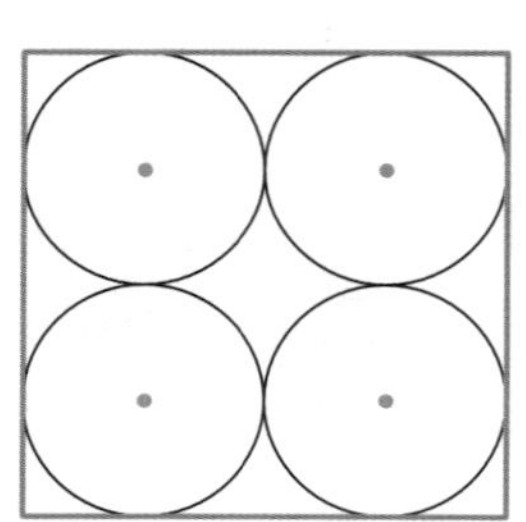

(   )

9 반지름이 3 cm인 원 5개를 겹치지 않게 이어 붙여 그렸습니다. 원을 둘러싼 선의 길이는 몇 cm인지 구하세요.

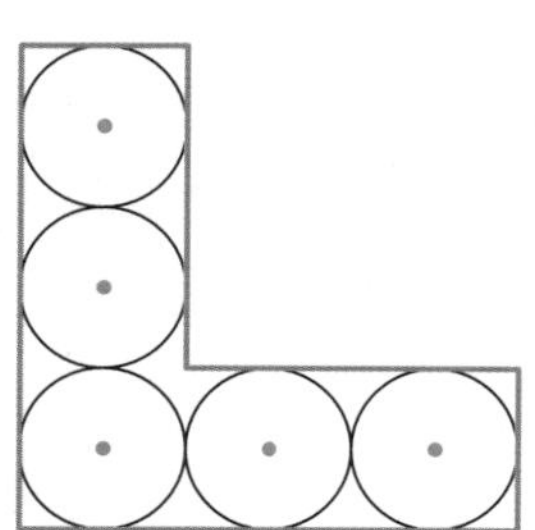

(   )

힘들지? 잠깐 쉬었다가 다시 해 보자!

A B C

C+ 사각형의 네 변의 길이의 합을 알 때 반지름 구하기

10 직사각형 안에 크기가 같은 원 3개를 겹치지 않게 이어 붙여 그렸습니다. 직사각형의 네 변의 길이의 합이 80 cm일 때 원의 반지름은 몇 cm인지 구하세요.

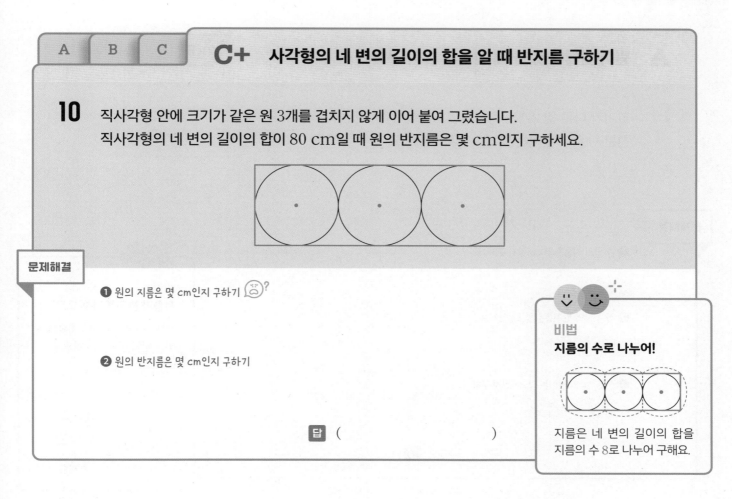

문제해결

❶ 원의 지름은 몇 cm인지 구하기

❷ 원의 반지름은 몇 cm인지 구하기

답 ( )

비법

지름의 수로 나누어!

지름은 네 변의 길이의 합을 지름의 수 8로 나누어 구해요.

11 정사각형 안에 크기가 같은 원 4개를 겹치지 않게 이어 붙여 그렸습니다. 정사각형의 네 변의 길이의 합이 32 cm일 때 원의 반지름은 몇 cm인지 구하세요.

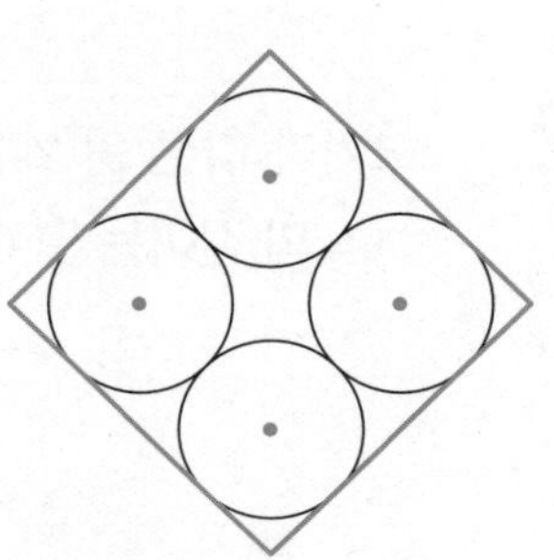

( )

12 직사각형 안에 크기가 같은 원 8개를 그렸습니다. 직사각형의 네 변의 길이의 합이 54 cm일 때 원의 반지름은 몇 cm인지 구하세요.

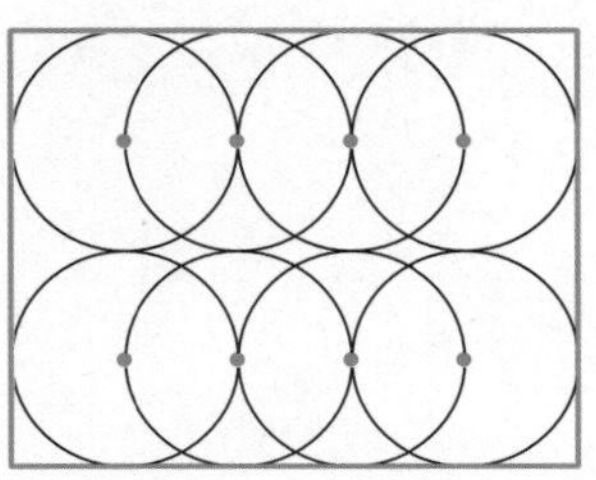

( )

유형 04 크기가 다른 원

A B C D

A 원이 맞닿아 있을 때 선분의 길이 구하기

1 크기가 다른 원 2개를 겹치지 않도록 맞닿게 그렸습니다. 선분 ㄱㄴ의 길이는 몇 cm인지 구하세요.

6 cm

8 cm

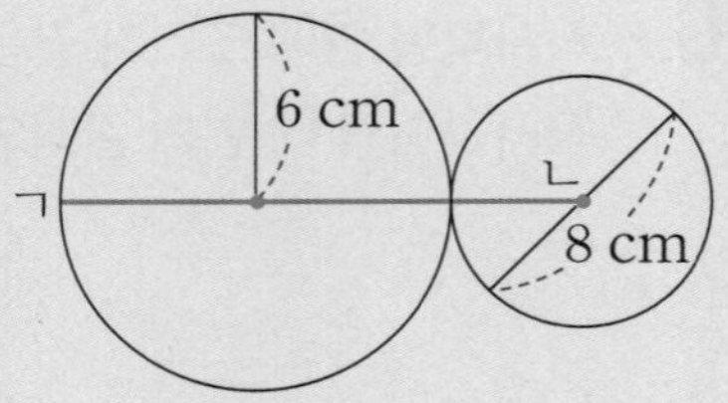

문제해결

❶ 큰 원의 지름은 몇 cm인지 구하기

❷ 작은 원의 반지름은 몇 cm인지 구하기

❸ 선분 ㄱㄴ의 길이는 몇 cm인지 구하기

답 (　　　　　　　　)

비법

지름과 반지름의 합으로!

선분 ㄱㄴ은 큰 원의 지름과 작은 원의 반지름의 합으로 구해요.

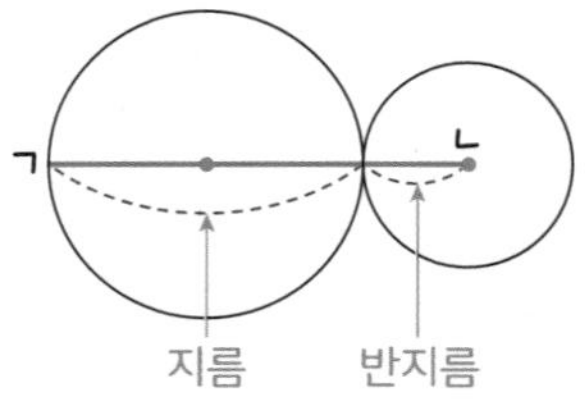

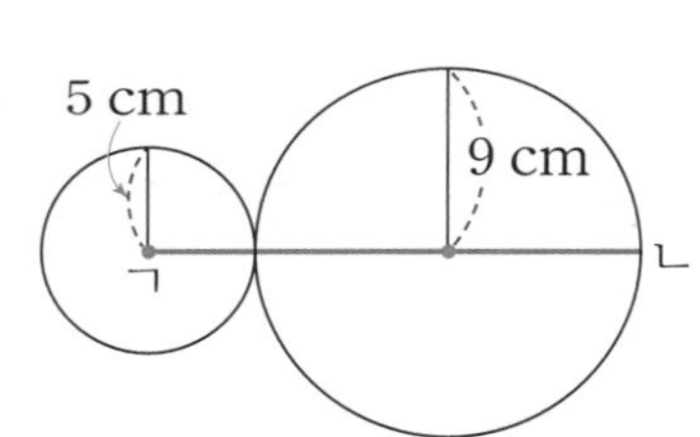

2 크기가 다른 원 2개를 겹치지 않도록 맞닿게 그렸습니다. 선분 ㄱㄴ의 길이는 몇 cm인지 구하세요.

5 cm

9 cm

(　　　　　　　　)

3 크기가 다른 원 3개를 겹치지 않도록 맞닿게 이어 그렸습니다. 선분 ㄱㄴ의 길이는 몇 cm인지 구하세요.

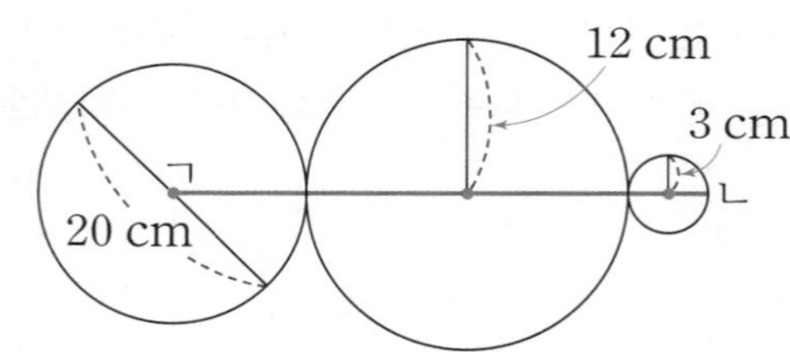

(　　　　　　　　)

A | **B** | C | D

B 원을 맞닿아 만든 도형의 변의 길이의 합 구하기

4 크기가 다른 원 3개를 겹치지 않도록 맞닿게 그렸습니다. 세 원의 중심을 선으로 이어서 만든 삼각형 ㄱㄴㄷ의 세 변의 길이의 합은 몇 cm인지 구하세요.

4 cm
ㄱ
6 cm
ㄴ
ㄷ
5 cm

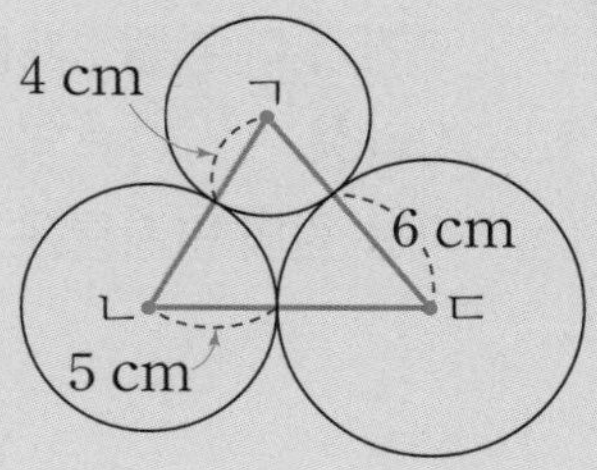

문제해결

❶ 변 ㄱㄴ, 변 ㄴㄷ, 변 ㄷㄱ의 길이는 각각 몇 cm인지 구하기

❷ 삼각형 ㄱㄴㄷ의 세 변의 길이의 합은 몇 cm인지 구하기

답 (　　　　　　　　)

비법
한 원에서 반지름은 같아!

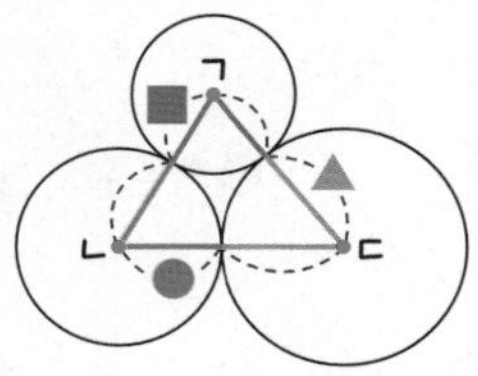

(변 ㄱㄴ) = ■ + ●
(변 ㄴㄷ) = ● + ▲
(변 ㄷㄱ) = ▲ + ■

5 큰 원끼리, 작은 원끼리 크기가 서로 같은 원 4개를 겹치지 않도록 맞닿게 그렸습니다. 큰 원의 반지름이 7 cm, 작은 원의 반지름이 4 cm일 때 네 원의 중심을 선으로 이어서 만든 사각형 ㄱㄴㄷㄹ의 네 변의 길이의 합은 몇 cm인지 구하세요.

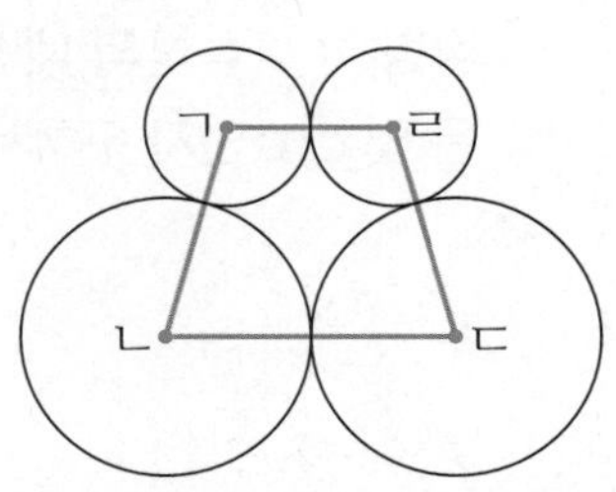

(　　　　　　　　)

6 큰 원과 크기가 같은 작은 원 2개를 겹치지 않도록 맞닿게 그렸습니다. 큰 원의 지름이 8 cm이고 작은 원의 지름의 2배일 때 세 원의 중심을 선으로 이어서 만든 삼각형 ㄱㄴㄷ의 세 변의 길이의 합은 몇 cm인지 구하세요.

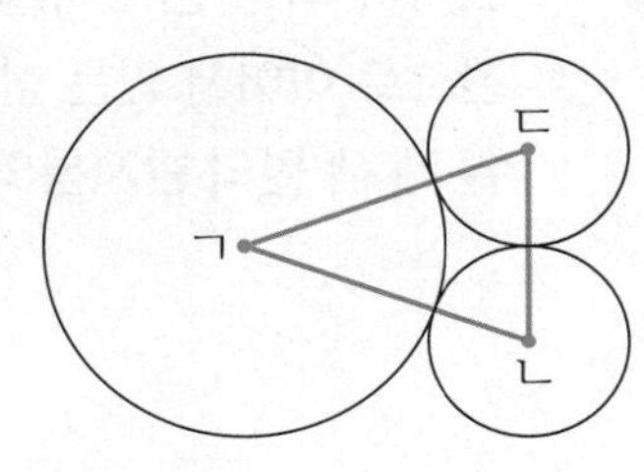

(　　　　　　　　)

C 원을 이용하여 만든 도형에서 반지름 구하기

7 크기가 다른 원 2개를 겹치도록 그려서 사각형을 만들었습니다. 사각형 ㄱㄴㄷㄹ의 네 변의 길이의 합이 24 cm일 때 작은 원의 반지름은 몇 cm인지 구하세요.

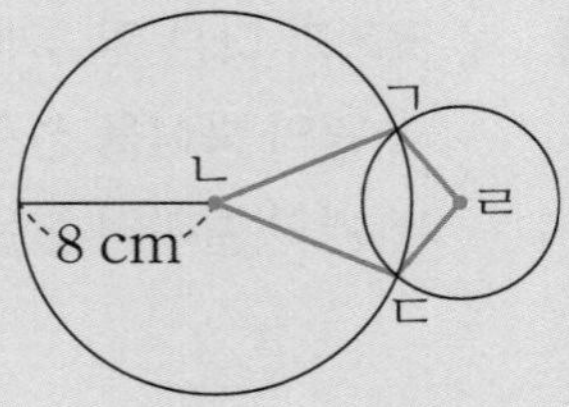

문제해결

❶ 큰 원의 지름은 몇 cm인지 구하기

❷ 작은 원의 지름은 몇 cm인지 구하기

❸ 작은 원의 반지름은 몇 cm인지 구하기

답 (   )

비법 같은 두 변의 합은 지름!

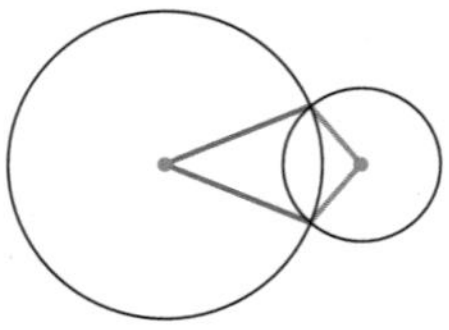

네 변의 길이의 합은
두 원의 지름의 합이므로

(작은 원의 지름)
=(네 변의 길이의 합)−(큰 원의 지름)

8 크기가 다른 원 2개를 겹치도록 그려서 사각형을 만들었습니다. 사각형 ㄱㄴㄷㄹ의 네 변의 길이의 합이 30 cm일 때 큰 원의 반지름은 몇 cm인지 구하세요.

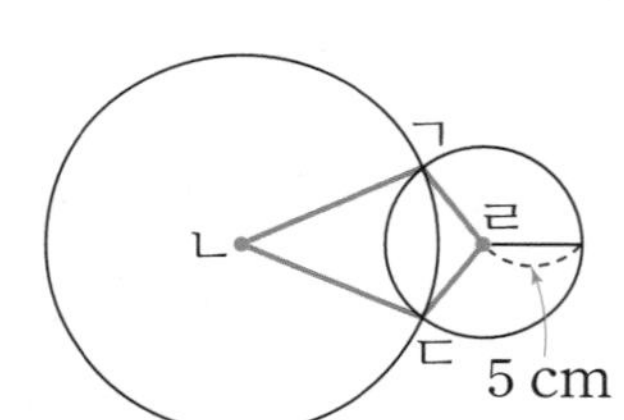

(   )

9 크기가 다른 원 3개를 겹치지 않도록 그렸습니다. 세 원의 중심을 선으로 이어서 만든 삼각형 ㄱㄴㄷ의 세 변의 길이의 합이 45 cm일 때 세 원의 반지름의 합은 몇 cm인지 구하세요.

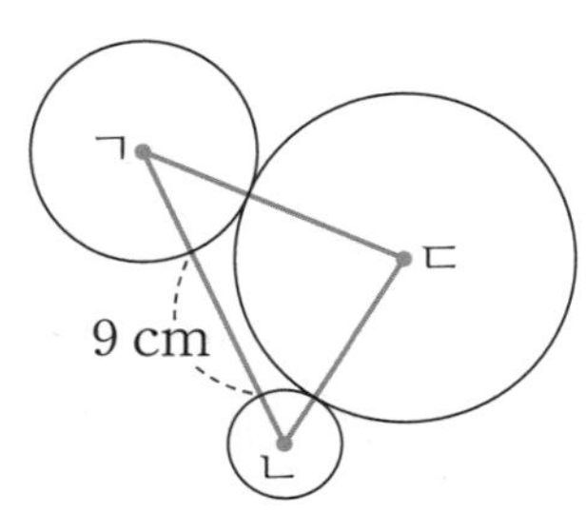

(   )

A B C

D 겹친 부분 길이를 알 때 변의 길이의 합 구하기

10 크기가 다른 원 2개를 겹치도록 그려서 삼각형을 만들었습니다. 큰 원의 반지름이 7 cm, 작은 원의 반지름이 6 cm일 때 삼각형 ㄱㄴㄷ의 세 변의 길이의 합은 몇 cm인지 구하세요.

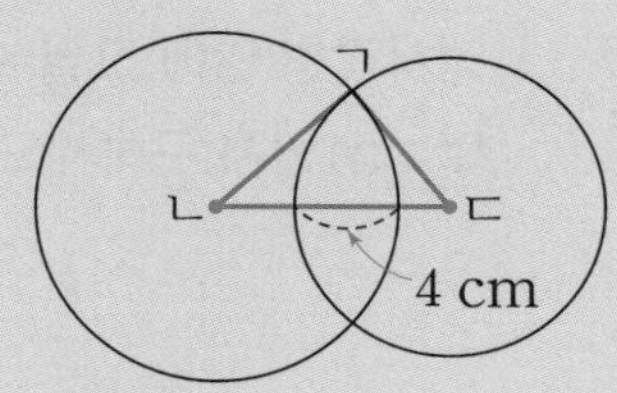

문제해결

❶ 변 ㄱㄴ, 변 ㄷㄱ의 길이는 각각 몇 cm인지 구하기

❷ 변 ㄴㄷ의 길이는 몇 cm인지 구하기

❸ 삼각형 ㄱㄴㄷ의 세 변의 길이의 합은 몇 cm인지 구하기

답 (　　　　　　　　)

비법
겹친 부분을 빼!

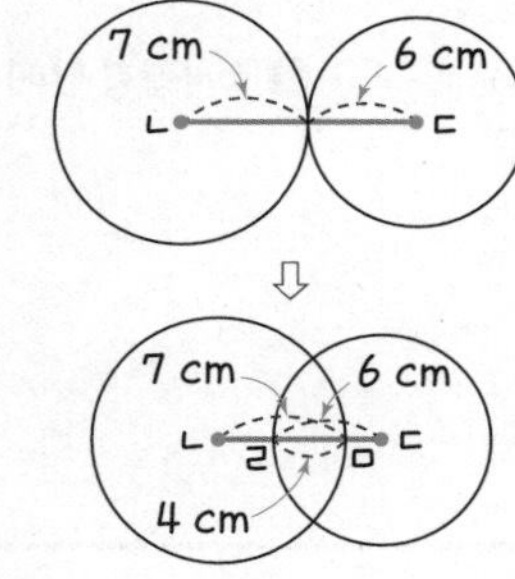

(선분 ㄴㄹ) = 7 cm − 4 cm
(선분 ㅁㄷ) = 6 cm − 4 cm

11 크기가 다른 원 2개를 겹치도록 그려서 삼각형을 만들었습니다. 큰 원의 반지름이 9 cm, 작은 원의 반지름이 5 cm일 때 삼각형 ㄱㄴㄷ의 세 변의 길이의 합은 몇 cm인지 구하세요.

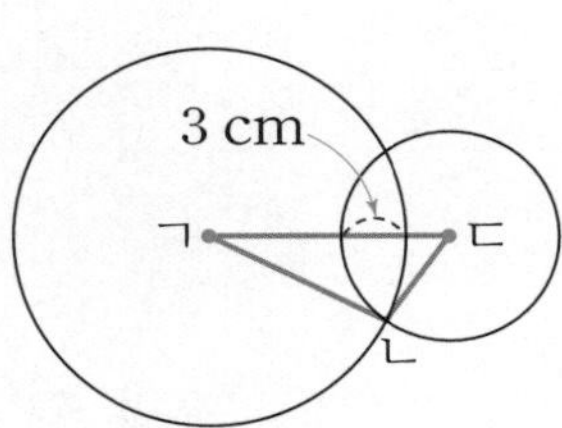

(　　　　　　　　)

12 크기가 다른 원 2개를 겹치도록 그려서 사각형을 만들었습니다. 사각형 ㄱㄴㄷㄹ의 네 변의 길이의 합은 몇 cm인지 구하세요.

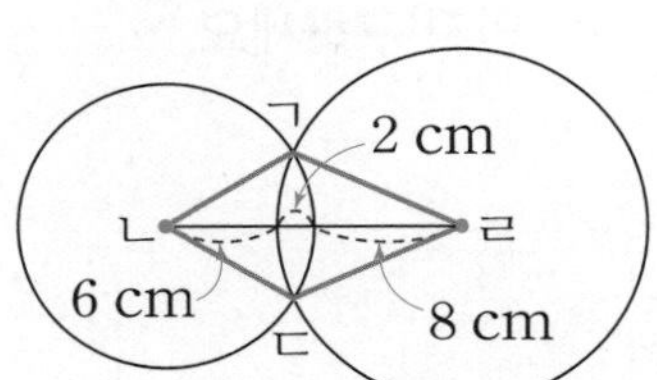

(　　　　　　　　)

유형 05 사각형 안에 그리는 원

A 가장 크게 그릴 수 있는 원의 반지름 구하기

B

1 정사각형 안에 그릴 수 있는 가장 큰 원의 반지름은 몇 cm인지 구하세요.

10 cm

문제해결

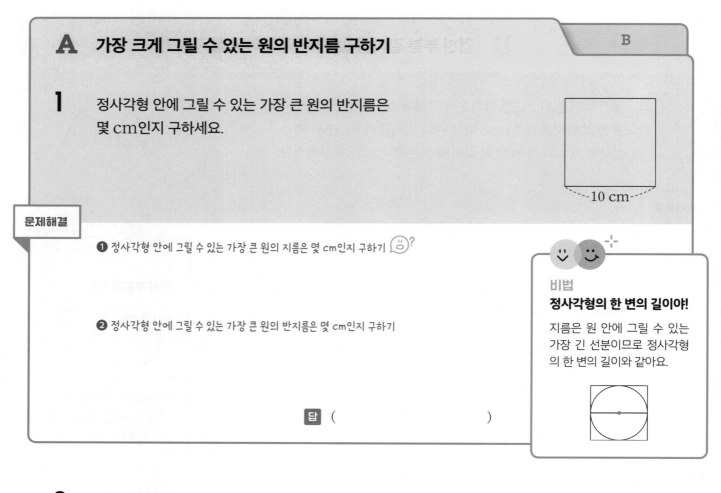

❶ 정사각형 안에 그릴 수 있는 가장 큰 원의 지름은 몇 cm인지 구하기

❷ 정사각형 안에 그릴 수 있는 가장 큰 원의 반지름은 몇 cm인지 구하기

답 (　　　　　　　　)

비법
정사각형의 한 변의 길이야!
지름은 원 안에 그릴 수 있는 가장 긴 선분이므로 정사각형의 한 변의 길이와 같아요.

2 정사각형 안에 그릴 수 있는 가장 큰 원의 반지름은 몇 cm인지 구하세요.

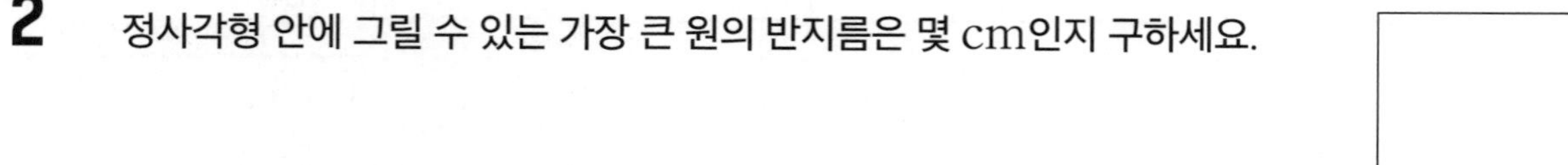

(　　　　　　　　)

16 cm

3 직사각형 안에 그릴 수 있는 가장 큰 원의 반지름은 몇 cm인지 구하세요.

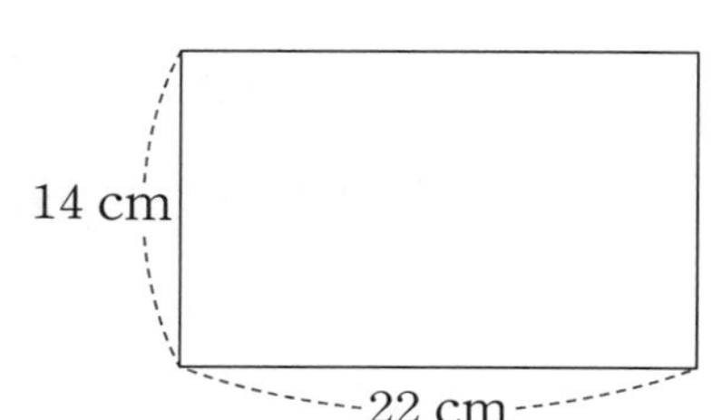

(　　　　　　　　)

A

B 그릴 수 있는 원의 수 구하기

4 직사각형 안에 반지름이 2 cm인 원을 겹치지 않게 이어 붙여 그리려고 합니다.
원을 몇 개까지 그릴 수 있는지 구하세요.

8 cm

12 cm

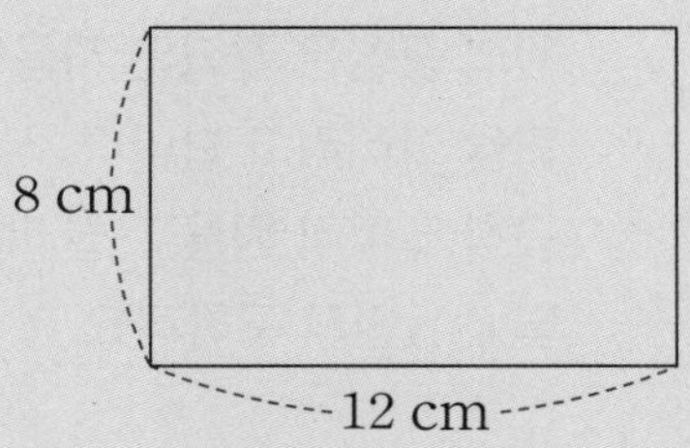

문제해결

❶ 그리려고 하는 원의 지름은 몇 cm인지 구하기

❷ 12 cm와 8 cm인 한 변에 각각 그릴 수 있는 원은 몇 개인지 구하기

❸ 직사각형 안에 그릴 수 있는 원은 몇 개인지 구하기

답 (　　　　　　　　)

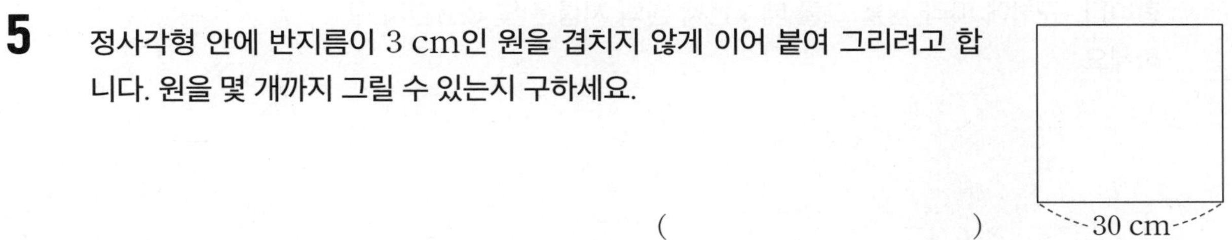

비법
지름만큼 칸을 나누어 봐!
직사각형을 지름 길이만큼 칸을 나누어 원의 수를 구할 수 있어요.

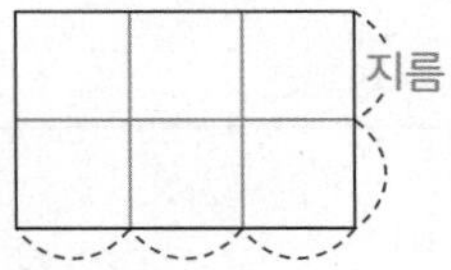

지름

5 정사각형 안에 반지름이 3 cm인 원을 겹치지 않게 이어 붙여 그리려고 합니다. 원을 몇 개까지 그릴 수 있는지 구하세요.

30 cm

(　　　　　　　　)

6 두 변이 각각 6 cm, 24 cm인 직사각형 안에 가장 큰 원을 겹치지 않게 이어 붙여 그리려고 합니다. 원을 몇 개까지 그릴 수 있는지 구하세요.

(　　　　　　　　)

유형 06 규칙 찾아 길이 구하기

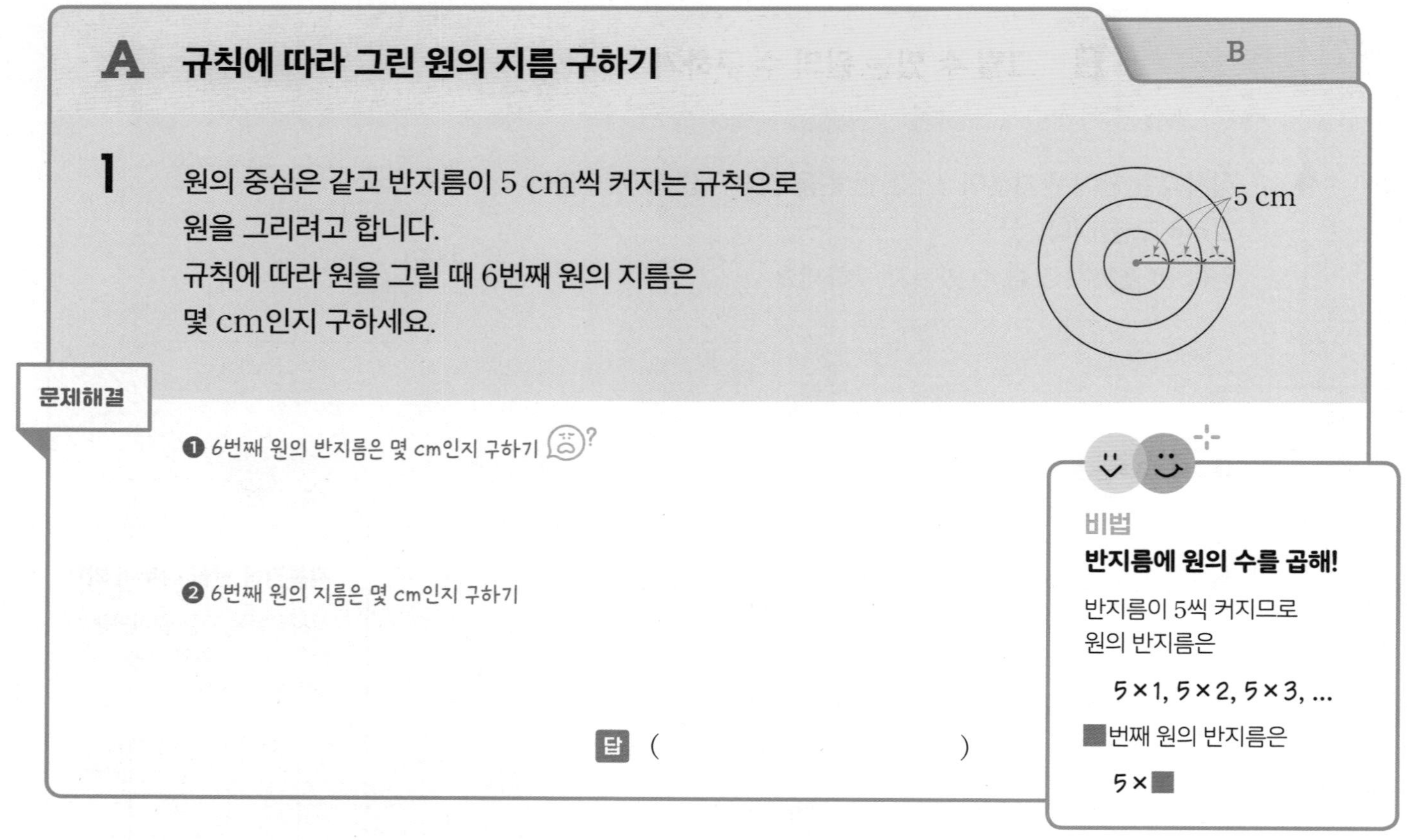

A 규칙에 따라 그린 원의 지름 구하기

1 원의 중심은 같고 반지름이 5 cm씩 커지는 규칙으로 원을 그리려고 합니다.
규칙에 따라 원을 그릴 때 6번째 원의 지름은 몇 cm인지 구하세요.

문제해결

❶ 6번째 원의 반지름은 몇 cm인지 구하기

❷ 6번째 원의 지름은 몇 cm인지 구하기

답 (　　　　　　　　)

비법

반지름에 원의 수를 곱해!

반지름이 5씩 커지므로
원의 반지름은

5×1, 5×2, 5×3, ...

■번째 원의 반지름은

5×■

2 원의 중심은 같고 반지름이 4 cm씩 커지는 규칙으로 원을 그리려고 합니다. 규칙에 따라 원을 그릴 때 7번째 원의 지름은 몇 cm인지 구하세요.

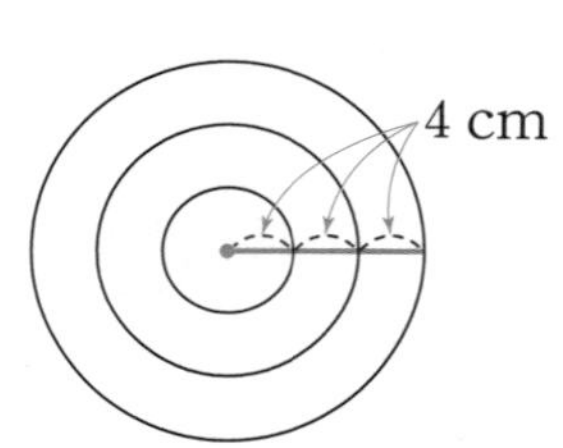

(　　　　　　　　)

3 원의 중심은 같고 반지름이 일정하게 커지는 규칙으로 원을 그리려고 합니다. 규칙에 따라 원을 그릴 때 5번째 원의 지름은 몇 cm인지 구하세요.

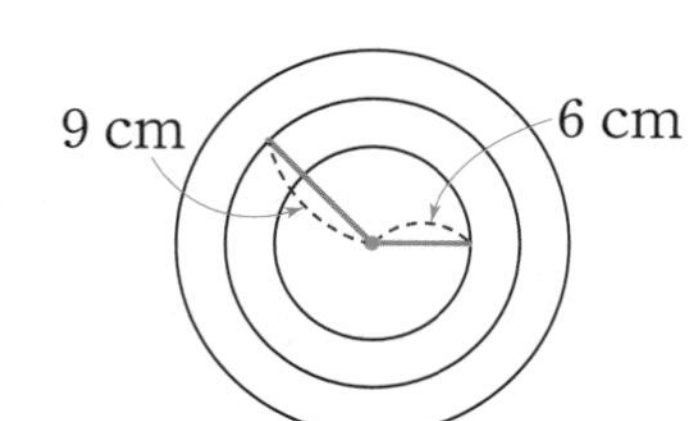

(　　　　　　　　)

A

B 규칙에 따라 그린 원에서 선분의 길이 구하기

4 원의 반지름이 2 cm씩 커지는 규칙으로 원을 그렸습니다.
선분 ㄱㄴ의 길이는 몇 cm인지 구하세요.

ㄱ ㄴ
1 cm

문제해결

❶ 2번째 원의 반지름은 몇 cm인지 구하기

❷ 3번째 원의 지름은 몇 cm인지 구하기

❸ 선분 ㄱㄴ의 길이는 몇 cm인지 구하기

답 (　　　　　　　　　　)

비법
3번째 원은 지름을 더해!

ㄱ ㄴ

(선분 ㄱㄴ)
=(1번째 원의 반지름)
+(2번째 원의 반지름)
+(3번째 원의 지름)

5 원의 반지름이 4 cm씩 커지는 규칙으로 원을 그렸습니다.
선분 ㄱㄴ의 길이는 몇 cm인지 구하세요.

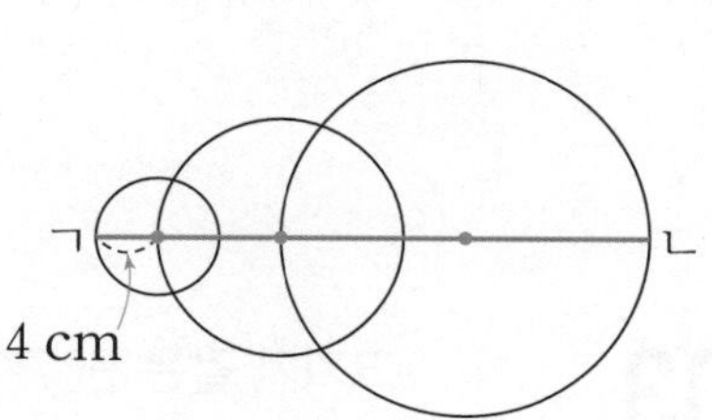

(　　　　　　　　　　)

6 원의 반지름이 2배씩 커지는 규칙으로 원을 그렸습니다.
선분 ㄱㄴ의 길이는 몇 cm인지 구하세요.

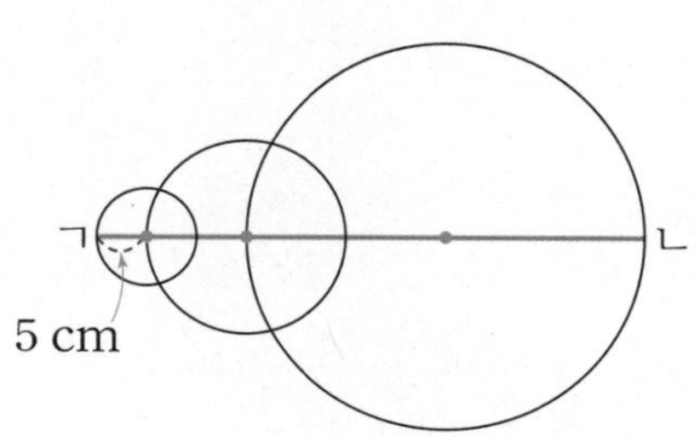

(　　　　　　　　　　)

단원 3 유형 마스터

01

유형 01 A+

주어진 모양을 그리기 위해 컴퍼스의 침을 꽂아야 할 곳은 모두 몇 군데인지 구하세요.

(　　　　　　　　　　)

02

유형 02 A

큰 원 안에 크기가 같은 작은 원 4개를 겹치지 않도록 맞닿게 이어 그렸습니다. 큰 원의 지름이 16 cm일 때 작은 원의 반지름은 몇 cm인지 구하세요.

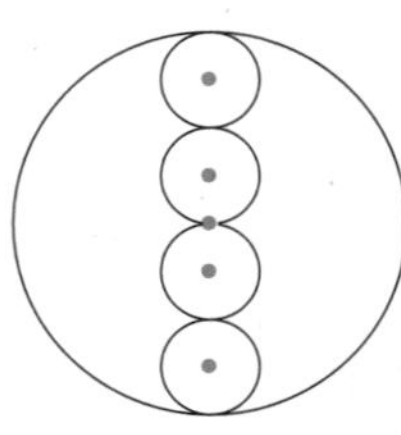

(　　　　　　　　　　)

03

유형 03 A

크기가 같은 원 7개를 서로 원의 중심이 지나도록 겹쳐 그렸습니다. 원의 반지름이 6 cm일 때 선분 ㄱㄴ의 길이는 몇 cm인지 구하세요.

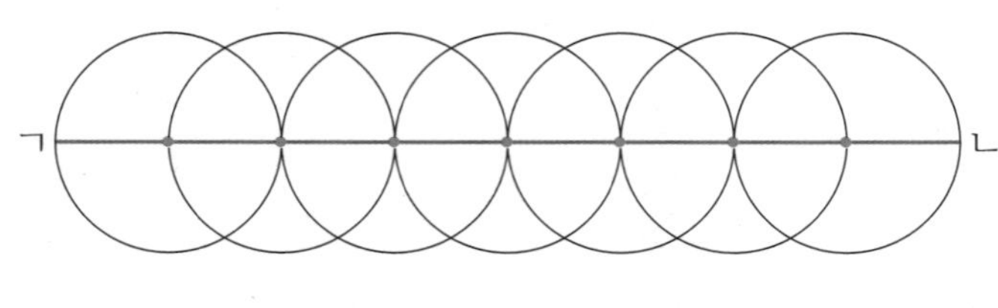

(　　　　　　　　　　)

04

유형 04 A

크기가 다른 원 3개를 겹치지 않도록 맞닿게 이어 그렸습니다. 선분 ㄱㄴ의 길이는 몇 cm인지 구하세요.

(　　　　　　　　　　　)

05

유형 03 B

크기가 같은 원 4개를 원의 중심에서 겹치도록 그렸습니다. 원의 지름이 12 cm일 때 네 원의 중심을 선으로 이어서 만든 사각형 ㄱㄴㄷㄹ의 네 변의 길이의 합은 몇 cm인지 구하세요.

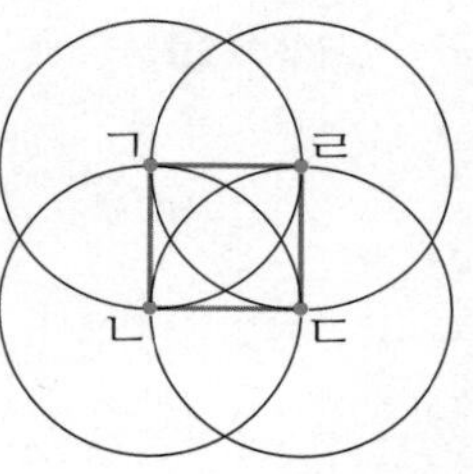

(　　　　　　　　　　　)

06

크기가 같은 원 3개를 그렸습니다. 원의 지름이 10 cm일 때 세 원의 중심을 선으로 이어서 만든 삼각형 ㄱㄴㄷ의 세 변의 길이의 합은 몇 cm인지 구하세요.

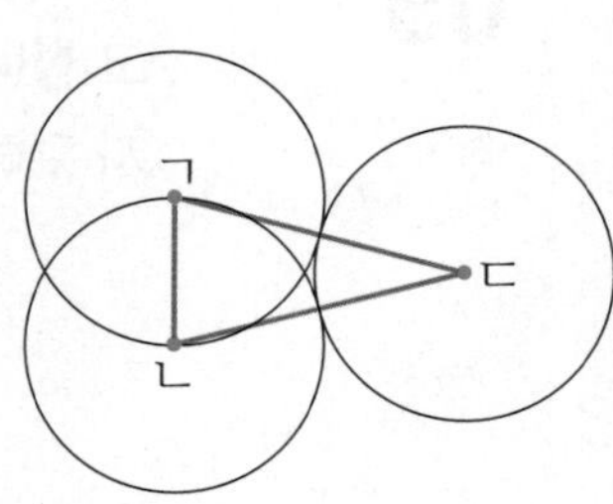

(　　　　　　　　　　　)

07

유형 05 B

직사각형 안에 반지름이 4 cm인 원을 겹치지 않게 이어 붙여 그리려고 합니다. 원을 몇 개까지 그릴 수 있는지 구하세요.

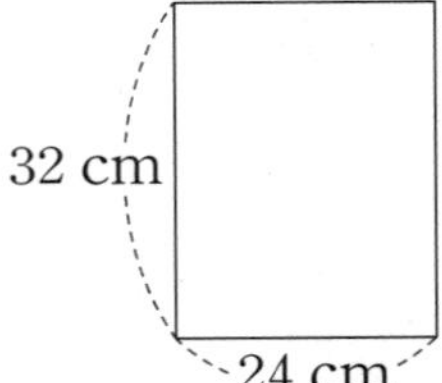

(　　　　　　　　　　)

08

유형 04 D

크기가 다른 원 2개를 겹치도록 그려서 사각형을 만들었습니다. 사각형 ㄱㄴㄷㄹ의 네 변의 길이의 합은 몇 cm인지 구하세요.

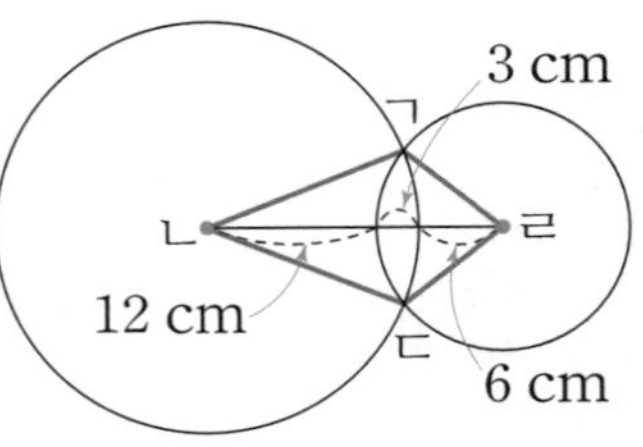

(　　　　　　　　　　)

09

유형 06 A

원의 중심은 같고 반지름이 3 cm씩 커지는 규칙으로 원을 그리려고 합니다. 규칙에 따라 원을 그릴 때 15번째 원의 지름은 몇 cm인지 구하세요.

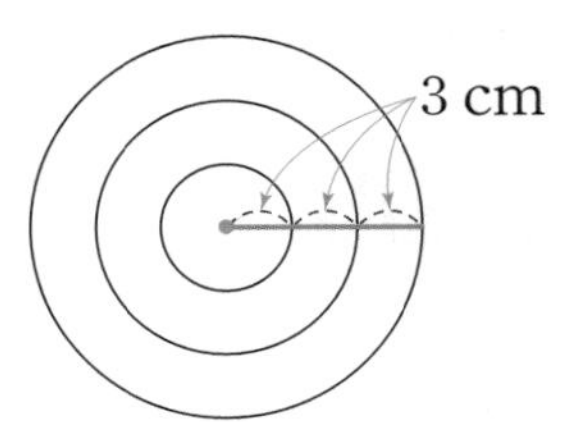

(　　　　　　　　　　)

10

유형 03 C+

정사각형 안에 크기가 같은 원 9개를 겹치지 않게 이어 붙여 그렸습니다. 정사각형의 네 변의 길이의 합이 168 cm일 때 원의 반지름은 몇 cm인지 구하세요.

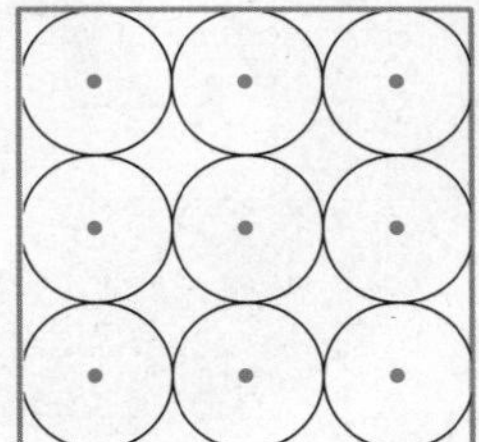

(　　　　　　　　)

11

크기가 같은 원 3개를 겹쳐 그렸습니다. 원의 반지름이 9 cm일 때 선분 ㄱㄴ의 길이는 몇 cm인지 구하세요.

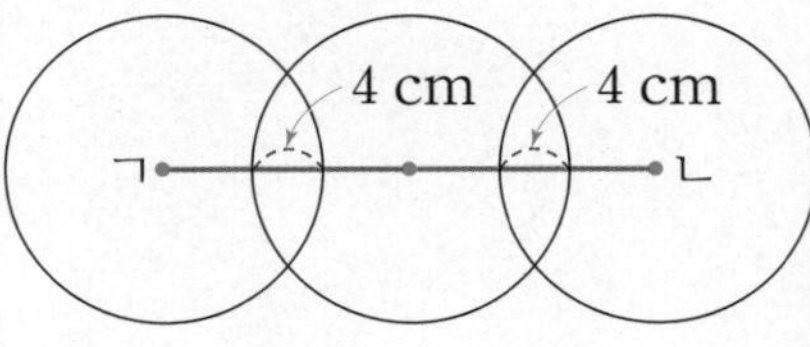

(　　　　　　　　)

12

직사각형 안에 크기가 다른 원 2개를 겹치지 않도록 맞닿게 그렸습니다. 큰 원의 반지름이 14 cm이고, 작은 원의 반지름이 8 cm일 때 직사각형의 네 변의 길이의 합은 몇 cm인지 구하세요.

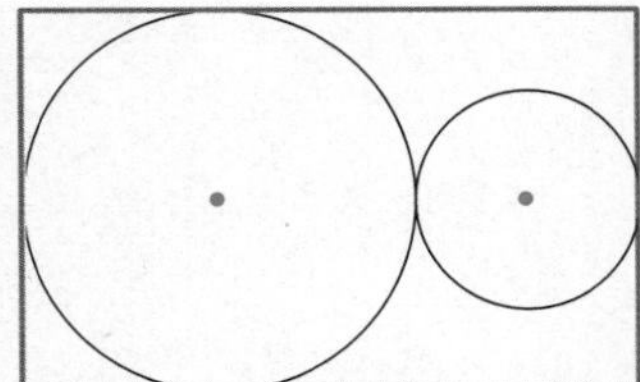

(　　　　　　　　)

4

분수

학습계열표

3-1 **6. 분수와 소수**
- 분수의 이해
- 분수의 크기 비교

3-2 **4. 분수**
- 분수로 나타내기
- 분수만큼은 얼마인지 알기
- 진분수, 가분수, 대분수
- 분수의 크기 비교

4-2 **1. 분수의 덧셈과 뺄셈**
- 분모가 같은 분수의 덧셈
- 분모가 같은 분수의 뺄셈

5-1 **5. 분수의 덧셈과 뺄셈**
- 분모가 다른 분수의 덧셈
- 분모가 다른 분수의 뺄셈

학습기록표

유형 01	학습일
	학습평가

분수의 크기 비교

A	분자
B	자연수 부분

유형 02	학습일
	학습평가

수 카드로 분수 만들기

A	진분수
B	가분수
C	가장 큰 대분수
C+	가장 작은 대분수

유형 03	학습일
	학습평가

분수로 나타내기

A	준 양
A+	남은 양

유형 04	학습일
	학습평가

분수만큼의 양 구하기

A	전체
B	나머지
C	떨어진 높이
D	시간

유형 05	학습일
	학습평가

전체 양 구하기

A	어떤 수
A+	전체 양

유형 06	학습일
	학습평가

조건을 만족하는 분수

A	분모와 분자의 관계
B	분모와 분자의 합과 차

유형 07	학습일
	학습평가

분수의 규칙

A	같은 분모
A+	다른 분모

유형 마스터	학습일
	학습평가

분수

유형 01

분수의 크기 비교

A 분자끼리 비교하기

B

1 ■에 들어갈 수 있는 가장 큰 자연수를 구하세요.

$$\frac{■}{3} < 2\frac{1}{3}$$

문제해결

❶ 대분수를 가분수로 나타내기

$2\frac{1}{3} = \frac{□}{3}$

❷ 분모가 같은 두 분수의 분자 크기 비교하기

$\frac{■}{3} < \frac{□}{3}$ ⇨ ■ < □

❸ ■에 들어갈 수 있는 가장 큰 자연수 구하기

답 (   )

비법

분수의 모양을 같게!

두 분수의 크기를 비교하려면 분수의 모양이 같아야 하는데 $\frac{■}{3}$는 자연수 부분이 없고 분자에 ■가 있는 분수이므로 대분수 $2\frac{1}{3}$을 가분수로 나타내요.

$2\frac{1}{3}$ ⇨ $\frac{2\times3}{3}$과 $\frac{1}{3}$

2 □ 안에 들어갈 수 있는 가장 큰 자연수를 구하세요.

$$1\frac{3}{5} > \frac{□}{5}$$

(   )

3 □ 안에 들어갈 수 있는 가장 작은 자연수를 구하세요.

$$\frac{35}{8} < 4\frac{□}{8}$$

(   )

힘차게 시작해 보자, 아자!

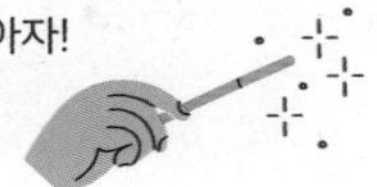

A

B 자연수 부분끼리 비교하기

4 ■에 들어갈 수 있는 자연수를 모두 구하세요.

$$\frac{11}{6} < ■\frac{5}{6} < \frac{31}{6}$$

문제해결

❶ 가분수를 대분수로 나타내기

$\frac{11}{6} = □\frac{□}{6}$, $\frac{31}{6} = □\frac{□}{6}$

❷ 분모가 같은 대분수에서 ■에 들어갈 수 있는 수의 범위 구하기

$1\frac{□}{6} < ■\frac{5}{6} < 5\frac{□}{6}$ ⇨ $1 < ■ < □$

❸ ■에 들어갈 수 있는 자연수 모두 구하기

답 (　　　　　　　　　　)

비법

진분수도 같이 비교!

진분수의 분자가 같지 않다면 자연수 부분뿐만 아니라 진분수의 분자도 같이 보면서 비교해요.

예

$1\frac{3}{5} < ■\frac{3}{5} < 3\frac{1}{5}$

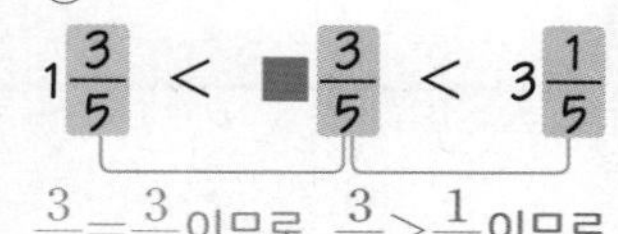

$\frac{3}{5} = \frac{3}{5}$이므로 $1 < ■$　　$\frac{3}{5} > \frac{1}{5}$이므로 $■ < 3$

⇨ $1 < ■ < 3$

5 □ 안에 들어갈 수 있는 자연수를 모두 구하세요.

$$\frac{24}{7} < □\frac{4}{7} < \frac{45}{7}$$

(　　　　　　　　　　)

6 $\frac{47}{9}$보다 크고 $\frac{39}{4}$보다 작은 자연수를 모두 구하세요.

(　　　　　　　　　　)

유형 02

수 카드로 분수 만들기

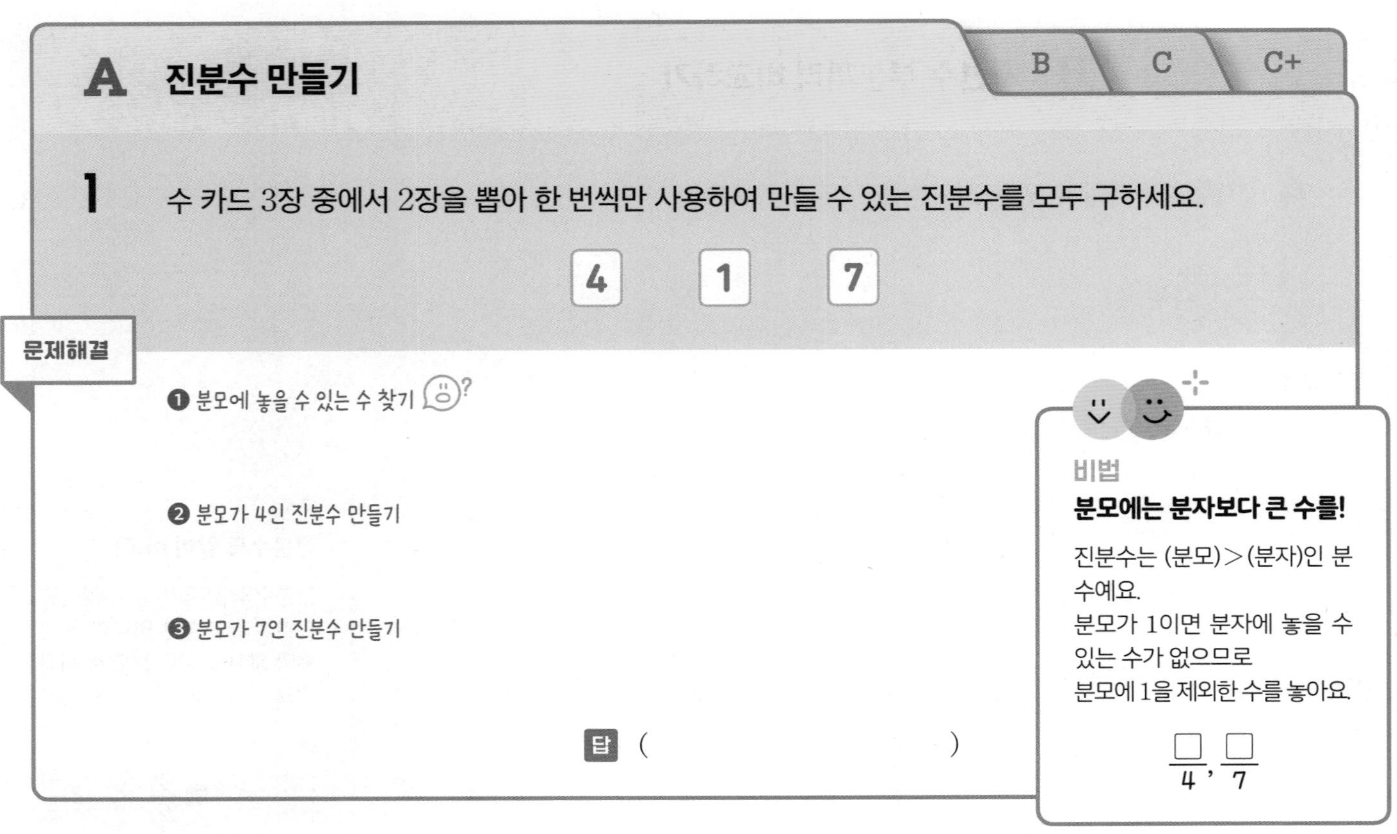

A 진분수 만들기

B C C+

1 수 카드 3장 중에서 2장을 뽑아 한 번씩만 사용하여 만들 수 있는 진분수를 모두 구하세요.

4　1　7

문제해결

❶ 분모에 놓을 수 있는 수 찾기

❷ 분모가 4인 진분수 만들기

❸ 분모가 7인 진분수 만들기

답 (　　　　　　　　)

비법

분모에는 분자보다 큰 수를!

진분수는 (분모)>(분자)인 분수예요.
분모가 1이면 분자에 놓을 수 있는 수가 없으므로
분모에 1을 제외한 수를 놓아요.

$\frac{\square}{4}$, $\frac{\square}{7}$

2 수 카드 3장 중에서 2장을 뽑아 한 번씩만 사용하여 만들 수 있는 진분수를 모두 구하세요.

5　2　9

(　　　　　　　　)

3 수 카드 3장 중에서 2장을 뽑아 한 번씩만 사용하여 만들 수 있는 가분수를 모두 구하세요.

8　9　5

(　　　　　　　　)

A | **B** 가분수 만들기 | C | C+

B 가분수 만들기

4 수 카드를 한 번씩만 사용하여 만들 수 있는 가분수는 모두 몇 개인지 구하세요.

9 4 5

문제해결

❶ 수 카드 2장으로 가분수 만들기

❷ 수 카드 3장으로 가분수 만들기

❸ 만들 수 있는 가분수는 모두 몇 개인지 구하기

답 (　　　　　　　　)

비법
수 카드를 2장이나 3장 사용!
수 카드 3장을 사용하여 가분수를 만들려면
❶ 수 카드를 2장만 사용
$\frac{(\text{한 자리 수})}{(\text{한 자리 수})}$
❷ 수 카드 3장을 모두 사용
$\frac{(\text{두 자리 수})}{(\text{한 자리 수})}$

5 수 카드를 한 번씩만 사용하여 만들 수 있는 가분수는 모두 몇 개인지 구하세요.

0 8 3

(　　　　　　　　)

6 수 카드를 한 번씩만 사용하여 만들 수 있는 진분수는 모두 몇 개인지 구하세요.

3 5 2

(　　　　　　　　)

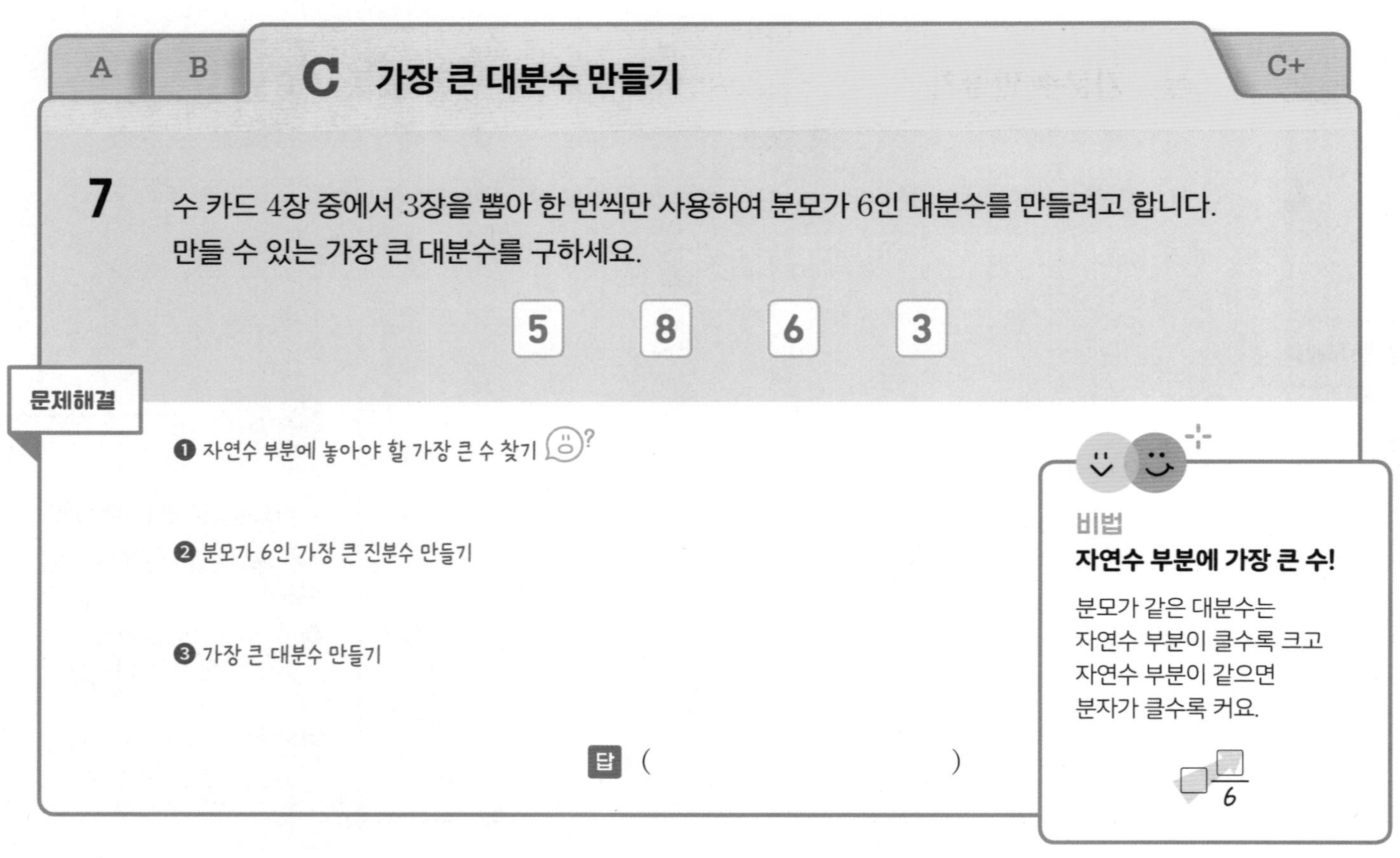
A
B
C 가장 큰 대분수 만들기
C+
7 수 카드 4장 중에서 3장을 뽑아 한 번씩만 사용하여 분모가 6인 대분수를 만들려고 합니다. 만들 수 있는 가장 큰 대분수를 구하세요.
5 8 6 3
문제해결
❶ 자연수 부분에 놓아야 할 가장 큰 수 찾기
❷ 분모가 6인 가장 큰 진분수 만들기
❸ 가장 큰 대분수 만들기
답 (　　　　　　)

비법
자연수 부분에 가장 큰 수!

분모가 같은 대분수는
자연수 부분이 클수록 크고
자연수 부분이 같으면
분자가 클수록 커요.

8 수 카드 4장 중에서 3장을 뽑아 한 번씩만 사용하여 분모가 9인 대분수를 만들려고 합니다. 만들 수 있는 가장 큰 대분수를 구하세요.

2　7　4　9

(　　　　　　)

9 수 카드 4장 중에서 3장을 뽑아 한 번씩만 사용하여 만들 수 있는 대분수는 모두 몇 개인지 구하세요.

1　4　5　7

(　　　　　　)

A B C

C+ 가장 작은 대분수 만들기

10 수 카드 4장 중에서 3장을 뽑아 한 번씩만 사용하여 분모가 7인 대분수를 만들려고 합니다. 만들 수 있는 가장 작은 대분수를 구하세요.

7 2 9 6

문제해결

❶ 자연수 부분에 놓아야 할 가장 작은 수 찾기

❷ ❶에서 찾은 수를 제외하고 분모가 7인 가장 작은 진분수 만들기

❸ 가장 작은 대분수 만들기

답 (   )

비법
자연수 부분에 가장 작은 수!
분모가 같은 대분수는
자연수 부분이 작을수록 작고
자연수 부분이 같으면
분자가 작을수록 작아요.

$\square\frac{\square}{7}$

11 수 카드 4장 중에서 3장을 뽑아 한 번씩만 사용하여 분모가 8인 대분수를 만들려고 합니다. 만들 수 있는 가장 작은 대분수를 구하세요.

1 3 8 7

(   )

12 수 카드 4장 중에서 3장을 뽑아 한 번씩만 사용하여 분모가 5인 대분수를 만들려고 합니다. 만들 수 있는 대분수 중에서 $\frac{42}{5}$보다 작은 대분수를 모두 구하세요.

2 5 3 8

(   )

유형 03

분수로 나타내기

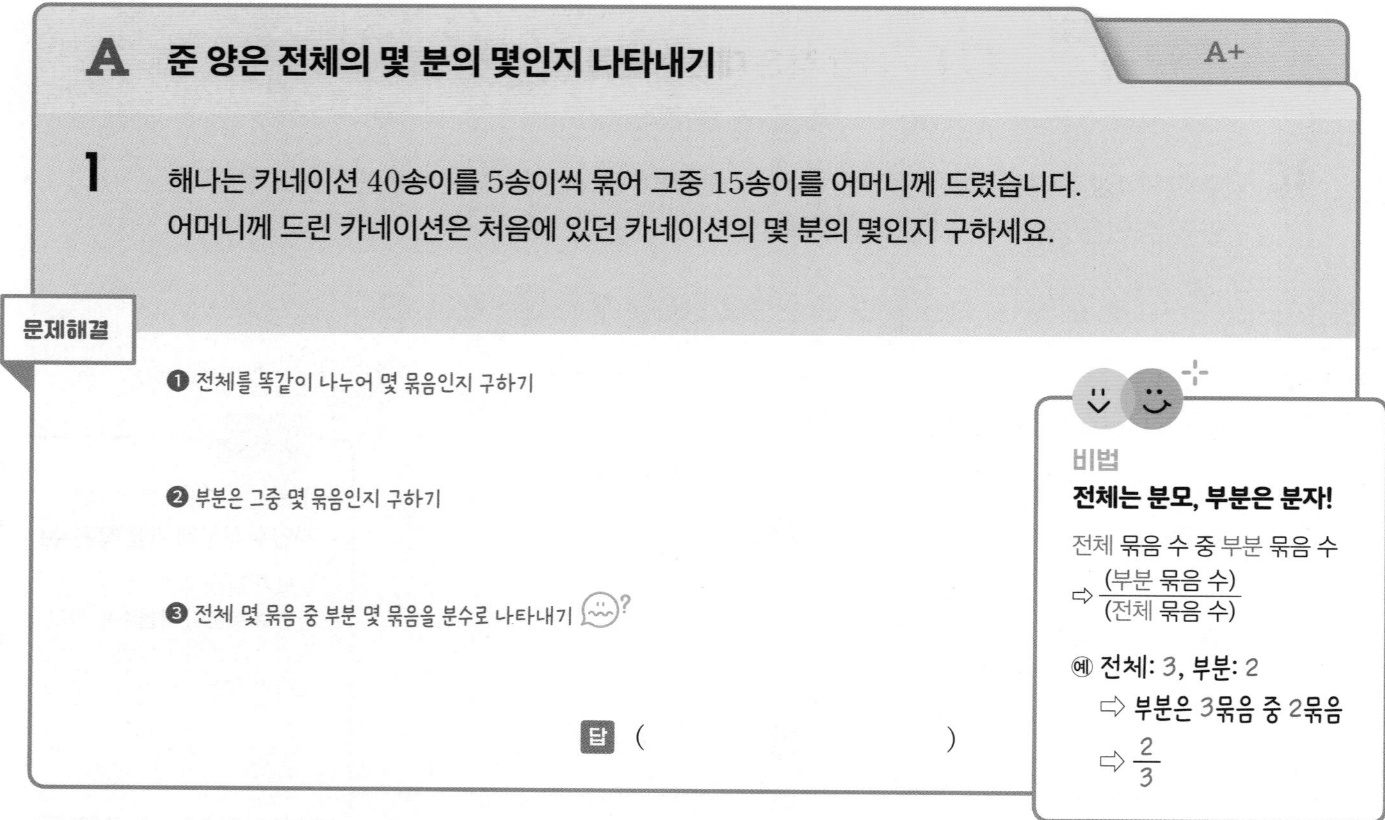

A 준 양은 전체의 몇 분의 몇인지 나타내기

A+

1 해나는 카네이션 40송이를 5송이씩 묶어 그중 15송이를 어머니께 드렸습니다. 어머니께 드린 카네이션은 처음에 있던 카네이션의 몇 분의 몇인지 구하세요.

문제해결

❶ 전체를 똑같이 나누어 몇 묶음인지 구하기

❷ 부분은 그중 몇 묶음인지 구하기

❸ 전체 몇 묶음 중 부분 몇 묶음을 분수로 나타내기

답 (　　　　　　　　)

비법

전체는 분모, 부분은 분자!

전체 묶음 수 중 부분 묶음 수

⇨ $\frac{(\text{부분 묶음 수})}{(\text{전체 묶음 수})}$

예 전체: 3, 부분: 2

⇨ 부분은 3묶음 중 2묶음

⇨ $\frac{2}{3}$

2 윤호는 젤리 28개를 한 봉지에 4개씩 담아 그중 16개를 동생에게 주었습니다. 동생에게 준 젤리는 처음에 있던 젤리의 몇 분의 몇인지 구하세요.

(　　　　　　　　)

3 지아는 사인펜 36자루를 한 상자에 3자루씩 담아 그중 12자루는 은서에게, 9자루는 동하에게 주었습니다. 두 친구에게 준 사인펜은 처음에 있던 사인펜의 몇 분의 몇인지 구하세요.

(　　　　　　　　)

A

A+ 남은 양은 전체의 몇 분의 몇인지 나타내기

4 예준이는 수수깡 30개를 6개씩 묶어 그중 18개를 바람개비 만드는 데 사용했습니다. 남은 수수깡은 처음에 있던 수수깡의 몇 분의 몇인지 구하세요.

문제해결

❶ 전체를 똑같이 나누어 몇 묶음인지 구하기

❷ 남은 부분은 그중 몇 묶음인지 구하기

❸ 전체 몇 묶음 중 남은 부분 몇 묶음을 분수로 나타내기

답 (   )

비법 전체는 분모, 남은 부분은 분자!

전체 묶음 수 중 남은 부분 묶음 수

⇨ $\frac{(\text{남은 부분 묶음 수})}{(\text{전체 묶음 수})}$

예 전체: 3, 부분: 2

⇨ 남은 부분: $3-2=1$

⇨ 남은 부분은 3묶음 중 1묶음

⇨ $\frac{1}{3}$

5 공책 42권을 7권씩 포장하여 그중 35권을 퀴즈 대회에 참가한 학생에게 주었습니다. 남은 공책은 처음에 있던 공책의 몇 분의 몇인지 구하세요.

(   )

6 송이는 요구르트 18병을 2병씩 묶은 것 중 4병을 어제 먹었고, 6병을 오늘 먹었습니다. 이틀 동안 먹고 남은 요구르트는 처음에 있던 요구르트의 몇 분의 몇인지 구하세요.

(   )

유형 04 분수만큼의 양 구하기

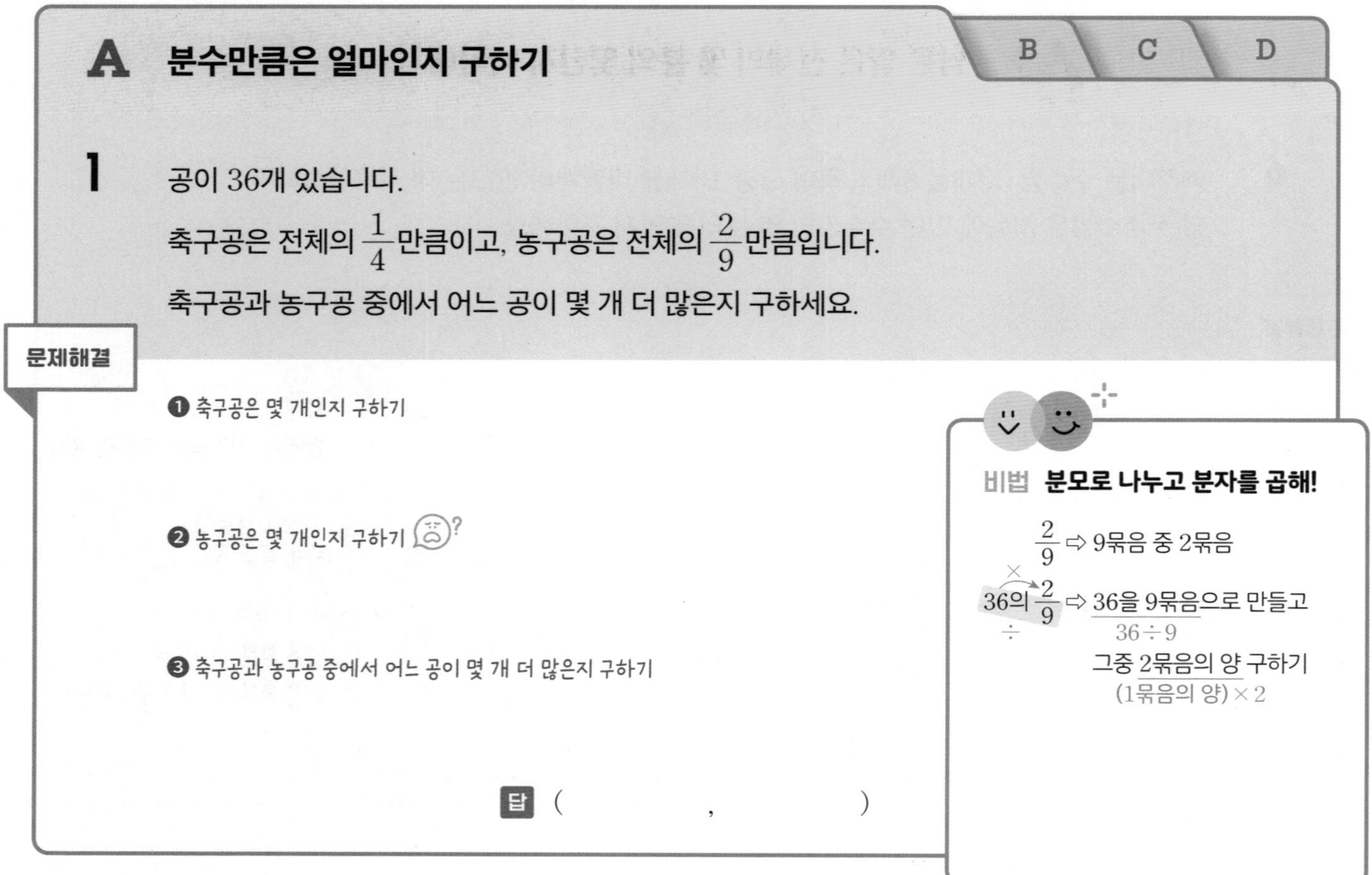

A 분수만큼은 얼마인지 구하기

B C D

1 공이 36개 있습니다.
축구공은 전체의 $\frac{1}{4}$만큼이고, 농구공은 전체의 $\frac{2}{9}$만큼입니다.
축구공과 농구공 중에서 어느 공이 몇 개 더 많은지 구하세요.

문제해결

❶ 축구공은 몇 개인지 구하기

❷ 농구공은 몇 개인지 구하기

❸ 축구공과 농구공 중에서 어느 공이 몇 개 더 많은지 구하기

답 (　　　　,　　　　)

비법 분모로 나누고 분자를 곱해!

$\frac{2}{9}$ ⇨ 9묶음 중 2묶음

36의 $\frac{2}{9}$ ⇨ 36을 9묶음으로 만들고 (36÷9)
그중 2묶음의 양 구하기 ((1묶음의 양)×2)

2 과일나무가 42그루 있습니다. 사과나무는 전체의 $\frac{3}{7}$만큼이고, 포도나무는 전체의 $\frac{1}{2}$만큼입니다. 사과나무와 포도나무 중에서 어느 과일나무가 몇 그루 더 많은지 구하세요.

(　　　　,　　　　)

3 피자가 15조각 있습니다. 현서네 가족은 전체의 $\frac{1}{3}$만큼 먹고, 건우네 가족은 전체의 $\frac{2}{5}$만큼 먹었습니다. 남은 피자는 몇 조각인지 구하세요.

(　　　　)

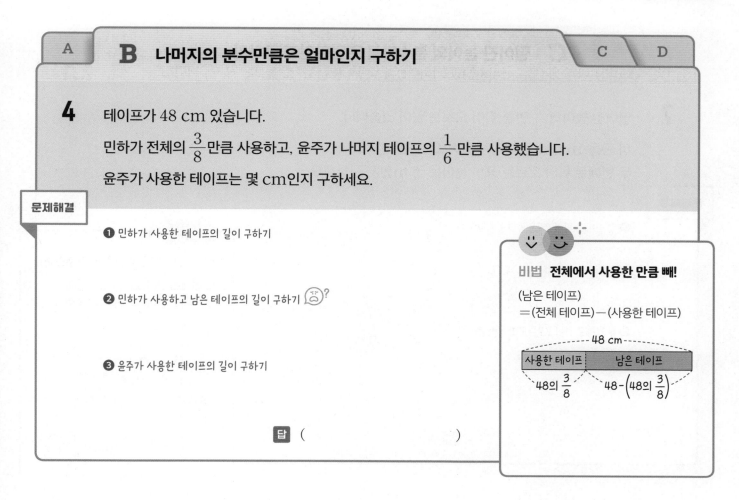

A | **B** 나머지의 분수만큼은 얼마인지 구하기 | C | D

B 나머지의 분수만큼은 얼마인지 구하기

4 테이프가 48 cm 있습니다.
민하가 전체의 $\frac{3}{8}$만큼 사용하고, 윤주가 나머지 테이프의 $\frac{1}{6}$만큼 사용했습니다.
윤주가 사용한 테이프는 몇 cm인지 구하세요.

문제해결

❶ 민하가 사용한 테이프의 길이 구하기

❷ 민하가 사용하고 남은 테이프의 길이 구하기

❸ 윤주가 사용한 테이프의 길이 구하기

탑 (　　　　　　　　　　)

비법 전체에서 사용한 만큼 빼!
(남은 테이프)
=(전체 테이프)−(사용한 테이프)

5 색종이가 35장 있습니다. 꽃을 접는 데 전체의 $\frac{1}{5}$만큼 사용하고, 새를 접는 데 나머지 색종이의 $\frac{4}{7}$만큼 사용했습니다. 새를 접는 데 사용한 색종이는 몇 장인지 구하세요.

(　　　　　　　　　　)

6 연필 한 타는 12자루입니다. 기범이가 연필 6타를 가지고 있습니다. 동생에게 전체의 $\frac{5}{9}$만큼 주고, 친구에게 나머지 연필의 $\frac{3}{4}$만큼 주었습니다. 기범이에게 남은 연필은 몇 자루인지 구하세요.

(　　　　　　　　　　)

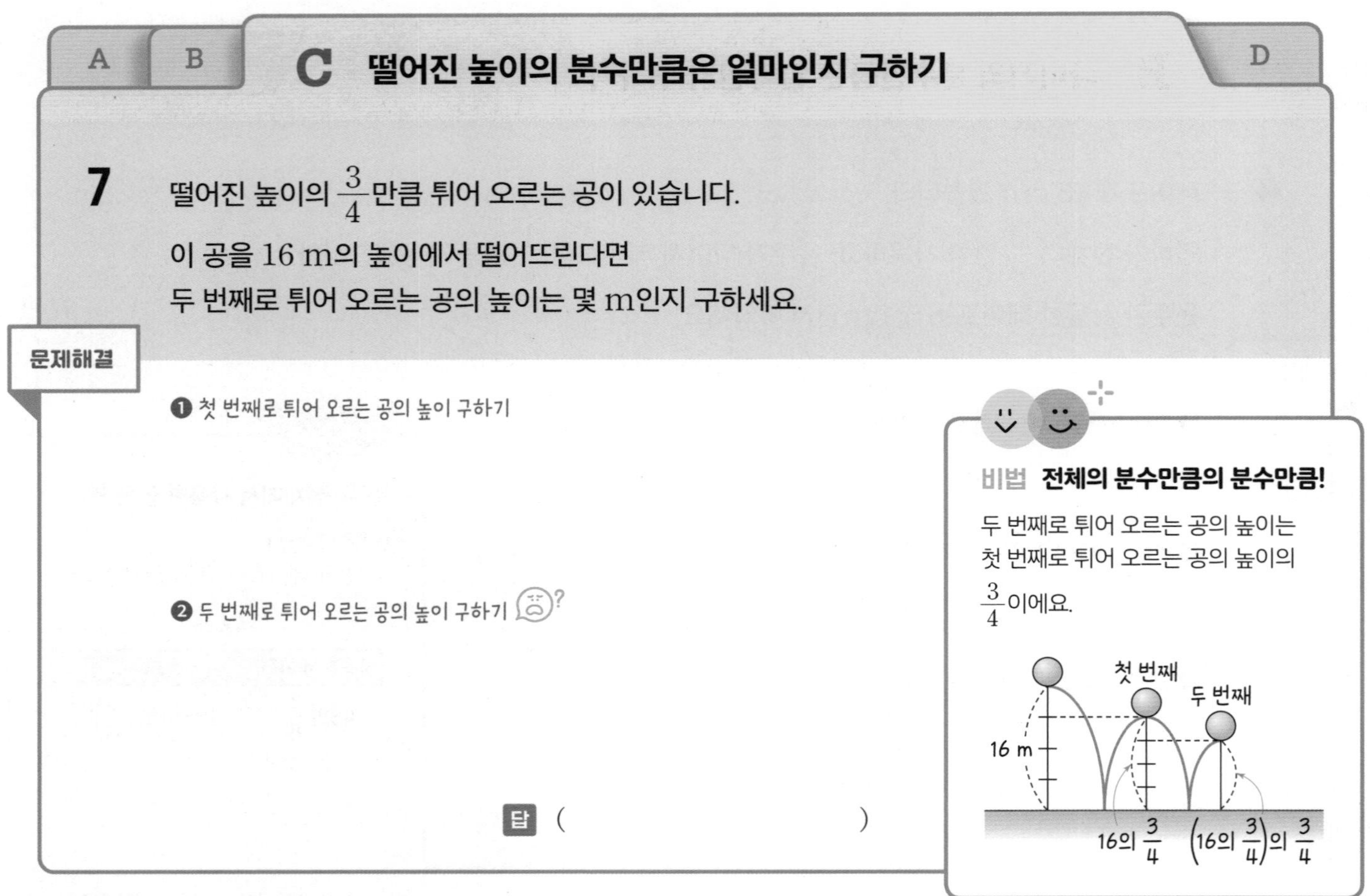

A
B
C 떨어진 높이의 분수만큼은 얼마인지 구하기
D

7 떨어진 높이의 $\frac{3}{4}$만큼 튀어 오르는 공이 있습니다.
이 공을 16 m의 높이에서 떨어뜨린다면
두 번째로 튀어 오르는 공의 높이는 몇 m인지 구하세요.

문제해결

❶ 첫 번째로 튀어 오르는 공의 높이 구하기

❷ 두 번째로 튀어 오르는 공의 높이 구하기

답 (　　　　　　　　)

비법 전체의 분수만큼의 분수만큼!

두 번째로 튀어 오르는 공의 높이는 첫 번째로 튀어 오르는 공의 높이의 $\frac{3}{4}$이에요.

8 떨어진 높이의 $\frac{2}{3}$만큼 튀어 오르는 공이 있습니다. 이 공을 45 m의 높이에서 떨어뜨린다면 두 번째로 튀어 오르는 공의 높이는 몇 m인지 구하세요.

(　　　　　　　　)

9 떨어진 높이의 $\frac{4}{7}$만큼 튀어 오르는 공이 있습니다. 이 공을 98 m의 높이에서 떨어뜨린다면 첫 번째로 튀어 오르는 공의 높이는 두 번째로 튀어 오르는 공의 높이보다 몇 m 더 높은지 구하세요.

(　　　　　　　　)

A B C

D 시간의 분수만큼은 얼마인지 구하기

10 우주는 매일 1시간의 $\frac{5}{6}$씩 피아노를 칩니다.
우주가 3일 동안 피아노를 치는 시간은 몇 시간 몇 분인지 구하세요.

문제해결

❶ 하루에 피아노를 치는 시간은 몇 분인지 구하기

❷ 3일 동안 피아노를 치는 시간은 몇 분인지 구하기

❸ 3일 동안 피아노를 치는 시간을 몇 시간 몇 분으로 나타내기

답 (　　　　　　　　)

비법
60분의 분수만큼!
1시간은 60분이므로
1시간의 $\frac{5}{6}$ ⇨ 60분의 $\frac{5}{6}$

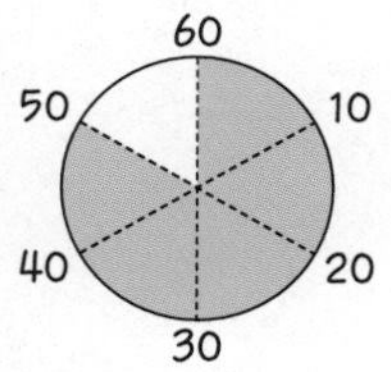

60, 10, 20, 30, 40, 50

11 정현이는 매일 1시간의 $\frac{3}{4}$씩 책을 읽습니다. 정현이가 일주일 동안 책을 읽는 시간은 몇 시간 몇 분인지 구하세요.

(　　　　　　　　)

12 민솔이는 하루의 $\frac{1}{3}$ 동안 잠을 자고, 하루의 $\frac{1}{8}$ 동안 식사를 합니다. 민솔이가 하루 중에서 잠을 자는 시간과 식사를 하는 시간을 뺀 나머지 시간은 몇 시간인지 구하세요.

(　　　　　　　　)

유형 05 전체 양 구하기

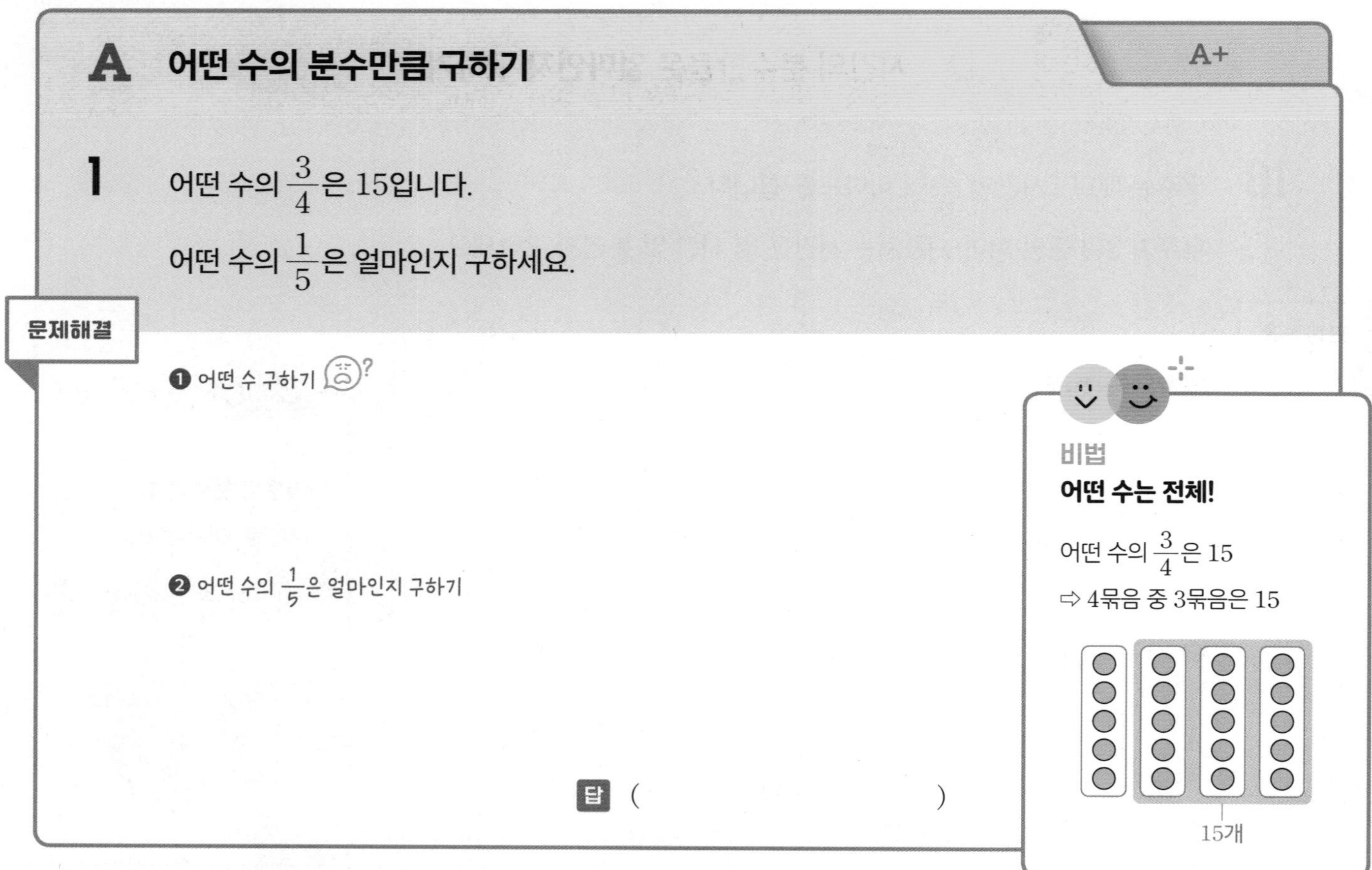

A 어떤 수의 분수만큼 구하기

A+

1 어떤 수의 $\frac{3}{4}$은 15입니다.

어떤 수의 $\frac{1}{5}$은 얼마인지 구하세요.

문제해결

❶ 어떤 수 구하기

❷ 어떤 수의 $\frac{1}{5}$은 얼마인지 구하기

답 (　　　　　　　　)

비법
어떤 수는 전체!
어떤 수의 $\frac{3}{4}$은 15
⇨ 4묶음 중 3묶음은 15
15개

2 어떤 수의 $\frac{4}{9}$는 28입니다. 어떤 수의 $\frac{1}{3}$은 얼마인지 구하세요.

(　　　　　　　　)

3 어떤 끈의 $\frac{2}{7}$는 12 m입니다. 이 끈의 $\frac{5}{6}$는 몇 m인지 구하세요.

(　　　　　　　　)

오늘도 잘 풀 수 있을 거야!

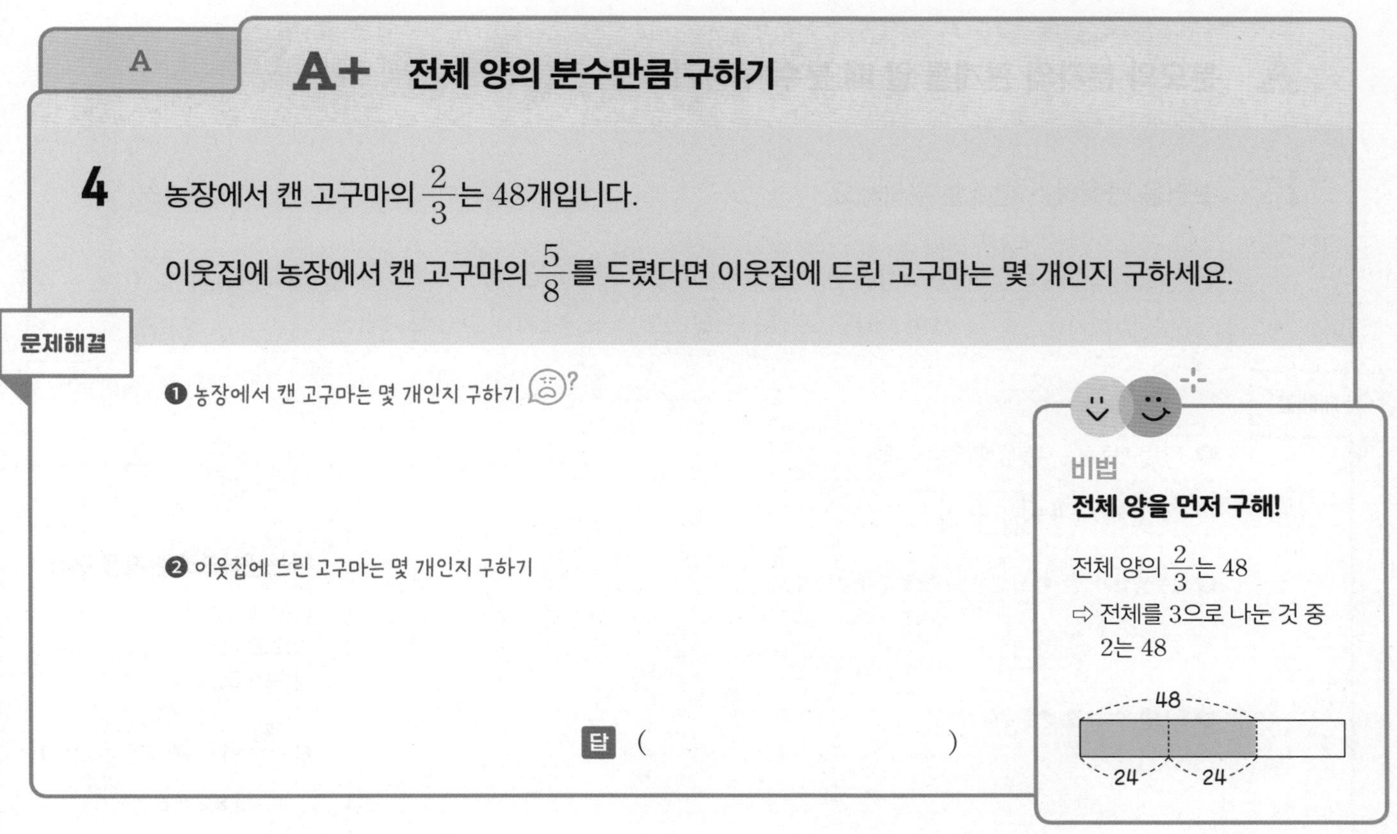

A

A+ 전체 양의 분수만큼 구하기

4 농장에서 캔 고구마의 $\frac{2}{3}$는 48개입니다.
이웃집에 농장에서 캔 고구마의 $\frac{5}{8}$를 드렸다면 이웃집에 드린 고구마는 몇 개인지 구하세요.

문제해결

❶ 농장에서 캔 고구마는 몇 개인지 구하기

❷ 이웃집에 드린 고구마는 몇 개인지 구하기

답 (   )

비법
전체 양을 먼저 구해!
전체 양의 $\frac{2}{3}$는 48
⇨ 전체를 3으로 나눈 것 중 2는 48
48
24
24

5 여름 방학의 $\frac{3}{5}$은 21일입니다. 준수네 가족이 여행을 다녀오는 데 여름 방학의 $\frac{2}{7}$를 보냈다면 준수네 가족은 여행을 며칠 다녀왔는지 구하세요.

(   )

6 채민이가 가지고 있는 붙임딱지의 $\frac{5}{9}$는 60장입니다. 아율이가 가지고 있는 붙임딱지는 채민이가 가지고 있는 붙임딱지의 $1\frac{3}{4}$입니다. 아율이가 가지고 있는 붙임딱지는 몇 장인지 구하세요.

(   )

유형 06

조건을 만족하는 분수

A 분모와 분자의 관계를 알 때 분수 구하기

B

1 조건을 만족하는 분수를 구하세요.

- 분모가 4인 가분수입니다.
- 분자를 분모로 나눈 몫은 6이고, 나머지는 3입니다.

문제해결

❶ 조건을 만족하는 나눗셈식으로 나타내기

(분자) ÷ 4 = □ … □

❷ 나눗셈식이 맞는지 확인하는 식으로 분자 구하기

❸ 조건을 만족하는 분수 구하기

답 (   )

비법

나눗셈식으로 분자를 구해!

나눗셈식이 맞는지 확인하는 식으로 나누어지는 수인 분자를 구해요.

예 $\frac{■}{3}$이고 ■ ÷ 3 = 2 … 1

⇨ 3 × 2 = 6

6 + 1 = 7

2 조건을 만족하는 분수를 구하세요.

- 분모가 5인 가분수입니다.
- 분자를 분모로 나눈 몫은 3이고, 나머지는 1입니다.

(   )

3 조건을 만족하는 가분수를 대분수로 나타내세요.

- 분자가 43인 가분수입니다.
- 분자를 분모로 나눈 몫은 4이고, 나머지는 7입니다.

(   )

게임할 때처럼 집중해서 끝내자!

A

B 분모와 분자의 합과 차를 알 때 분수 구하기

4 분모와 분자의 합이 11이고 차가 5인 진분수를 구하세요.

문제해결

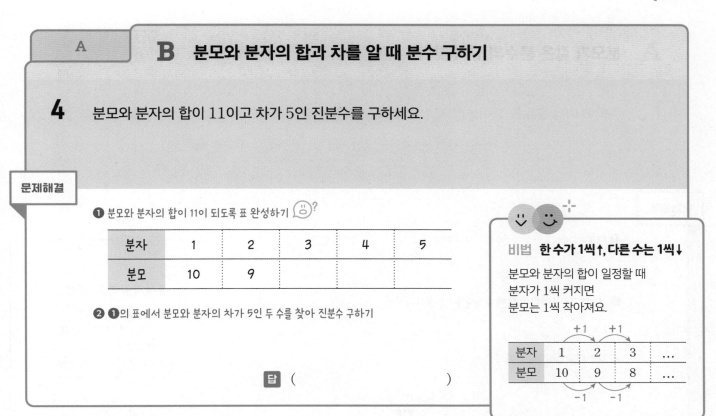

❶ 분모와 분자의 합이 11이 되도록 표 완성하기

분자	1	2	3	4	5
분모	10	9			

❷ ❶의 표에서 분모와 분자의 차가 5인 두 수를 찾아 진분수 구하기

답 (　　　　　　　　)

비법 한 수가 1씩↑, 다른 수는 1씩↓

분모와 분자의 합이 일정할 때
분자가 1씩 커지면
분모는 1씩 작아져요.

분자	1	2	3	…
분모	10	9	8	…

(분자: +1, +1 / 분모: −1, −1)

5 분모와 분자의 합이 14이고 차가 4인 진분수를 구하세요.

(　　　　　　　　)

6 분자와 분모의 합이 22이고 차가 8인 가분수를 구하세요.

(　　　　　　　　)

유형 07 분수의 규칙

A 분모가 같은 분수의 규칙 찾기

A+

1 규칙에 따라 분수를 늘어놓을 때 12번째에 놓일 분수를 구하세요.

$$\frac{5}{7},\ 1\frac{3}{7},\ \frac{15}{7},\ 2\frac{6}{7},\ \frac{25}{7},\ \cdots$$

문제해결

❶ 대분수 $1\frac{3}{7}$, $2\frac{6}{7}$을 가분수로 각각 나타내기

❷ 분수의 규칙을 찾아 12번째에 놓일 분수의 분자 구하기

❸ 12번째에 놓일 분수 구하기

답 (　　　　　　　　)

비법

분자의 규칙을 찾아!

분모가 같고
진 · 가분수와 대분수가
반복되므로
대분수를 가분수로 나타내어
분자에서 규칙을 찾아요.

$\frac{5}{7},\ \frac{10}{7},\ \frac{15}{7},\ \frac{20}{7},\ \cdots$ (+5, +5, +5)

2 규칙에 따라 분수를 늘어놓을 때 14번째에 놓일 분수를 구하세요.

$$\frac{6}{11},\ 1\frac{1}{11},\ \frac{18}{11},\ 2\frac{2}{11},\ \frac{30}{11},\ \cdots$$

(　　　　　　　　)

3 규칙에 따라 분수를 늘어놓을 때 19번째에 놓일 분수를 구하세요.

$$\frac{1}{4},\ \frac{2}{4},\ \frac{3}{4},\ 1\frac{1}{4},\ 1\frac{2}{4},\ 1\frac{3}{4},\ 2\frac{1}{4},\ \cdots$$

(　　　　　　　　)

자연수 부분과 분자가 각각 어떻게 바뀌는지 규칙을 찾아요.

A

A+ 분모가 다른 분수의 규칙 찾기

4 규칙에 따라 분수를 늘어놓을 때 10번째에 놓일 분수를 구하세요.

$$\frac{1}{5}, \frac{3}{8}, \frac{5}{11}, \frac{7}{14}, \frac{9}{17}, \cdots$$

문제해결

❶ 분모의 규칙을 찾아 10번째에 놓일 분수의 분모 구하기

❷ 분자의 규칙을 찾아 10번째에 놓일 분수의 분자 구하기

❸ 10번째에 놓일 분수 구하기

답 (　　　　　　　　　　)

비법

10번째 수는 9번 커진 수!

분모에 있는 수들이 몇씩 커지는 규칙인지 찾아요.

5, 8, 11, 14, 17, ... 에서 10번째 수

⇨ 5부터 3씩 9번 커진 수 ($3 \times 9 = 27$)

⇨ 5보다 27만큼 더 큰 수

5 규칙에 따라 분수를 늘어놓을 때 13번째에 놓일 분수를 구하세요.

$$\frac{39}{4}, \frac{37}{6}, \frac{35}{8}, \frac{33}{10}, \frac{31}{12}, \cdots$$

(　　　　　　　　　　)

6 규칙에 따라 분수를 늘어놓을 때 21번째에 놓일 분수의 분모와 분자의 차를 구하세요.

$$\frac{2}{7}, \frac{5}{11}, \frac{8}{15}, \frac{11}{19}, \frac{14}{23}, \cdots$$

(　　　　　　　　　　)

단원 4 유형 마스터

01

유형 03 A+

티셔츠 56장을 8장씩 묶었는데 그중 32장을 도영이네 반에서 가져갔습니다. 남은 티셔츠는 처음에 있던 티셔츠의 몇 분의 몇인지 구하세요.

(　　　　　　　　)

02

유형 04 B

리본이 108 cm 있습니다. 선물을 포장하는 데 전체의 $\frac{1}{3}$만큼 사용하고, 꽃바구니를 장식하는 데 나머지 리본의 $\frac{8}{9}$만큼 사용했습니다. 꽃바구니를 장식하는 데 사용한 리본은 몇 cm인지 구하세요.

(　　　　　　　　)

03

유형 01 B

□ 안에 들어갈 수 있는 자연수를 모두 구하세요.

$$\frac{21}{4} < \square\frac{3}{4} < \frac{35}{4}$$

(　　　　　　　　)

04

유형 02 C

수 카드 4장 중에서 3장을 뽑아 한 번씩만 사용하여 분모가 8인 대분수를 만들려고 합니다. 만들 수 있는 가장 큰 대분수를 구하세요.

8　7　2　9

(　　　　　　　)

05

유형 05 A

어떤 수의 $\frac{3}{5}$은 72입니다. 어떤 수의 $\frac{1}{8}$은 얼마인지 구하세요.

(　　　　　　　)

06

유형 05 A+

바구니에 있는 방울토마토의 $\frac{4}{7}$는 36개입니다. 이수가 바구니에 있는 방울토마토의 $\frac{2}{3}$를 먹었다면 이수가 먹은 방울토마토는 몇 개인지 구하세요.

(　　　　　　　)

07

유형 04 A

동화책이 54권 있습니다. 책꽂이에 전체의 $\frac{5}{6}$만큼 꽂고, 상자에 전체의 $\frac{1}{9}$만큼 담았습니다. 남은 동화책은 몇 권인지 구하세요.

(   )

08

유형 06 A

조건을 만족하는 분수를 구하세요.

- 분자가 6인 분수입니다.
- 분모를 분자로 나눈 몫은 4이고, 나머지는 5입니다.

(   )

09

유형 04 D

시우는 매일 1시간의 $\frac{1}{3}$씩 줄넘기를 합니다. 시우가 10월 한 달 동안 줄넘기를 하는 시간은 몇 시간 몇 분인지 구하세요.

(   )

10 떨어진 높이의 $\frac{4}{5}$만큼 튀어 오르는 공이 있습니다. 이 공을 75 m의 높이에서 떨어뜨린다면 두 번째로 튀어 오를 때까지 공이 움직인 거리는 모두 몇 m인지 구하세요.

유형 04 C

(　　　　　　　　　　)

11 분자와 분모의 합이 49이고 차가 19인 가분수를 대분수로 나타내세요.

유형 06 B

(　　　　　　　　　　)

12 규칙에 따라 분수를 늘어놓을 때 16번째에 놓일 분수를 구하세요.

유형 07 A+

$\frac{1}{2}, \frac{1}{3}, \frac{2}{3}, \frac{1}{4}, \frac{2}{4}, \frac{3}{4}, \frac{1}{5}, \cdots$

(　　　　　　　　　　)

5

들이와 무게

학습계열표

1-1 **4. 비교하기**
- 무게 비교
- 담을 수 있는 양 비교

3-1 **5. 길이와 시간**
- 길이의 덧셈과 뺄셈
- 시간의 덧셈과 뺄셈

3-2 **5. 들이와 무게**
- 들이 단위
- 들이의 덧셈과 뺄셈
- 무게 단위
- 무게의 덧셈과 뺄셈

6-1 **6. 직육면체의 부피와 겉넓이**
- 직육면체의 부피

학습기록표

유형 01 학습일 / 학습평가

물을 붓는 횟수

A	들이 비교
B	부어야 하는 횟수

유형 02 학습일 / 학습평가

들이의 덧셈과 뺄셈 활용

A	단위 같게
B	남은 양
C	여러 번 부은 양
D	물의 양 같게

유형 03 학습일 / 학습평가

시간과 들이의 활용

A	새는 통의 물 양
A+	채우는 시간

유형 04 학습일 / 학습평가

무게의 덧셈과 뺄셈 활용

A	전체
B	단위 같게
C	합 이용

유형 05 학습일 / 학습평가

무게 계산하여 문제 해결하기

A	최대 수
B	빈 상자
C	같은 물건 이용

유형 06 학습일 / 학습평가

들이와 무게 추론

A	물 담는 방법
B	무게 잴 수 없는 물건

유형 마스터 학습일 / 학습평가

들이와 무게

유형 01 물을 붓는 횟수

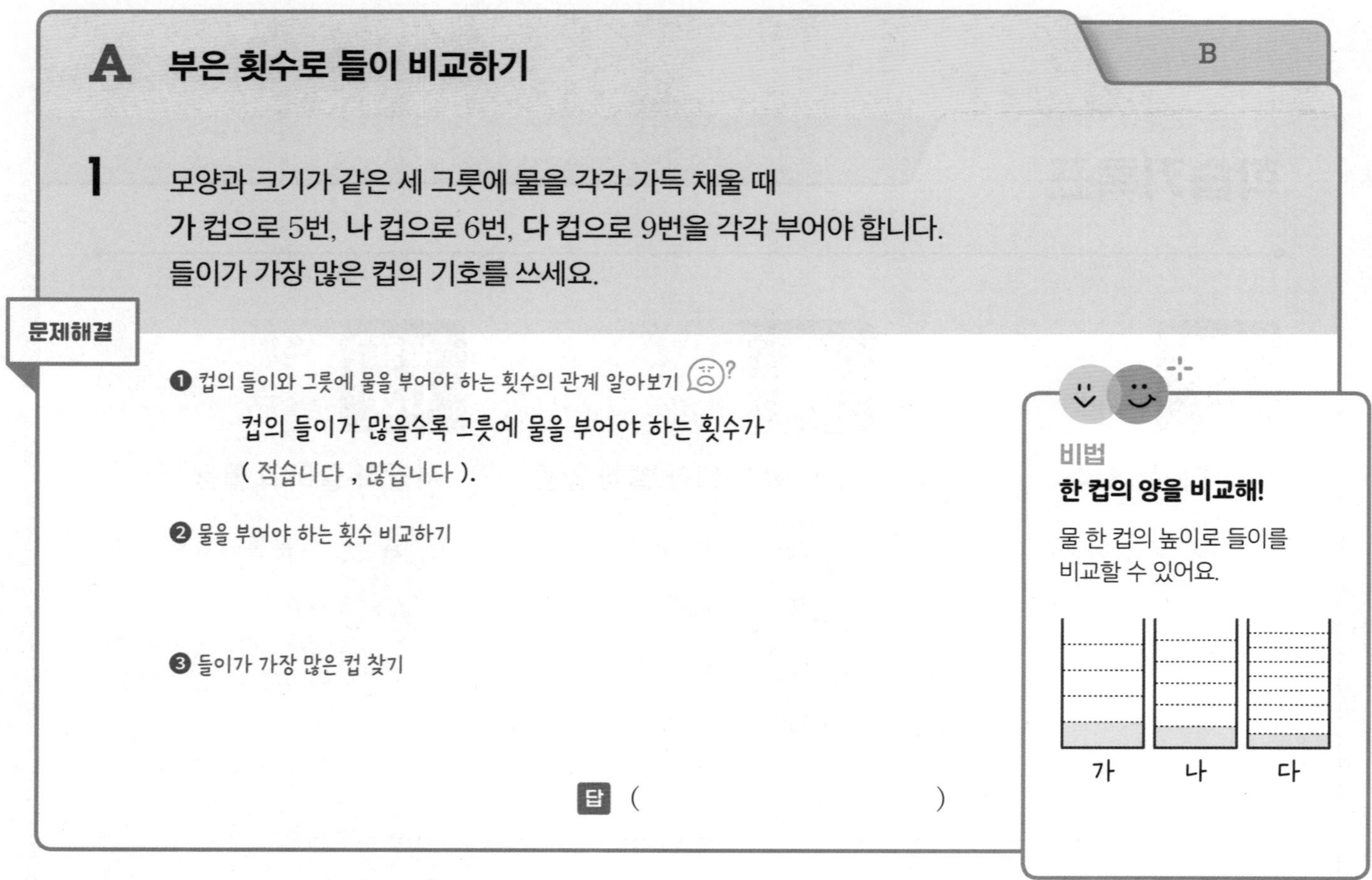

A 부은 횟수로 들이 비교하기

B

1 모양과 크기가 같은 세 그릇에 물을 각각 가득 채울 때
가 컵으로 5번, **나** 컵으로 6번, **다** 컵으로 9번을 각각 부어야 합니다.
들이가 가장 많은 컵의 기호를 쓰세요.

문제해결

❶ 컵의 들이와 그릇에 물을 부어야 하는 횟수의 관계 알아보기

컵의 들이가 많을수록 그릇에 물을 부어야 하는 횟수가
(적습니다 , 많습니다).

❷ 물을 부어야 하는 횟수 비교하기

❸ 들이가 가장 많은 컵 찾기

답 (　　　　　　　　)

비법
한 컵의 양을 비교해!
물 한 컵의 높이로 들이를 비교할 수 있어요.

2 모양과 크기가 같은 세 양동이에 물을 각각 가득 채울 때 **가** 컵으로 11번, **나** 컵으로 8번, **다** 컵으로 14번을 각각 부어야 합니다. 들이가 가장 적은 컵의 기호를 쓰세요.

(　　　　　　　　)

3 모양과 크기가 같은 세 수조에 가득 채운 물을 각각 모두 덜어 낼 때 물병으로 10번, 주스병으로 15번, 우유병으로 13번을 각각 덜어 내야 합니다. 들이가 많은 병부터 순서대로 이름을 쓰세요.

(　　　　　　　　)

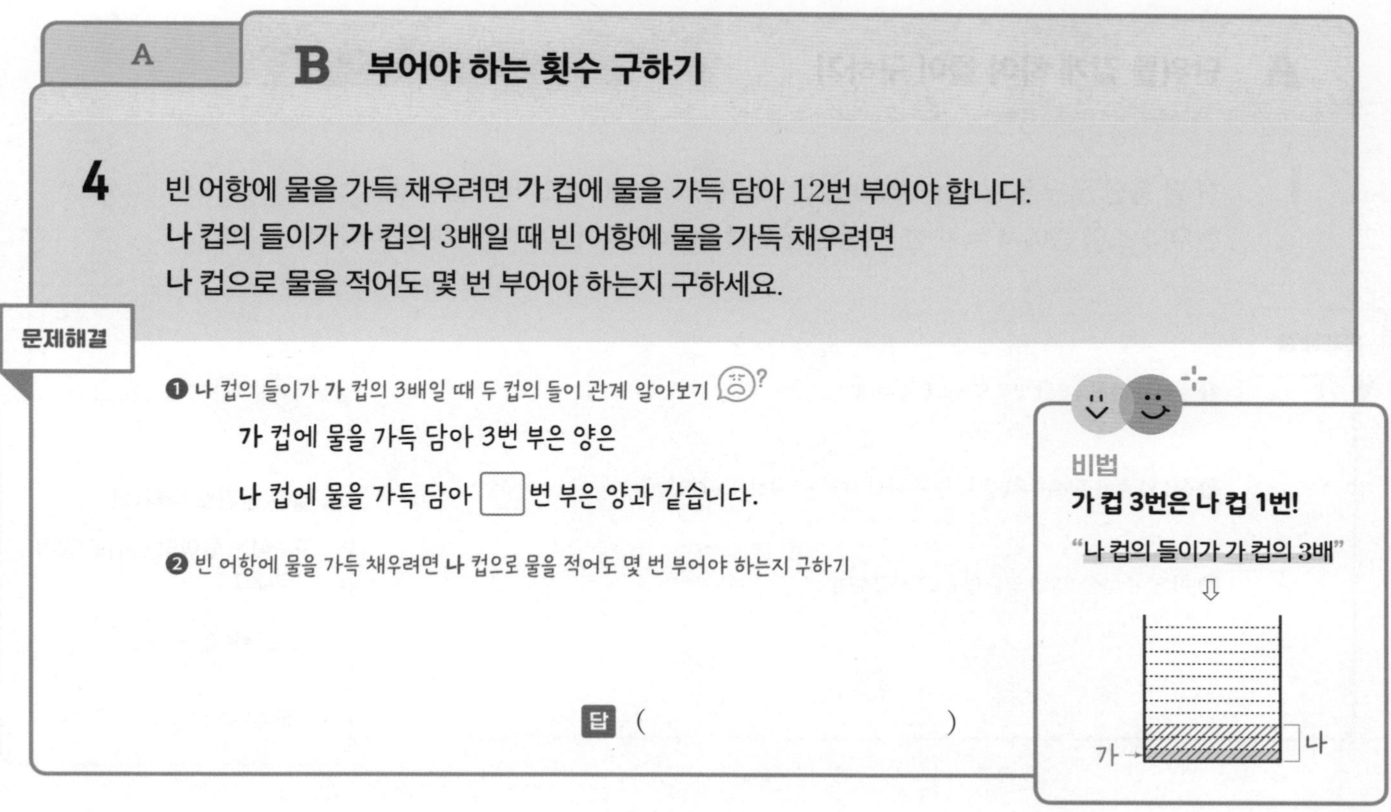

A

B 부어야 하는 횟수 구하기

4 빈 어항에 물을 가득 채우려면 **가** 컵에 물을 가득 담아 12번 부어야 합니다. **나** 컵의 들이가 **가** 컵의 3배일 때 빈 어항에 물을 가득 채우려면 **나** 컵으로 물을 적어도 몇 번 부어야 하는지 구하세요.

문제해결

❶ **나** 컵의 들이가 **가** 컵의 3배일 때 두 컵의 들이 관계 알아보기

가 컵에 물을 가득 담아 3번 부은 양은

나 컵에 물을 가득 담아 ☐번 부은 양과 같습니다.

❷ 빈 어항에 물을 가득 채우려면 **나** 컵으로 물을 적어도 몇 번 부어야 하는지 구하기

답 (　　　　　　　　　　)

비법
가 컵 3번은 나 컵 1번!
"나 컵의 들이가 가 컵의 3배"
가
나

5 유리병에 가득 채운 물을 **가** 그릇에 물을 가득 담아 10번 덜어 내면 물이 남지 않습니다. **나** 그릇의 들이가 **가** 그릇의 2배일 때 유리병에 가득 채운 물을 모두 덜어 내려면 **나** 그릇으로 물을 적어도 몇 번 덜어 내야 하는지 구하세요.

(　　　　　　　　　　)

6 빈 물통에 물을 가득 채우려면 **가** 컵에 물을 가득 담아 4번 부어야 하고, 빈 **가** 컵에 물을 가득 채우려면 **나** 컵에 물을 가득 담아 5번 부어야 합니다. 빈 물통에 물을 가득 채우려면 **나** 컵으로 물을 적어도 몇 번 부어야 하는지 구하세요.

(　　　　　　　　　　)

유형 02 들이의 덧셈과 뺄셈 활용

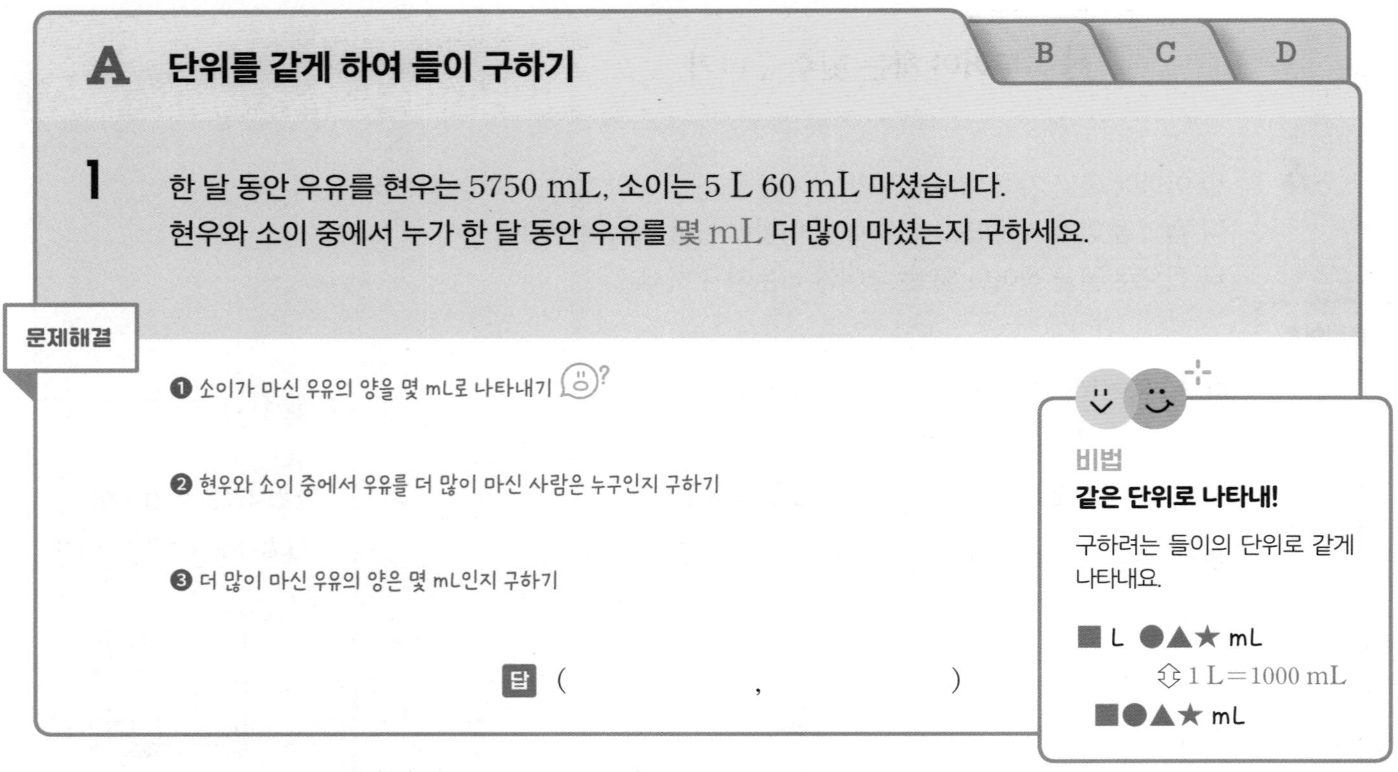

A 단위를 같게 하여 들이 구하기
B
C
D
1 한 달 동안 우유를 현우는 5750 mL, 소이는 5 L 60 mL 마셨습니다.
현우와 소이 중에서 누가 한 달 동안 우유를 몇 mL 더 많이 마셨는지 구하세요.
문제해결
❶ 소이가 마신 우유의 양을 몇 mL로 나타내기
❷ 현우와 소이 중에서 우유를 더 많이 마신 사람은 누구인지 구하기
❸ 더 많이 마신 우유의 양은 몇 mL인지 구하기
답 (,)
비법
같은 단위로 나타내!
구하려는 들이의 단위로 같게 나타내요.
■ L ●▲★ mL
1 L=1000 mL
■●▲★ mL

2 주전자의 들이가 2 L 9 mL, 냄비의 들이가 2190 mL입니다. 주전자와 냄비 중에서 어느 그릇의 들이가 몇 mL 더 적은지 구하세요.

(,)

3 노란색 페인트가 4 L 150 mL, 파란색 페인트가 4605 mL, 빨간색 페인트가 3900 mL 있습니다. 가장 많이 있는 페인트와 가장 적게 있는 페인트를 섞으면 몇 L 몇 mL가 되는지 구하세요.

( )

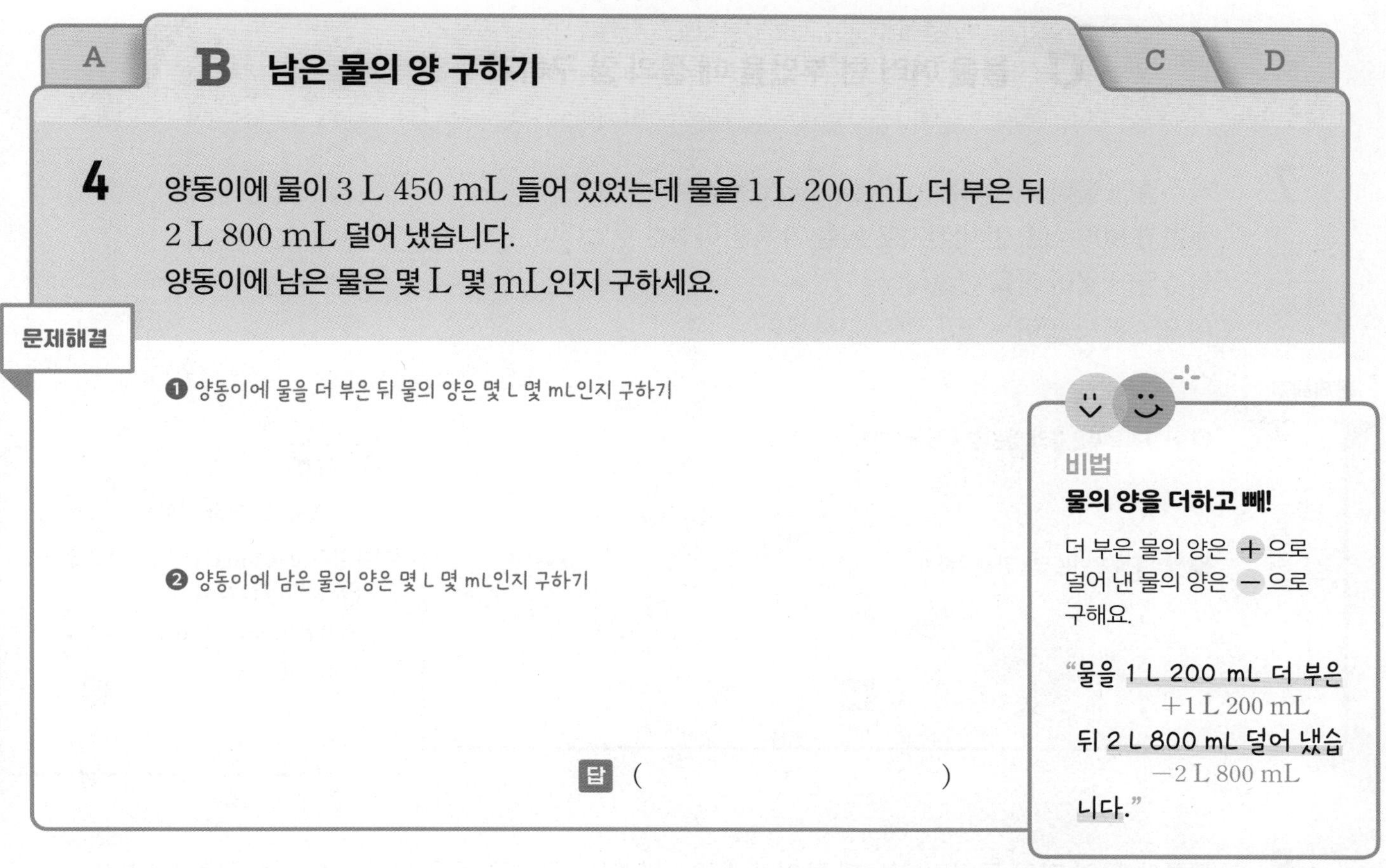

A | **B 남은 물의 양 구하기** | C | D

4 양동이에 물이 3 L 450 mL 들어 있었는데 물을 1 L 200 mL 더 부은 뒤 2 L 800 mL 덜어 냈습니다.
양동이에 남은 물은 몇 L 몇 mL인지 구하세요.

문제해결

❶ 양동이에 물을 더 부은 뒤 물의 양은 몇 L 몇 mL인지 구하기

❷ 양동이에 남은 물의 양은 몇 L 몇 mL인지 구하기

답 (　　　　　　　　　　)

비법
물의 양을 더하고 빼!
더 부은 물의 양은 +으로
덜어 낸 물의 양은 −으로
구해요.

"물을 1 L 200 mL 더 부은
+1 L 200 mL
뒤 2 L 800 mL 덜어 냈습
−2 L 800 mL
니다."

5 물뿌리개에 물이 2 L 100 mL 들어 있었는데 꽃에 물을 주는 데 950 mL 사용하고 물뿌리개에 물을 550 mL 더 부었습니다. 물뿌리개에 있는 물은 몇 L 몇 mL인지 구하세요.

(　　　　　　　　　　)

6 물이 2 L 있었는데 어제는 800 mL 마셨고 오늘은 어제보다 250 mL만큼 더 마셨습니다. 이틀 동안 마시고 남은 물은 몇 mL인지 구하세요.

(　　　　　　　　　　)

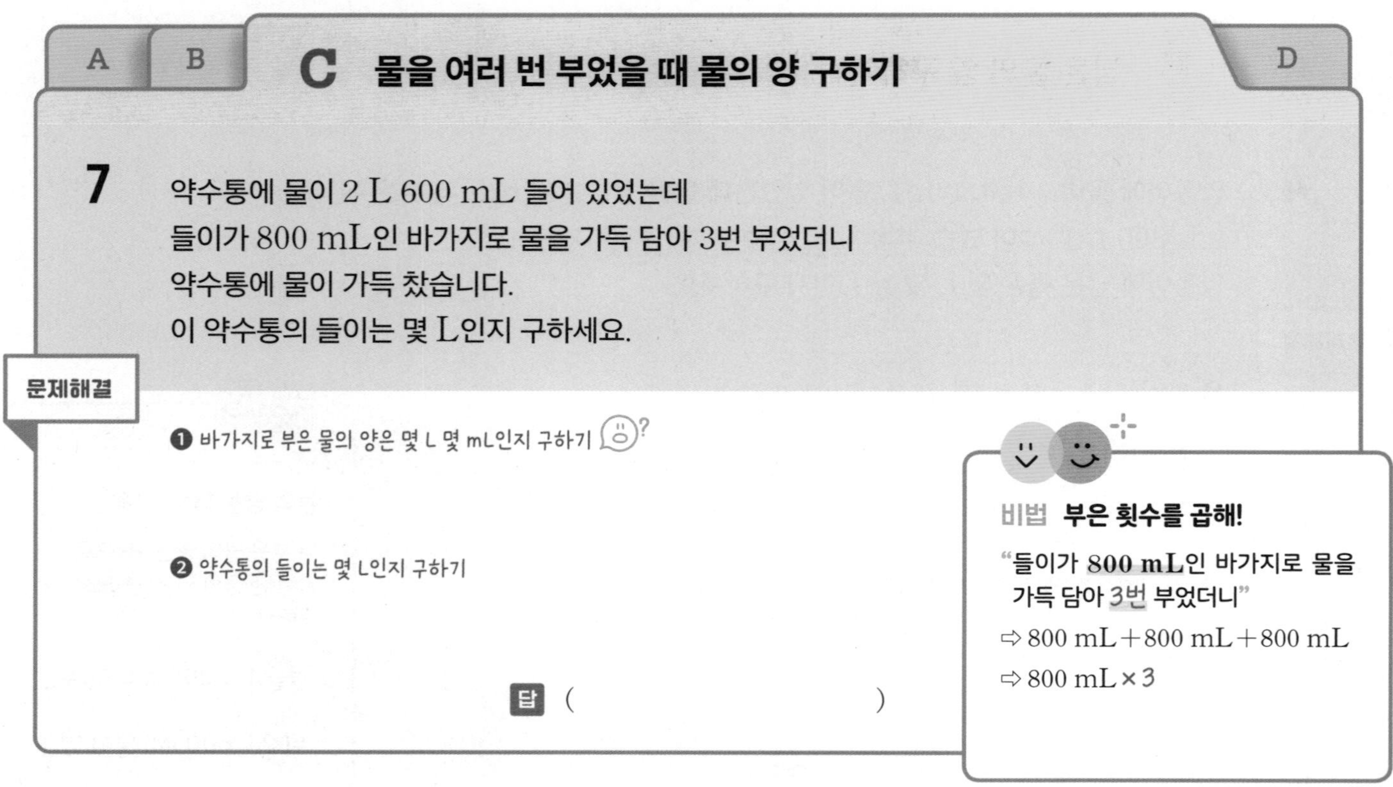

7 약수통에 물이 2 L 600 mL 들어 있었는데
들이가 800 mL인 바가지로 물을 가득 담아 3번 부었더니
약수통에 물이 가득 찼습니다.
이 약수통의 들이는 몇 L인지 구하세요.

문제해결

❶ 바가지로 부은 물의 양은 몇 L 몇 mL인지 구하기

❷ 약수통의 들이는 몇 L인지 구하기

답 (   )

비법 부은 횟수를 곱해!

"들이가 **800 mL**인 바가지로 물을 가득 담아 3번 부었더니"

⇨ 800 mL+800 mL+800 mL

⇨ 800 mL × 3

8 물통에 물이 가득 들어 있었는데 들이가 450 mL인 그릇으로 물을 가득 담아 4번 덜어 냈더니 물통에 물이 350 mL 남았습니다. 이 물통의 들이는 몇 L 몇 mL인지 구하세요.

(   )

9 들이가 9 L인 빈 통에 들이가 1 L 160 mL인 주전자로 물을 가득 담아 1번 붓고, 들이가 2 L 250 mL인 양동이로 물을 가득 담아 2번 부었습니다. 이 통을 가득 채우려면 물을 몇 L 몇 mL 더 부어야 하는지 구하세요.

(   )

A B C

D 두 통에 담긴 물의 양을 같게 하기

10 물이 **가** 물통에는 1 L 200 mL, **나** 물통에는 300 mL 들어 있습니다.
두 물통에 들어 있는 물의 양을 같게 하려면
가 물통에서 **나** 물통으로 물을 몇 mL만큼 옮겨야 하는지 구하세요.

문제해결

❶ 두 물통에 들어 있는 물의 양의 차는 몇 mL인지 구하기

❷ **가** 물통에서 **나** 물통으로 옮겨야 하는 물의 양은 몇 mL만큼인지 구하기

답 (　　　　　　　　)

비법 들이의 차의 반만큼 옮겨!

두 물통에 들어 있는 물의 양의 차이의 반만큼 물을 많은 쪽에서 적은 쪽으로 옮기면 물의 양이 같아져요.

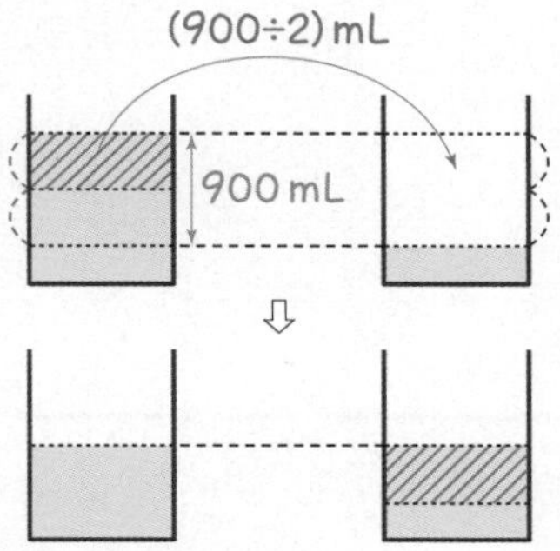

(900÷2) mL

900 mL

11 물이 **가** 그릇에는 6 L 800 mL, **나** 그릇에는 7 L 400 mL 들어 있습니다. 두 물통에 들어 있는 물의 양을 같게 하려면 **나** 그릇에서 **가** 그릇으로 물을 몇 mL만큼 옮겨야 하는지 구하세요.

(　　　　　　　　)

12 물이 **가** 수조에는 10 L 650 mL, **나** 수조에는 10 L 100 mL 들어 있었는데 **나** 수조에서 물을 750 mL 덜어 냈습니다. 두 수조에 들어 있는 물의 양을 같게 하려면 **가** 수조에서 **나** 수조로 물을 몇 mL만큼 옮겨야 하는지 구하세요.

(　　　　　　　　)

유형 03

시간과 들이의 활용

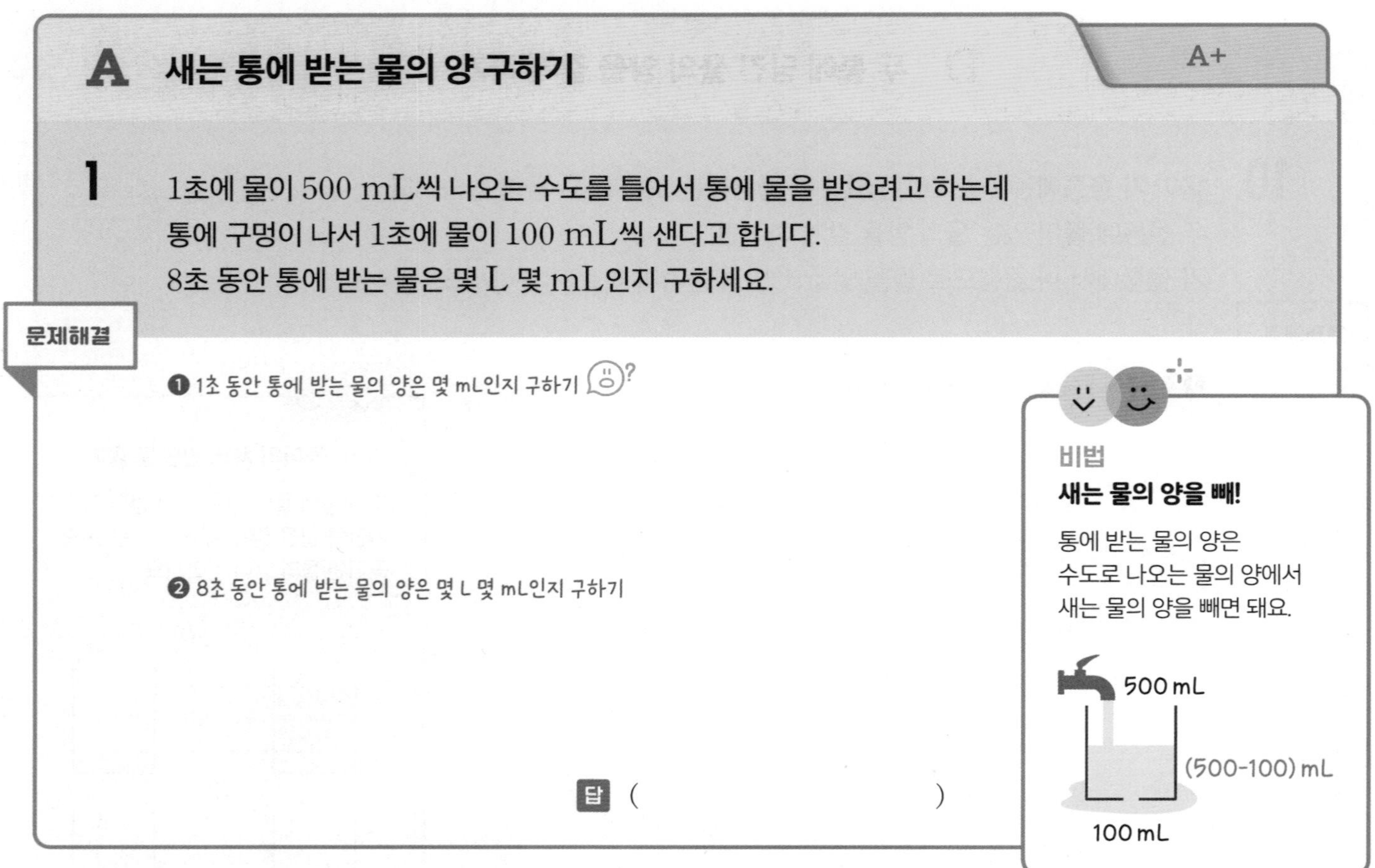

A+
비법
새는 물의 양을 빼!
통에 받는 물의 양은
수도로 나오는 물의 양에서
새는 물의 양을 빼면 돼요.
500 mL
(500-100) mL
100 mL

A 새는 통에 받는 물의 양 구하기

1 1초에 물이 500 mL씩 나오는 수도를 틀어서 통에 물을 받으려고 하는데 통에 구멍이 나서 1초에 물이 100 mL씩 샌다고 합니다. 8초 동안 통에 받는 물은 몇 L 몇 mL인지 구하세요.

문제해결

❶ 1초 동안 통에 받는 물의 양은 몇 mL인지 구하기

❷ 8초 동안 통에 받는 물의 양은 몇 L 몇 mL인지 구하기

답 (   )

2 1초에 물이 600 mL씩 나오는 수도를 틀어서 물뿌리개에 물을 받으려고 하는데 물뿌리개에 구멍이 나서 1초에 물이 50 mL씩 샌다고 합니다. 9초 동안 물뿌리개에 받는 물은 몇 L 몇 mL인지 구하세요.

(   )

3 1초에 물이 450 mL씩 나오는 **가** 수도와 1초에 물이 400 mL씩 나오는 **나** 수도를 동시에 틀어서 양동이에 물을 받으려고 하는데 양동이에 구멍이 나서 1초에 물이 60 mL씩 샌다고 합니다. 이 양동이에 물을 가득 채우는 데 7초가 걸렸다면 양동이의 들이는 몇 L 몇 mL인지 구하세요.

(   )

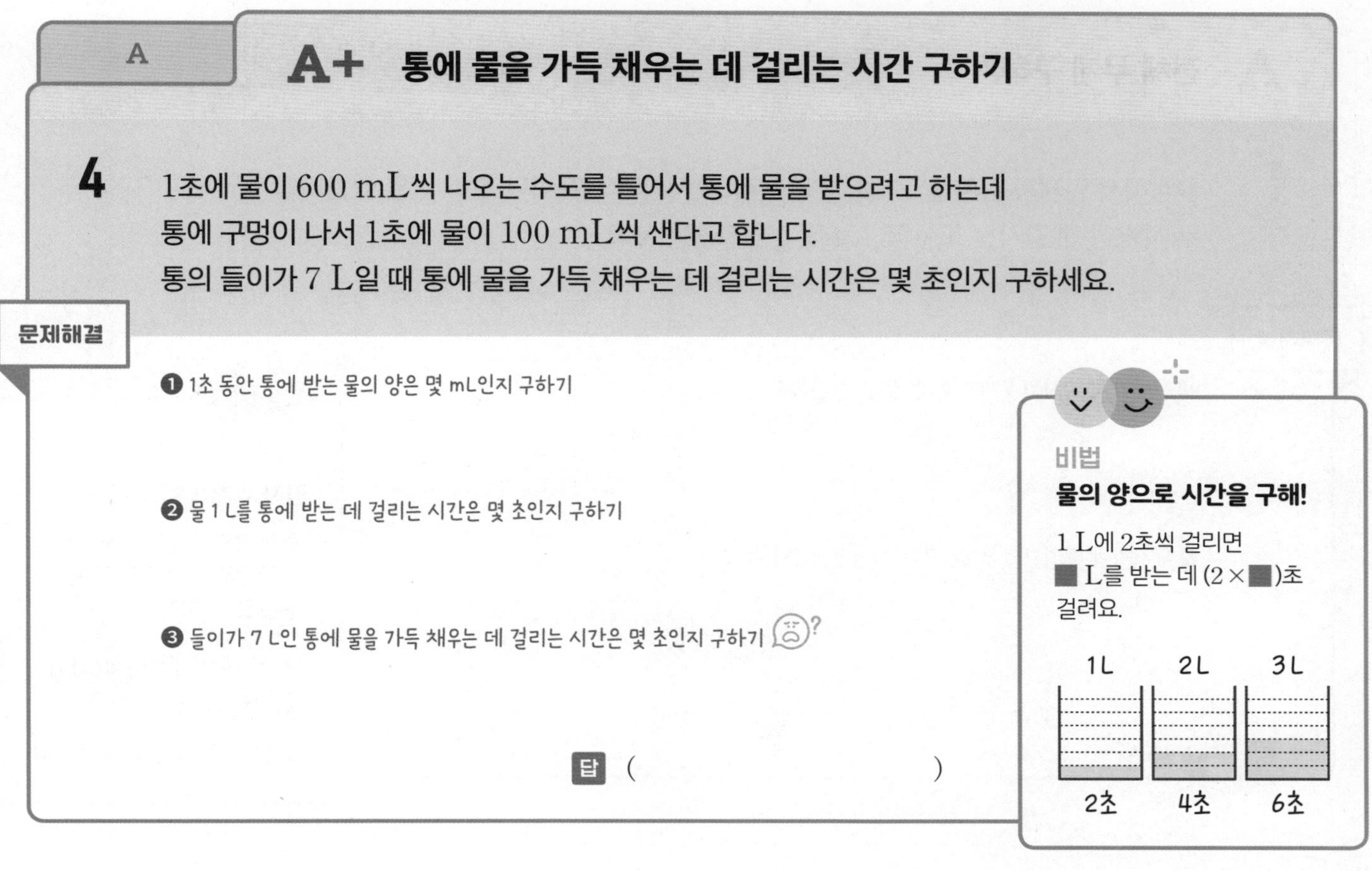

A

A+ 통에 물을 가득 채우는 데 걸리는 시간 구하기

4 1초에 물이 600 mL씩 나오는 수도를 틀어서 통에 물을 받으려고 하는데 통에 구멍이 나서 1초에 물이 100 mL씩 샌다고 합니다. 통의 들이가 7 L일 때 통에 물을 가득 채우는 데 걸리는 시간은 몇 초인지 구하세요.

문제해결

❶ 1초 동안 통에 받는 물의 양은 몇 mL인지 구하기

❷ 물 1 L를 통에 받는 데 걸리는 시간은 몇 초인지 구하기

❸ 들이가 7 L인 통에 물을 가득 채우는 데 걸리는 시간은 몇 초인지 구하기

답 (　　　　　　　　)

비법
물의 양으로 시간을 구해!
1 L에 2초씩 걸리면
■ L를 받는 데 (2×■)초 걸려요.

1 L　2 L　3 L
2초　4초　6초

5 1초에 물이 300 mL씩 나오는 수도를 틀어서 세숫대야에 물을 받으려고 하는데 세숫대야에 구멍이 나서 1초에 물이 50 mL씩 샌다고 합니다. 세숫대야의 들이가 8 L일 때 세숫대야에 물을 가득 채우는 데 걸리는 시간은 몇 초인지 구하세요.

(　　　　　　　　)

6 들이가 90 L인 욕조에 물이 가득 들어 있습니다. 물이 빠져나가는 구멍으로 4분에 물이 8 L씩 빠져나간다고 합니다. 30분 동안 물이 빠져나간 후 구멍을 막고 1분에 물이 12 L씩 나오는 수도를 틀어서 물을 받는다면 다시 욕조에 물을 가득 채우는 데 걸리는 시간은 몇 분인지 구하세요.

(　　　　　　　　)

유형 04

무게의 덧셈과 뺄셈 활용

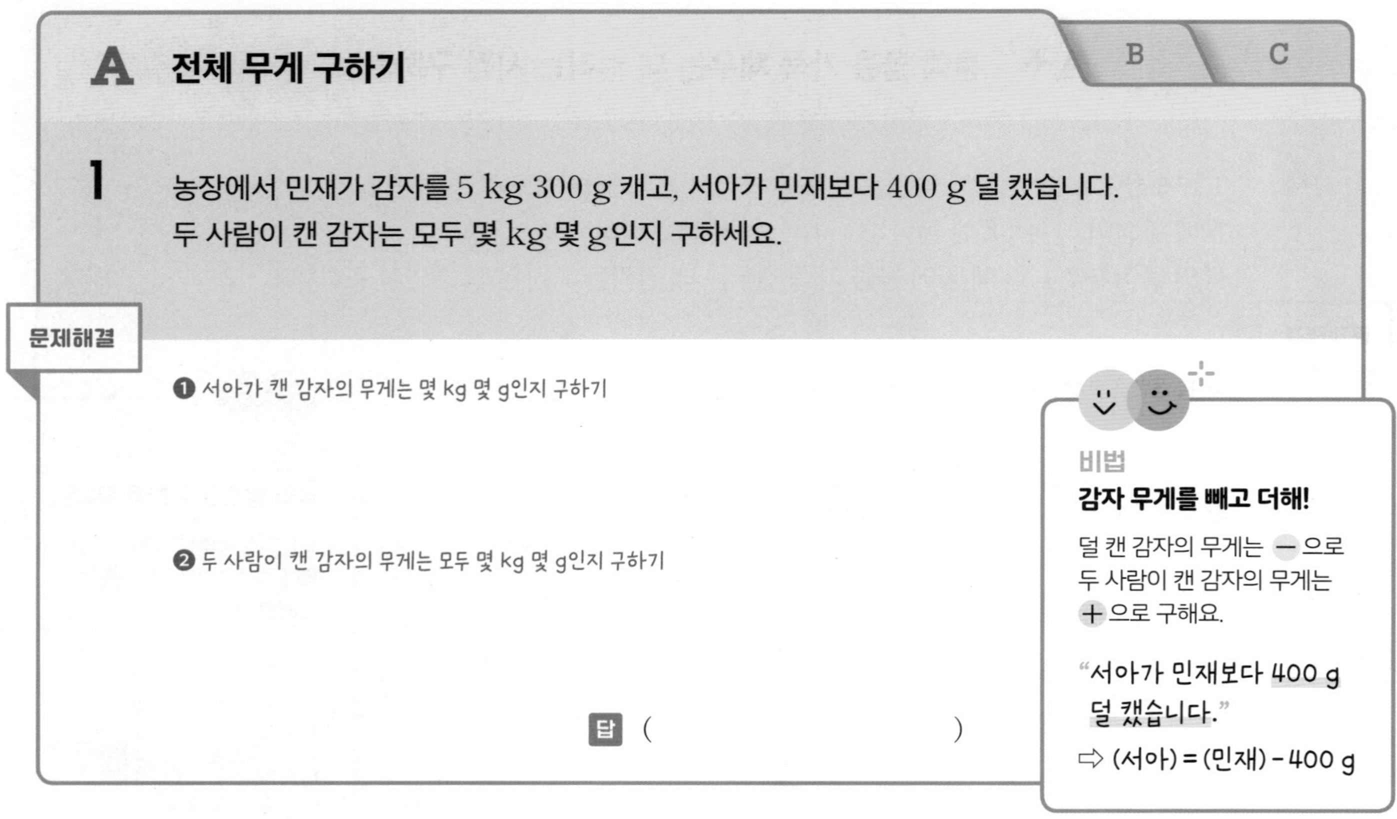

A 전체 무게 구하기

B C

1 농장에서 민재가 감자를 5 kg 300 g 캐고, 서아가 민재보다 400 g 덜 캤습니다. 두 사람이 캔 감자는 모두 몇 kg 몇 g인지 구하세요.

문제해결

❶ 서아가 캔 감자의 무게는 몇 kg 몇 g인지 구하기

❷ 두 사람이 캔 감자의 무게는 모두 몇 kg 몇 g인지 구하기

답 (　　　　　　　　)

비법

감자 무게를 빼고 더해!

덜 캔 감자의 무게는 −으로 두 사람이 캔 감자의 무게는 +으로 구해요.

"서아가 민재보다 400 g 덜 캤습니다."

⇨ (서아) = (민재) − 400 g

2 고양이의 무게는 2 kg 600 g이고, 강아지의 무게는 고양이보다 850 g 더 무겁습니다. 고양이와 강아지의 무게는 모두 몇 kg 몇 g인지 구하세요.

(　　　　　　　　)

3 찬이의 몸무게는 32 kg 500 g입니다. 어머니의 몸무게는 찬이보다 25 kg 700 g 더 무겁고, 동생의 몸무게는 찬이보다 10 kg 900 g 더 가볍습니다. 세 사람의 몸무게는 모두 몇 kg 몇 g인지 구하세요.

(　　　　　　　　)

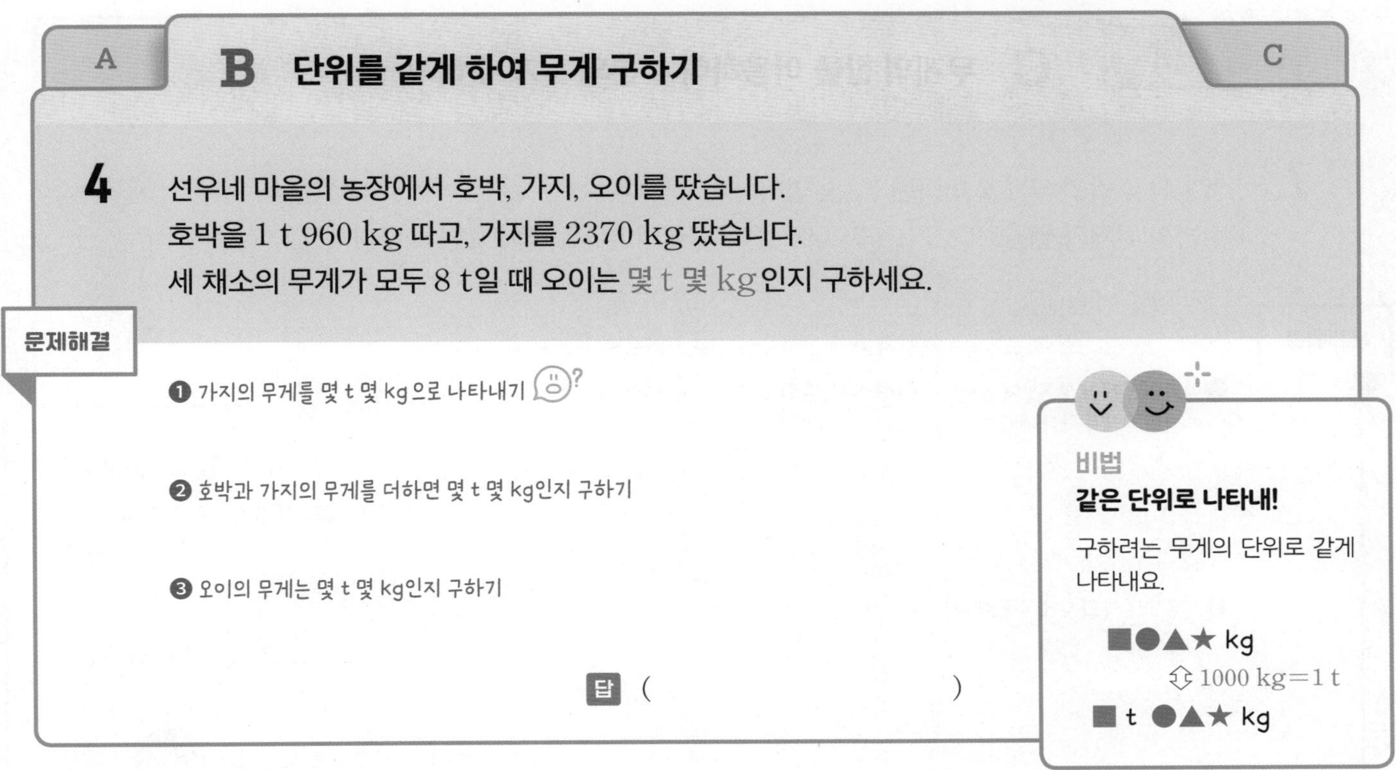

A B C

B 단위를 같게 하여 무게 구하기

4 선우네 마을의 농장에서 호박, 가지, 오이를 땄습니다.
호박을 1 t 960 kg 따고, 가지를 2370 kg 땄습니다.
세 채소의 무게가 모두 8 t일 때 오이는 몇 t 몇 kg인지 구하세요.

문제해결

❶ 가지의 무게를 몇 t 몇 kg으로 나타내기

❷ 호박과 가지의 무게를 더하면 몇 t 몇 kg인지 구하기

❸ 오이의 무게는 몇 t 몇 kg인지 구하기

답 (　　　　　　　　　　)

비법
같은 단위로 나타내!
구하려는 무게의 단위로 같게 나타내요.

■●▲★ kg
⇕ 1000 kg=1 t
■ t ●▲★ kg

5 기린, 대왕고래, 아프리카코끼리의 무게를 알아보았습니다. 기린의 무게는 2000 kg이고, 대왕고래의 무게는 150 t이라고 합니다. 세 동물의 무게가 모두 159 t 500 kg일 때 아프리카코끼리의 무게는 몇 t 몇 kg인지 구하세요.

(　　　　　　　　　　)

6 책가방을 멘 은성이가 인형을 안고 저울에 올라가 무게를 재었더니 37 kg 410 g이었습니다. 책가방의 무게가 1600 g이고, 인형의 무게가 책가방보다 930 g 더 무거울 때 은성이의 몸무게는 몇 kg 몇 g인지 구하세요.

(　　　　　　　　　　)

A B

C 무게의 합을 이용하여 부분의 무게 구하기

7 멜론과 수박의 무게를 더하면 7 kg입니다.
수박의 무게가 멜론보다 3 kg 더 무거울 때 멜론의 무게는 몇 kg인지 구하세요.

문제해결

❶ 수박의 무게가 멜론보다 3 kg 더 무거울 때 멜론의 무게를 □ kg이라 하고 수박의 무게를 나타내기

❷ 멜론과 수박의 무게의 합에서 □ 구하기

❸ 멜론의 무게는 몇 kg인지 구하기

답 (　　　　　　　　)

비법 무게의 관계를 그림으로 이해!

두 무게의 차 3 kg을 먼저 수박이 있는 저울에 놓고 남은 4 kg을 똑같이 나누어 놓아요.

1kg 1kg 1kg 1kg 1kg 1kg 1kg

8 작은 봉지에 담은 소금과 큰 봉지에 담은 소금의 무게를 더하면 16 kg입니다. 큰 봉지에 담은 소금의 무게가 작은 봉지에 담은 소금보다 2 kg 더 무거울 때 작은 봉지에 담은 소금의 무게는 몇 kg인지 구하세요.

(　　　　　　　　)

9 밀가루 13 kg을 빈 두 그릇에 나누어 담았습니다. 큰 그릇에 담은 밀가루의 무게가 작은 그릇에 담은 밀가루보다 5 kg 더 무거울 때 두 그릇에 담은 밀가루의 무게는 각각 몇 kg인지 구하세요.

큰 그릇 (　　　　　　　　), 작은 그릇 (　　　　　　　　)

유형 05 무게 계산하여 문제 해결하기

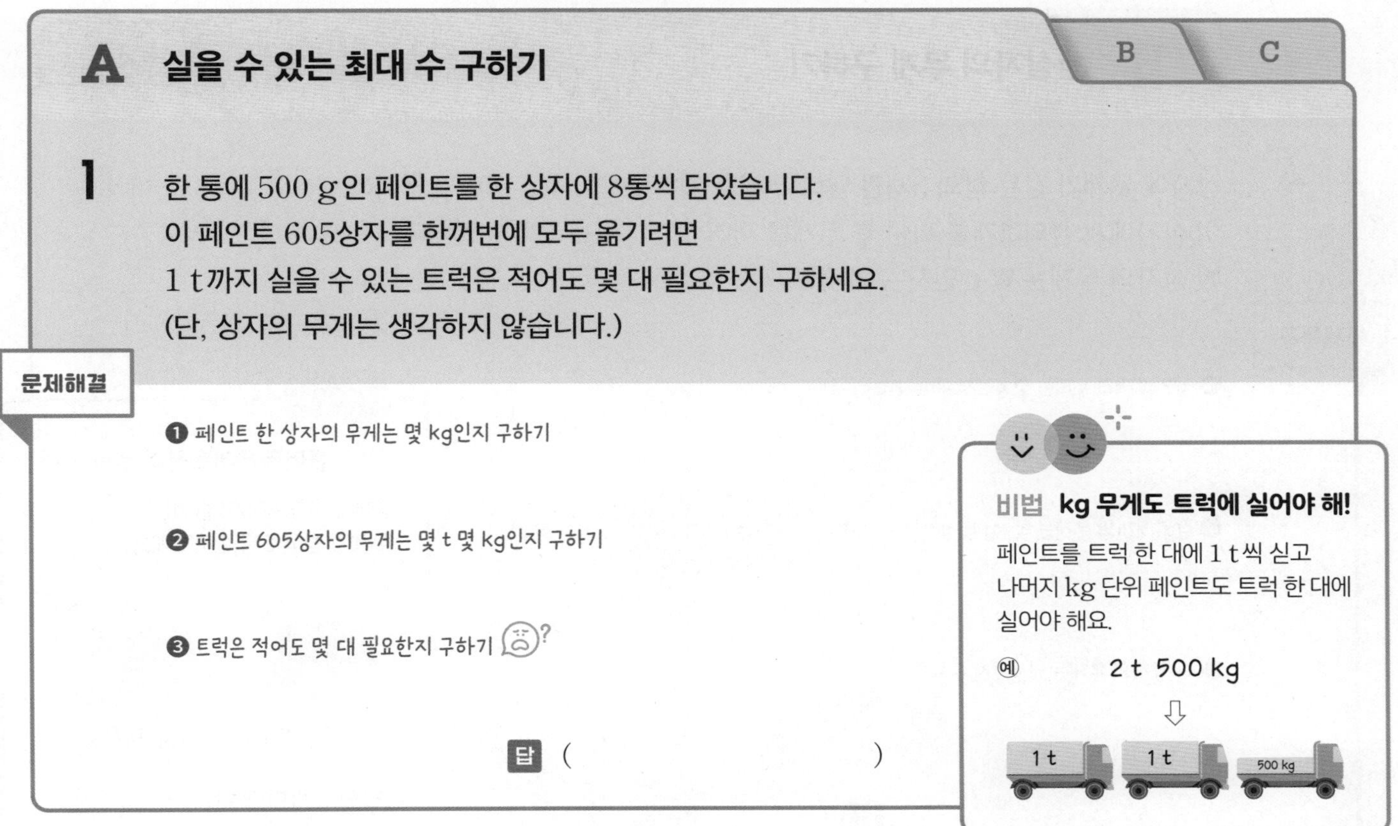

A 실을 수 있는 최대 수 구하기

B C

1 한 통에 500 g인 페인트를 한 상자에 8통씩 담았습니다.
이 페인트 605상자를 한꺼번에 모두 옮기려면
1 t까지 실을 수 있는 트럭은 적어도 몇 대 필요한지 구하세요.
(단, 상자의 무게는 생각하지 않습니다.)

문제해결

❶ 페인트 한 상자의 무게는 몇 kg인지 구하기

❷ 페인트 605상자의 무게는 몇 t 몇 kg인지 구하기

❸ 트럭은 적어도 몇 대 필요한지 구하기

답 (　　　　　　　　)

비법 kg 무게도 트럭에 실어야 해!
페인트를 트럭 한 대에 1 t씩 싣고
나머지 kg 단위 페인트도 트럭 한 대에
실어야 해요.

예 2 t 500 kg

⇩

2 한 병에 400 g인 주스를 5병씩 묶었습니다. 이 주스 780묶음을 한꺼번에 모두 옮기려면 1 t까지 실을 수 있는 트럭은 적어도 몇 대 필요한지 구하세요.

(　　　　　　　　)

3 짐을 실은 무게가 3 t까지인 트럭만 건널 수 있는 다리가 있습니다. 짐을 싣지 않았을 때 무게가 1 t인 트럭이 이 다리를 건너려면 한 상자에 4 kg인 옥수수를 최대 몇 상자까지 실을 수 있는지 구하세요.

(　　　　　　　　)

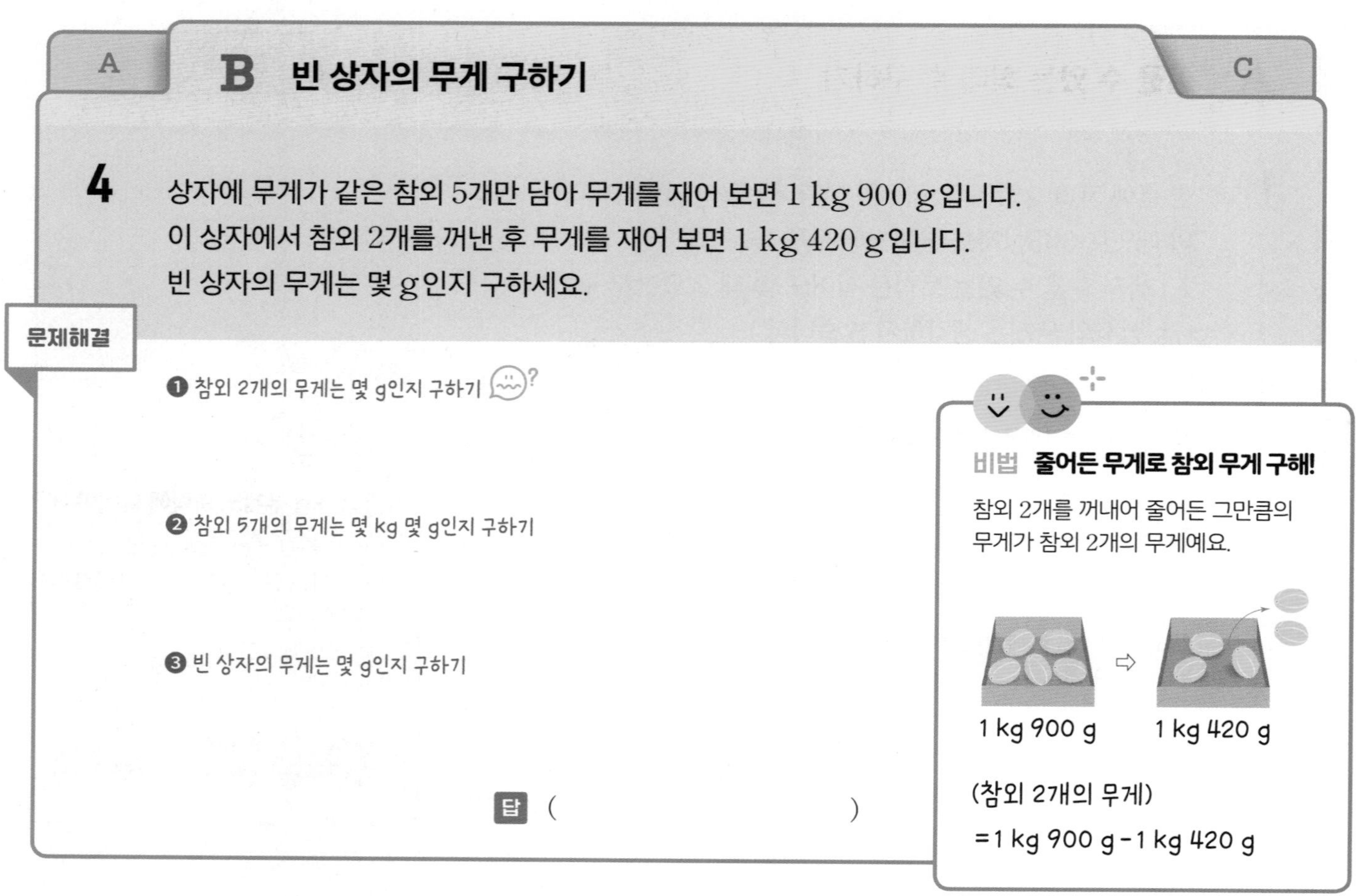

4 상자에 무게가 같은 참외 5개만 담아 무게를 재어 보면 1 kg 900 g입니다.
이 상자에서 참외 2개를 꺼낸 후 무게를 재어 보면 1 kg 420 g입니다.
빈 상자의 무게는 몇 g인지 구하세요.

문제해결

❶ 참외 2개의 무게는 몇 g인지 구하기

❷ 참외 5개의 무게는 몇 kg 몇 g인지 구하기

❸ 빈 상자의 무게는 몇 g인지 구하기

답 (　　　　　　　　)

비법 **줄어든 무게로 참외 무게 구해!**

참외 2개를 꺼내어 줄어든 그만큼의 무게가 참외 2개의 무게예요.

1 kg 900 g ⇨ 1 kg 420 g

(참외 2개의 무게)
=1 kg 900 g−1 kg 420 g

5 바구니에 무게가 같은 축구공 5개만 담아 무게를 재어 보면 2 kg 800 g입니다. 이 바구니에 축구공 2개를 더 담은 후 무게를 재어 보면 3 kg 580 g입니다. 빈 바구니의 무게는 몇 g인지 구하세요.

(　　　　　　　　)

6 쌀이 가득 들어 있는 통의 무게를 재어 보면 12 kg입니다. 이 통에 들어 있는 쌀의 절반을 덜어 낸 후 무게를 재어 보면 7 kg 200 g입니다. 빈 통의 무게는 몇 kg 몇 g인지 구하세요.

(　　　　　　　　)

A B

C 무게가 같은 물건을 이용하여 무게 구하기

7 배 3개와 사과 4개의 무게가 같고, 사과 2개와 귤 5개의 무게가 같습니다. 배 1개의 무게가 420 g이라면 귤 10개의 무게는 몇 kg 몇 g인지 구하세요. (단, 같은 과일끼리는 무게가 같습니다.)

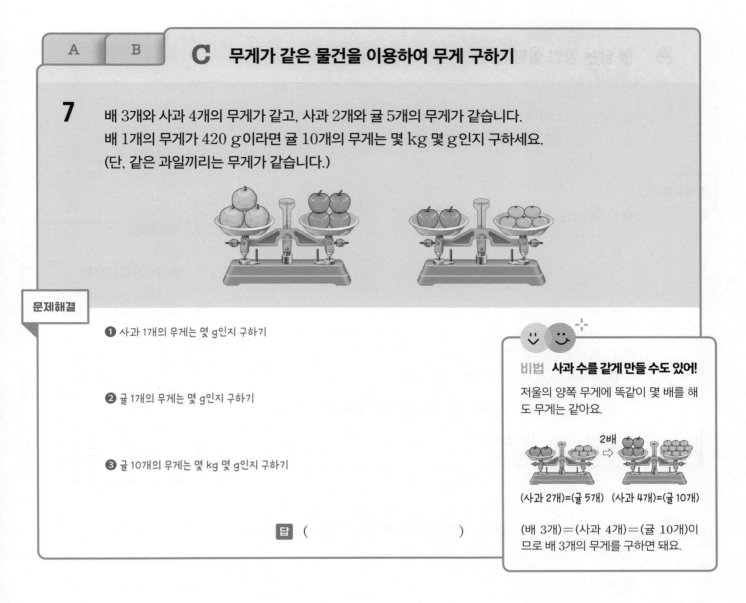

문제해결

❶ 사과 1개의 무게는 몇 g인지 구하기

❷ 귤 1개의 무게는 몇 g인지 구하기

❸ 귤 10개의 무게는 몇 kg 몇 g인지 구하기

답 (　　　　　　　　)

비법 사과 수를 같게 만들 수도 있어!

저울의 양쪽 무게에 똑같이 몇 배를 해도 무게는 같아요.

2배 ⇨

(사과 2개)=(귤 5개)　(사과 4개)=(귤 10개)

(배 3개)=(사과 4개)=(귤 10개)이므로 배 3개의 무게를 구하면 돼요.

8 당근 7개와 감자 6개의 무게가 같고, 감자 3개와 고구마 2개의 무게가 같습니다. 당근 1개의 무게가 150 g이라면 고구마 4개의 무게는 몇 kg 몇 g인지 구하세요. (단, 같은 채소끼리는 무게가 같습니다.)

(　　　　　　　　)

9 필통 3개와 공 2개의 무게가 같고, 공 3개와 가방 1개의 무게가 같습니다. 가방 1개의 무게가 405 g이라면 필통 1개의 무게는 몇 g인지 구하세요. (단, 같은 물건끼리는 무게가 같습니다.)

(　　　　　　　　)

유형 06 들이와 무게 추론

A 물 담는 방법 설명하기

B

1 들이가 400 mL인 그릇과 들이가 500 mL인 그릇을 이용하여 물 100 mL를 담는 방법을 설명하세요.

문제해결

❶ 400과 500을 이용하여 100 만들기

☐ - ☐ = 100

❷ 물 100 mL를 담는 방법 설명하기

방법 들이가 500 mL인 그릇에 물을 가득 채운 뒤 들이가 ☐ mL인 그릇을 가득 채울 수 있도록 덜어 내면 들이가 500 mL인 그릇에 물이 ☐ mL 남습니다.

비법
들이의 차를 이용해!
두 그릇의 들이 차이가 담으려는 물의 양이에요.

500 mL
100 mL 400 mL

2 들이가 700 mL인 그릇과 들이가 300 mL인 그릇을 이용하여 물 400 mL를 담는 방법을 설명하세요.

방법 ____________________

3 들이가 450 mL인 그릇과 들이가 600 mL인 그릇을 이용하여 물 300 mL를 담는 방법을 설명하세요.

방법 ____________________

A

B 무게를 잴 수 없는 물건 찾기

4 무게가 100 g, 500 g인 추가 각각 1개씩 있습니다.
이 추와 윗접시저울을 사용하여 각 물건 한 권의 무게를 잴 때
무게를 잴 수 없는 물건의 이름을 쓰세요.

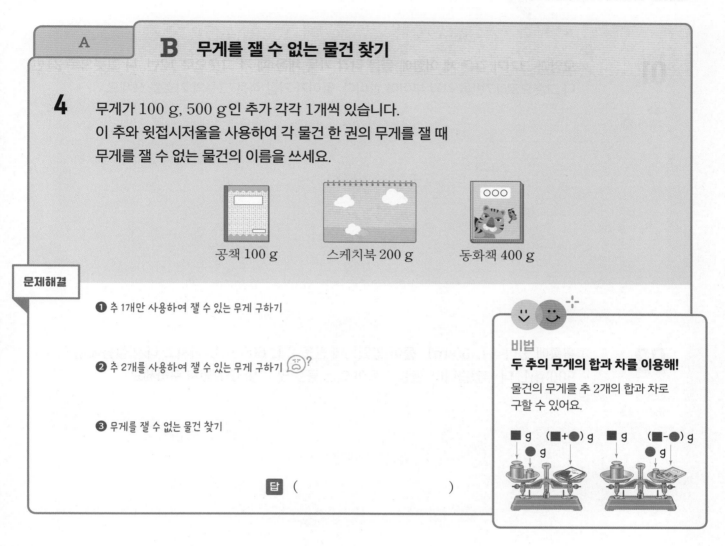

공책 100 g　　스케치북 200 g　　동화책 400 g

문제해결

❶ 추 1개만 사용하여 잴 수 있는 무게 구하기

❷ 추 2개를 사용하여 잴 수 있는 무게 구하기

❸ 무게를 잴 수 없는 물건 찾기

답 (　　　　　　　　)

비법
두 추의 무게의 합과 차를 이용해!
물건의 무게를 추 2개의 합과 차로
구할 수 있어요.

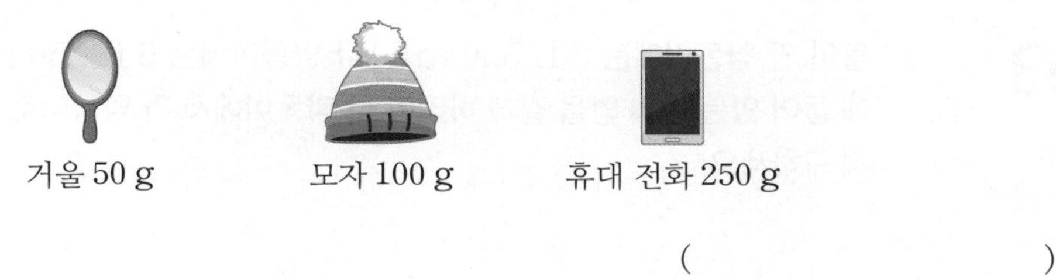

5 무게가 50 g, 200 g인 추가 각각 1개씩 있습니다. 이 추와 윗접시저울을 사용하여 각 물건 하나의 무게를 잴 때 무게를 잴 수 없는 물건의 이름을 쓰세요.

거울 50 g　　모자 100 g　　휴대 전화 250 g

(　　　　　　　　)

6 무게가 100 g, 200 g, 500 g인 추가 각각 1개씩 있습니다. 이 추와 윗접시저울을 사용하여 물건의 무게를 잴 때 잴 수 있는 무게는 모두 몇 가지인지 구하세요.

(　　　　　　　　)

단원 5 유형 마스터

01

유형 01 A

모양과 크기가 같은 세 어항에 물을 각각 가득 채울 때 **가** 그릇으로 12번, **나** 그릇으로 21번, **다** 그릇으로 17번을 각각 부어야 합니다. 들이가 가장 적은 그릇의 기호를 쓰세요.

(   )

02

유형 02 B

물통에 물이 4 L 50 mL 들어 있었는데 물을 2 L 600 mL 마시고 다시 물통에 물을 1 L 900 mL 더 부었습니다. 물통에 들어 있는 물은 몇 L 몇 mL인지 구하세요.

(   )

03

유형 02 D

물이 **가** 양동이에는 3 L 550 mL, **나** 양동이에는 5 L 250 mL 들어 있습니다. 두 양동이에 들어 있는 물의 양을 같게 하려면 **나** 양동이에서 **가** 양동이로 물을 몇 mL만큼 옮겨야 하는지 구하세요.

(   )

04 다음은 윤서네 모둠이 딴 딸기의 무게입니다. 딴 딸기의 무게가 무거운 사람부터 순서대로 이름을 쓰세요.

이름	윤서	건우	다연	현준
딸기 무게	2 kg 350 g	2080 g	1 kg 900 g	2720 g

( )

05 무의 무게는 1 kg 400 g입니다. 배추의 무게는 무보다 1 kg 250 g 더 무겁고, 양파의 무게는 무보다 1 kg 150 g 더 가볍습니다. 세 채소의 무게는 모두 몇 kg 몇 g인지 구하세요.

유형 04 A

( )

06 **가**, **나**, **다** 공장에서 얼음을 만들었습니다. **가** 공장에서는 6235 kg을 만들었고, **나** 공장에서는 7 t 185 kg을 만들었습니다. 세 공장에서 만든 얼음의 무게가 모두 19 t 400 kg일 때 **다** 공장에서 만든 얼음의 무게는 몇 t 몇 kg인지 구하세요.

유형 04 B

( )

07

유형 04 C

큰 통에 담은 설탕과 작은 통에 담은 설탕의 무게를 더하면 13 kg입니다. 작은 통에 담은 설탕의 무게가 큰 통에 담은 설탕보다 7 kg 더 가벼울 때 큰 통에 담은 설탕의 무게는 몇 kg인지 구하세요.

(　　　　　　　　)

08

유형 03 A+

1초에 물이 270 mL씩 나오는 **가** 수도와 1초에 물이 260 mL씩 나오는 **나** 수도를 동시에 틀어서 물통에 물을 받으려고 하는데 물통에 구멍이 나서 1초에 물이 30 mL씩 샌다고 합니다. 물통의 들이가 4 L일 때 물통에 물을 가득 채우는 데 걸리는 시간은 몇 초인지 구하세요.

(　　　　　　　　)

09

유형 05 B

가방에 무게가 같은 책 9권만 담아 무게를 재어 보면 4 kg 600 g입니다. 이 가방에서 책 2권을 꺼낸 후 무게를 재어 보면 3 kg 700 g입니다. 빈 가방의 무게는 몇 g인지 구하세요.

(　　　　　　　　)

10

유형 05 C

비누 1개와 칫솔 5개의 무게가 같고, 칫솔 3개와 치약 1개의 무게가 같습니다. 비누 1개의 무게가 250 g이라면 치약 1개의 무게는 몇 g인지 구하세요. (단, 같은 물건끼리는 무게가 같습니다.)

(   )

11

유형 01 B

들이가 450 mL인 큰 컵과 들이가 300 mL인 작은 컵이 있습니다. 큰 컵에 물을 가득 담아 4번 부으면 냄비를 가득 채울 수 있습니다. 이 냄비에 물을 가득 채우려면 작은 컵으로 물을 적어도 몇 번 부어야 하는지 구하세요.

(   )

12

유형 05 A

1 t까지 실을 수 있는 승강기가 있습니다. 1층에서 한 명의 몸무게가 65 kg인 사람 2명과 한 개의 무게가 25 kg인 상자 26개를 싣고 2층에서 상자 9개만 내렸습니다. 이 승강기에 2층부터 더 실을 수 있는 무게는 몇 kg까지인지 구하세요.

(   )

6

그림그래프

학습계열표

2-1 5. 분류하기
- 기준에 따라 분류하기
- 분류하여 세어 보기

2-2 5. 표와 그래프
- 표로 나타내기
- 그래프로 나타내기

3-2 6. 그림그래프
- 그림그래프 해석하기
- 그림그래프로 나타내기

4-1 5. 막대그래프
- 막대그래프 해석하기
- 막대그래프로 나타내기

학습기록표

유형 01	학습일 / 학습평가
그림그래프 해석하기	
A	합 또는 차
B	필요한 양

유형 02	학습일 / 학습평가
모르는 자료의 값	
A	비교
B	위치
C	항목
C+	전체와 항목

유형 03	학습일 / 학습평가
그림그래프 완성하기	
A	표와 그림그래프
B	단위 다른 그림그래프

유형 04	학습일 / 학습평가
그림그래프의 그림 단위	
A	자료의 값
B	두 그림 단위

유형 마스터	학습일 / 학습평가
그림그래프	

유형 01 그림그래프 해석하기

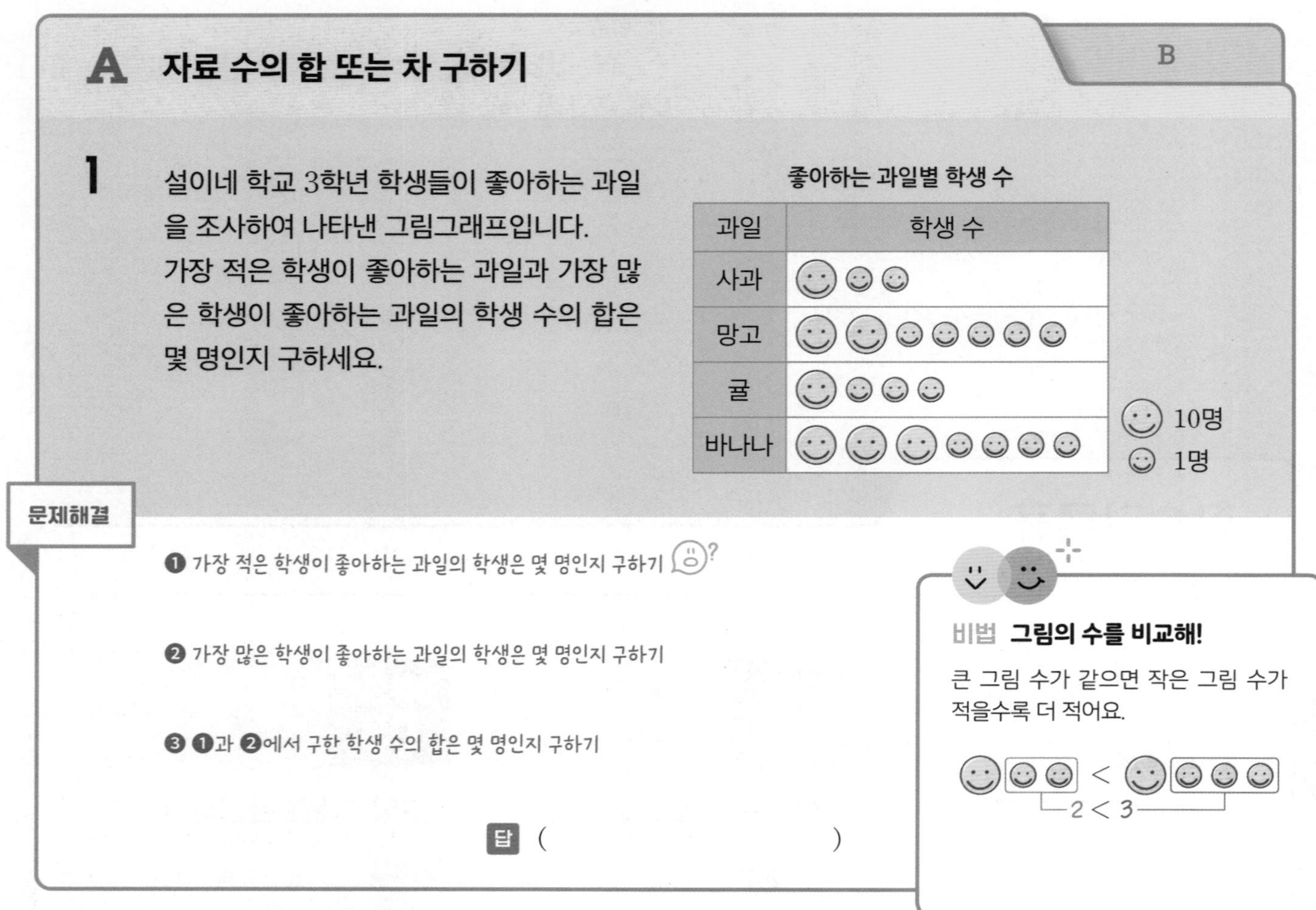

A 자료 수의 합 또는 차 구하기

B

1 설이네 학교 3학년 학생들이 좋아하는 과일을 조사하여 나타낸 그림그래프입니다. 가장 적은 학생이 좋아하는 과일과 가장 많은 학생이 좋아하는 과일의 학생 수의 합은 몇 명인지 구하세요.

좋아하는 과일별 학생 수

과일	학생 수
사과	
망고	
귤	
바나나	

10명 / 1명

문제해결

❶ 가장 적은 학생이 좋아하는 과일의 학생은 몇 명인지 구하기

❷ 가장 많은 학생이 좋아하는 과일의 학생은 몇 명인지 구하기

❸ ❶과 ❷에서 구한 학생 수의 합은 몇 명인지 구하기

답 (　　　　　　)

비법 **그림의 수를 비교해!**

큰 그림 수가 같으면 작은 그림 수가 적을수록 더 적어요.

2 < 3

2 지난달 이수네 모둠 학생들이 읽은 책의 수를 조사하여 나타낸 그림그래프입니다. 가장 많은 책을 읽은 학생과 가장 적은 책을 읽은 학생의 읽은 책의 수의 차는 몇 권인지 구하세요.

학생별 읽은 책의 수

이름	책의 수
이수	
민하	
다정	
준우	

10권 / 1권

(　　　　　　)

3 농장별 키우는 소의 수를 조사하여 나타낸 그림그래프입니다. 가장 많은 소를 키우는 농장과 두 번째로 적은 소를 키우는 농장의 소의 수의 합은 몇 마리인지 구하세요.

농장별 키우는 소의 수

농장	소의 수
사랑	
하늘	
우리	
행복	

10마리 / 1마리

(　　　　　　)

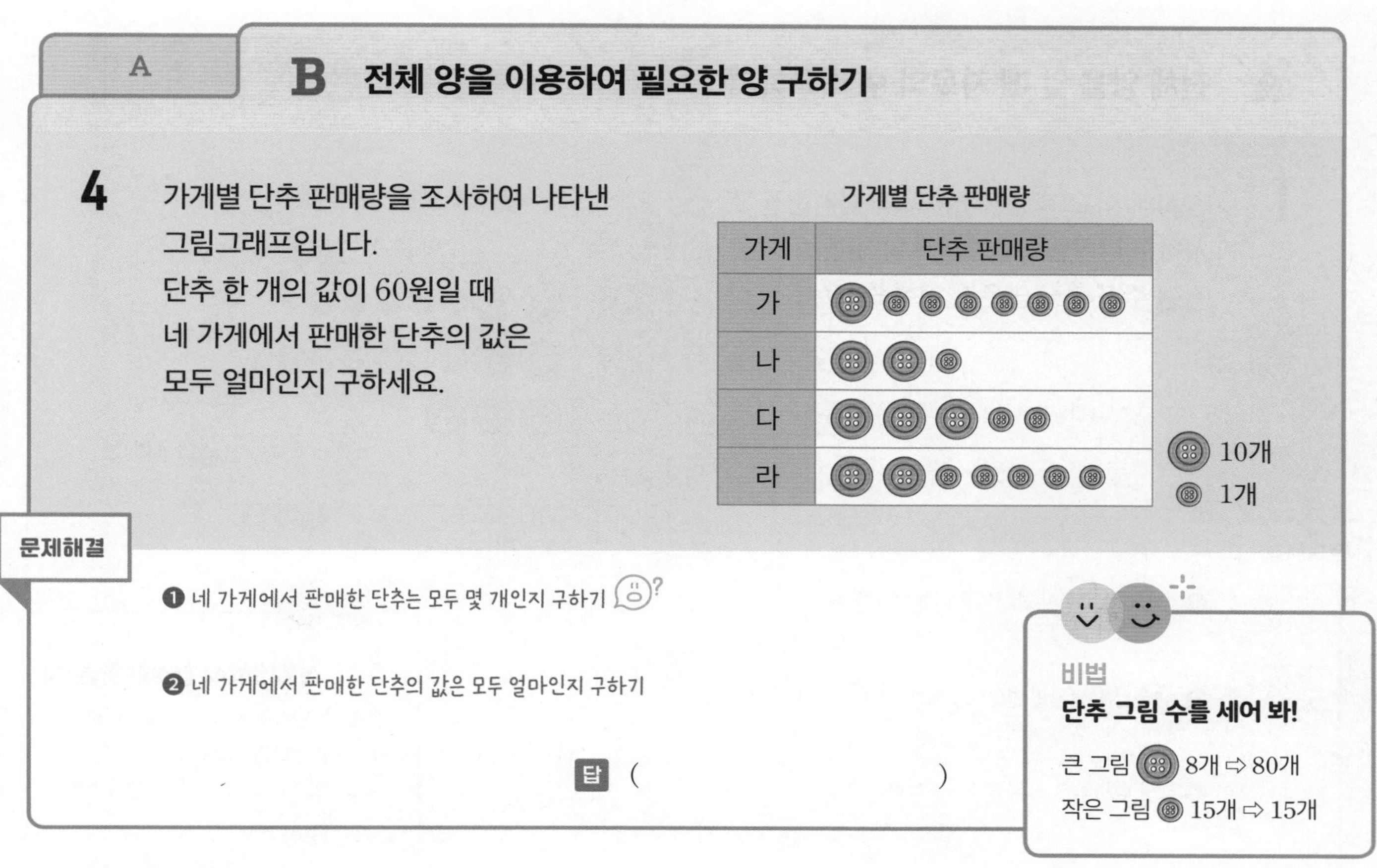

A

B 전체 양을 이용하여 필요한 양 구하기

4 가게별 단추 판매량을 조사하여 나타낸 그림그래프입니다.
단추 한 개의 값이 60원일 때 네 가게에서 판매한 단추의 값은 모두 얼마인지 구하세요.

가게별 단추 판매량

가게	단추 판매량
가	(10개)×1, (1개)×7
나	(10개)×2, (1개)×1
다	(10개)×3, (1개)×2
라	(10개)×2, (1개)×5

(큰 단추) 10개 (작은 단추) 1개

문제해결

❶ 네 가게에서 판매한 단추는 모두 몇 개인지 구하기

❷ 네 가게에서 판매한 단추의 값은 모두 얼마인지 구하기

답 (   )

비법
단추 그림 수를 세어 봐!
큰 그림 8개 ⇨ 80개
작은 그림 15개 ⇨ 15개

5 윤이네 학교 3학년의 반별 학생 수를 조사하여 나타낸 그림그래프입니다. 연필을 한 사람에 3자루씩 네 반에 모두 나누어 주려면 연필은 몇 자루 필요한지 구하세요.

반별 학생 수

반	학생 수
1반	(10명)×2, (1명)×1
2반	(10명)×1, (1명)×8
3반	(10명)×2, (1명)×4
4반	(10명)×2, (1명)×3

(큰 그림) 10명 (작은 그림) 1명

(   )

6 꽃 가게의 색깔별 장미 수를 조사하여 나타낸 그림그래프입니다. 장미를 모두 모아 색깔에 상관없이 바구니 한 개에 8송이씩 모두 담으려고 합니다. 바구니는 몇 개 필요한지 구하세요.

색깔별 장미 수

색깔	장미 수
빨간색	(10송이)×5, (1송이)×1
노란색	(10송이)×3, (1송이)×5
주황색	(10송이)×2, (1송이)×6
분홍색	(10송이)×4

(큰 그림) 10송이 (작은 그림) 1송이

(   )

유형 02 모르는 자료의 값

A 전체 양을 알 때 자료의 수 비교하기

B C C+

1 준희네 학교 학생 1000명의 혈액형을 조사하여 나타낸 그림그래프입니다. 학생 수가 가장 많은 혈액형을 쓰세요.

혈액형별 학생 수

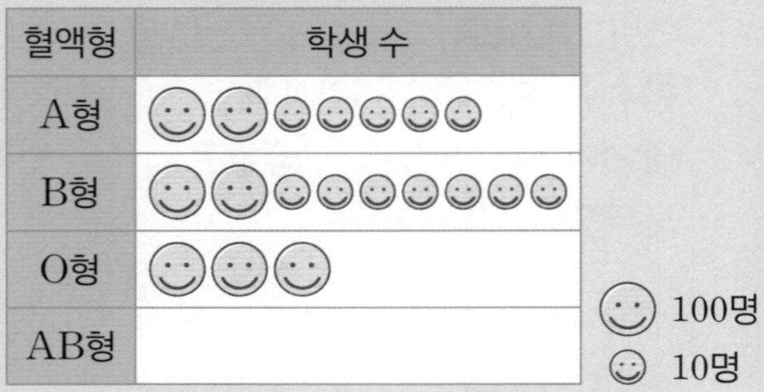

혈액형	학생 수
A형	
B형	
O형	
AB형	

100명 10명

문제해결

❶ A형, B형, O형인 학생은 모두 몇 명인지 구하기

❷ AB형인 학생은 몇 명인지 구하기 ?

❸ 학생 수가 가장 많은 혈액형 구하기

답 (   )

비법 **전체에서 세 혈액형 합을 빼!**

그림그래프에서 비어 있는 혈액형인 AB형의 학생 수를 먼저 구해야 네 혈액형의 학생 수를 비교할 수 있어요.

(AB형)
=1000−(A형+B형+O형)

2 소이네 가족이 한 달 동안 마신 물의 양을 조사하여 나타낸 그림그래프입니다. 소이네 가족이 마신 물의 양이 모두 115 L일 때 물을 가장 적게 마신 사람을 쓰세요.

(   )

한 달 동안 마신 물의 양

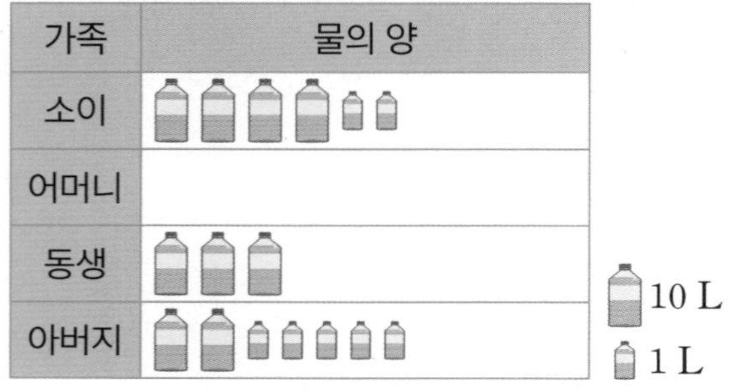

가족	물의 양
소이	
어머니	
동생	
아버지	

10 L
1 L

3 과수원별 배 수확량을 조사하여 나타낸 그림그래프입니다. 네 과수원의 배 수확량이 모두 790 kg일 때 배 수확량이 많은 과수원부터 순서대로 이름을 쓰세요.

(   )

과수원별 배 수확량

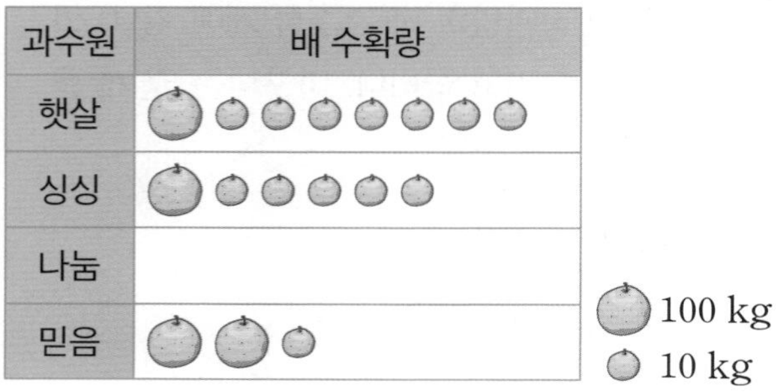

과수원	배 수확량
햇살	
싱싱	
나눔	
믿음	

100 kg
10 kg

A

B 위치별 자료 구분하기

C C+

4 마을별 가구 수를 조사하여 나타낸 그림그래프입니다.
강의 북쪽에 있는 마을의 가구 수와 도로의 동쪽에 있는 마을의 가구 수가 같을 때 **마** 마을에 있는 가구는 몇 가구인지 구하세요.

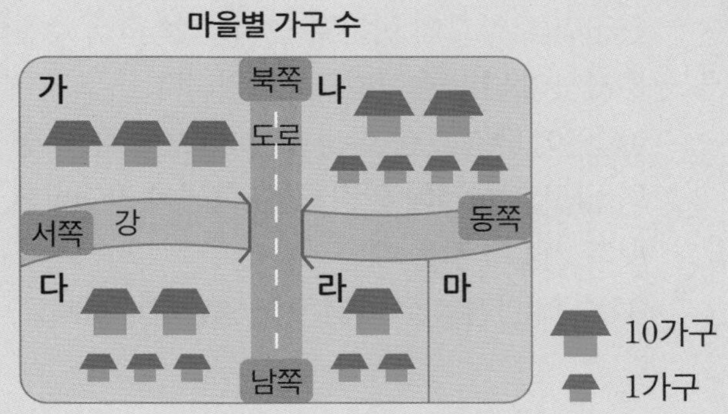

마을별 가구 수

가 북쪽 나 도로 서쪽 강 동쪽 다 라 마 남쪽

10가구
1가구

문제해결

❶ 가 마을과 라 마을에 있는 가구는 각각 몇 가구인지 구하기

❷ 마 마을에 있는 가구는 몇 가구인지 구하기

답 (　　　　　　　　)

비법
공통으로 있는 마을을 찾아!
(강의 북쪽)=(도로의 동쪽)
인데 **나** 마을이 두 쪽에 공통으로 있으므로
가=**라**+**마** ⇨ 30=12+**마**

5 마을별 음식물 쓰레기 양을 조사하여 나타낸 그림그래프입니다. 도로의 서쪽에 있는 마을의 음식물 쓰레기 양과 강의 남쪽에 있는 마을의 음식물 쓰레기 양이 같을 때 **가** 마을의 음식물 쓰레기 양은 몇 kg인지 구하세요.

(　　　　　　　　)

마을별 음식물 쓰레기 양

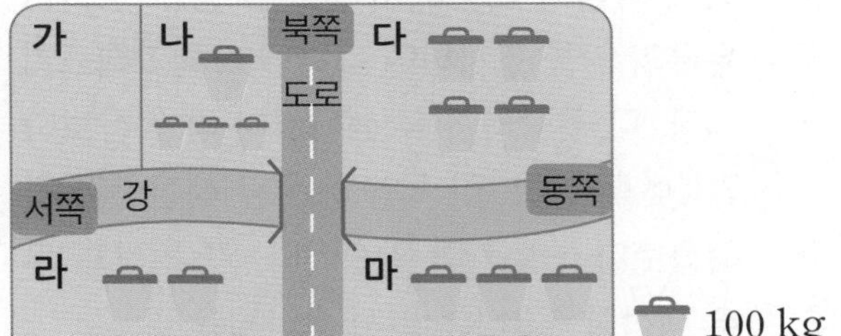

6 지역별 학교 수를 조사하여 나타낸 그림그래프입니다. 도로의 북쪽에 있는 지역의 학교 수와 철로의 서쪽에 있는 지역의 학교 수가 같고, **다** 지역의 학교 수가 **마** 지역의 학교 수의 절반일 때 **라** 지역에 있는 학교는 몇 개인지 구하세요.

(　　　　　　　　)

지역별 학교 수

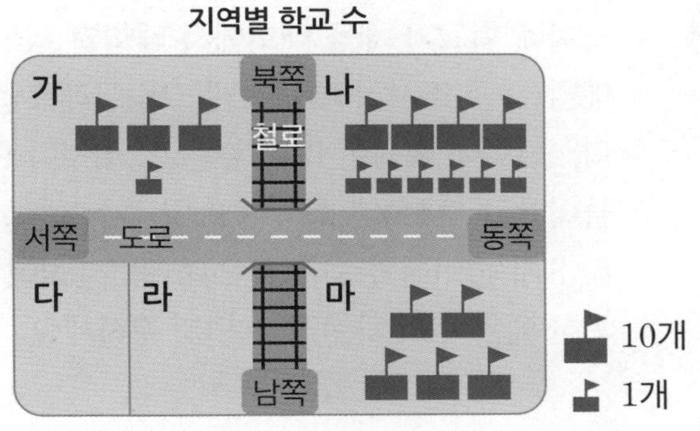

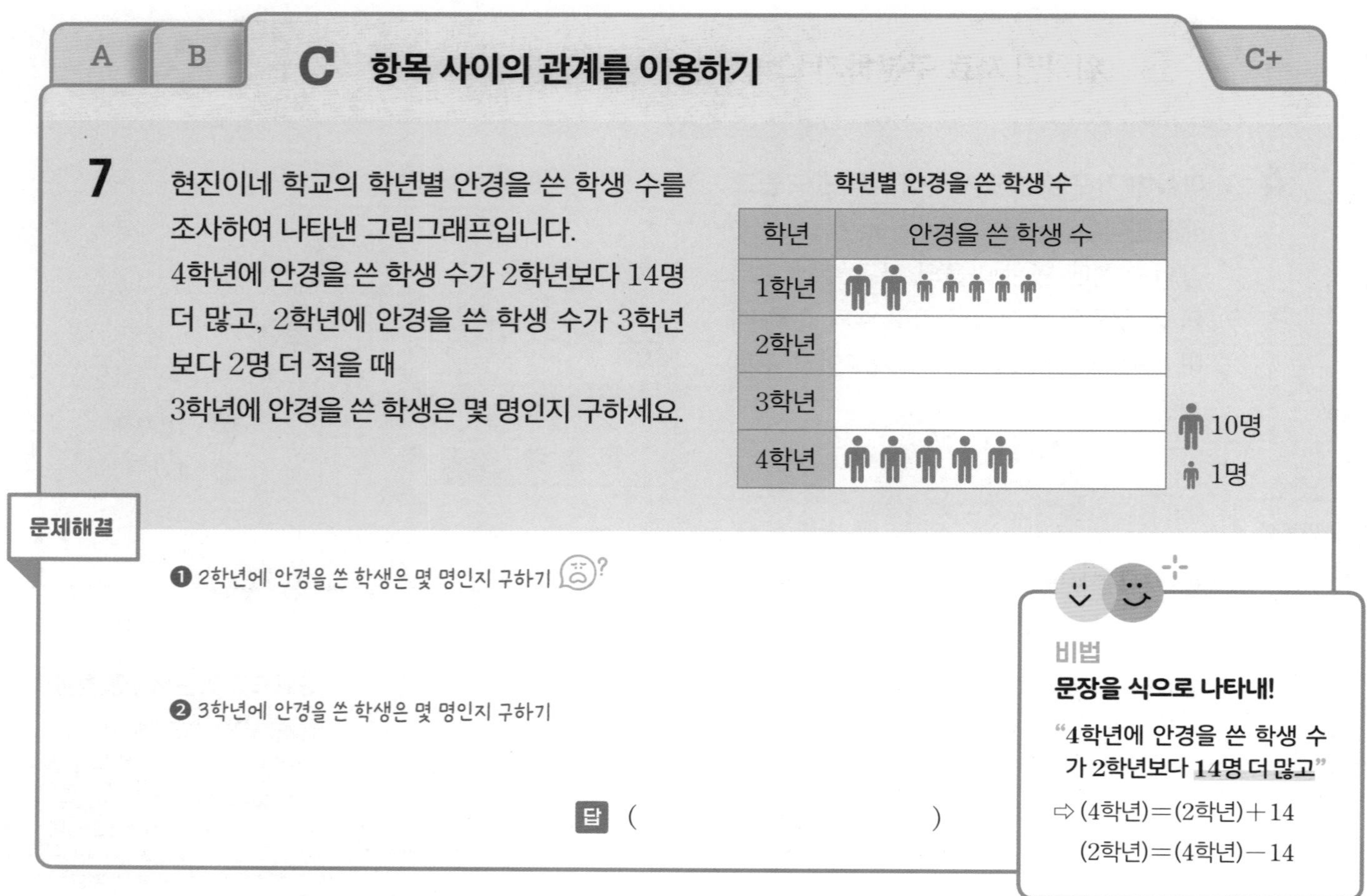

A B **C 항목 사이의 관계를 이용하기** C+

7 현진이네 학교의 학년별 안경을 쓴 학생 수를 조사하여 나타낸 그림그래프입니다.
4학년에 안경을 쓴 학생 수가 2학년보다 14명 더 많고, 2학년에 안경을 쓴 학생 수가 3학년보다 2명 더 적을 때
3학년에 안경을 쓴 학생은 몇 명인지 구하세요.

학년별 안경을 쓴 학생 수

학년	안경을 쓴 학생 수
1학년	
2학년	
3학년	
4학년	

10명
1명

문제해결

❶ 2학년에 안경을 쓴 학생은 몇 명인지 구하기

❷ 3학년에 안경을 쓴 학생은 몇 명인지 구하기

답 (　　　　　　　　)

비법
문장을 식으로 나타내!
"4학년에 안경을 쓴 학생 수가 2학년보다 14명 더 많고"
⇨ (4학년)=(2학년)+14
(2학년)=(4학년)−14

8 어느 마을의 목장에서 일주일 동안 생산한 우유의 양을 조사하여 나타낸 그림그래프입니다. **다** 목장의 우유 생산량이 **라** 목장보다 7 kg 더 적고, **라** 목장의 우유 생산량이 **가** 목장보다 4 kg 더 많습니다. **가** 목장의 우유 생산량은 몇 kg인지 구하세요.

(　　　　　　　　)

목장별 우유 생산량

목장	우유 생산량
가	
나	
다	
라	

10 kg
1 kg

9 도하네 학교가 체육 대회에서 대회별 획득한 메달 수를 조사하여 나타낸 그림그래프입니다. 23회에 획득한 메달 수는 22회보다 9개 늘어났고, 24회에 획득한 메달 수는 23회보다 8개 줄어들었습니다. 24회와 21회에 획득한 메달 수의 차는 몇 개인지 구하세요.

(　　　　　　　　)

역대 대회별 메달 수

대회	메달 수
21회	
22회	
23회	
24회	

10개
1개

A B C

C+ 전체와 항목 사이의 관계를 이용하기

10 해수네 농장의 채소별 수확량을 조사하여 나타낸 그림그래프입니다.
네 채소의 수확량은 모두 121상자이고, 감자가 양파보다 3상자 더 많습니다.
그림그래프를 완성하세요.

채소별 수확량

채소	수확량
오이	◎◎◎◎
호박	◎◎◎○○○○
감자	
양파	

◎ 10상자
○ 1상자

문제해결

❶ 감자와 양파는 각각 몇 상자인지 구하기

❷ 위 그림그래프의 빈 곳에 감자와 양파의 상자 수를 각각 그림으로 나타내기

비법
두 식을 이용하여 구해!
(감자)+(양파)=47
(감자)−(양파)=3
⇨ (감자)+(감자)=47+3

11 우리네 학교 3학년 학생 104명이 좋아하는 간식을 조사하여 나타낸 그림그래프입니다. 만두를 좋아하는 학생 수는 주먹밥을 좋아하는 학생 수보다 6명 더 적습니다. 그림그래프를 완성하세요.

좋아하는 간식별 학생 수

간식	학생 수
만두	
떡볶이	◎◎◎○○○
핫도그	◎○○○○○○○○
주먹밥	

◎ 10명
○ 1명

12 마트별 장난감 수를 조사하여 나타낸 그림그래프입니다. 네 마트의 장난감은 모두 1180개이고, **가** 마트의 장난감 수는 **다** 마트의 장난감 수의 2배입니다. 그림그래프를 완성하세요.

마트별 장난감 수

마트	장난감 수
가	
나	◎◎
다	
라	◎◎◎○○○○○

◎ 100개
○ 10개

유형 03 그림그래프 완성하기

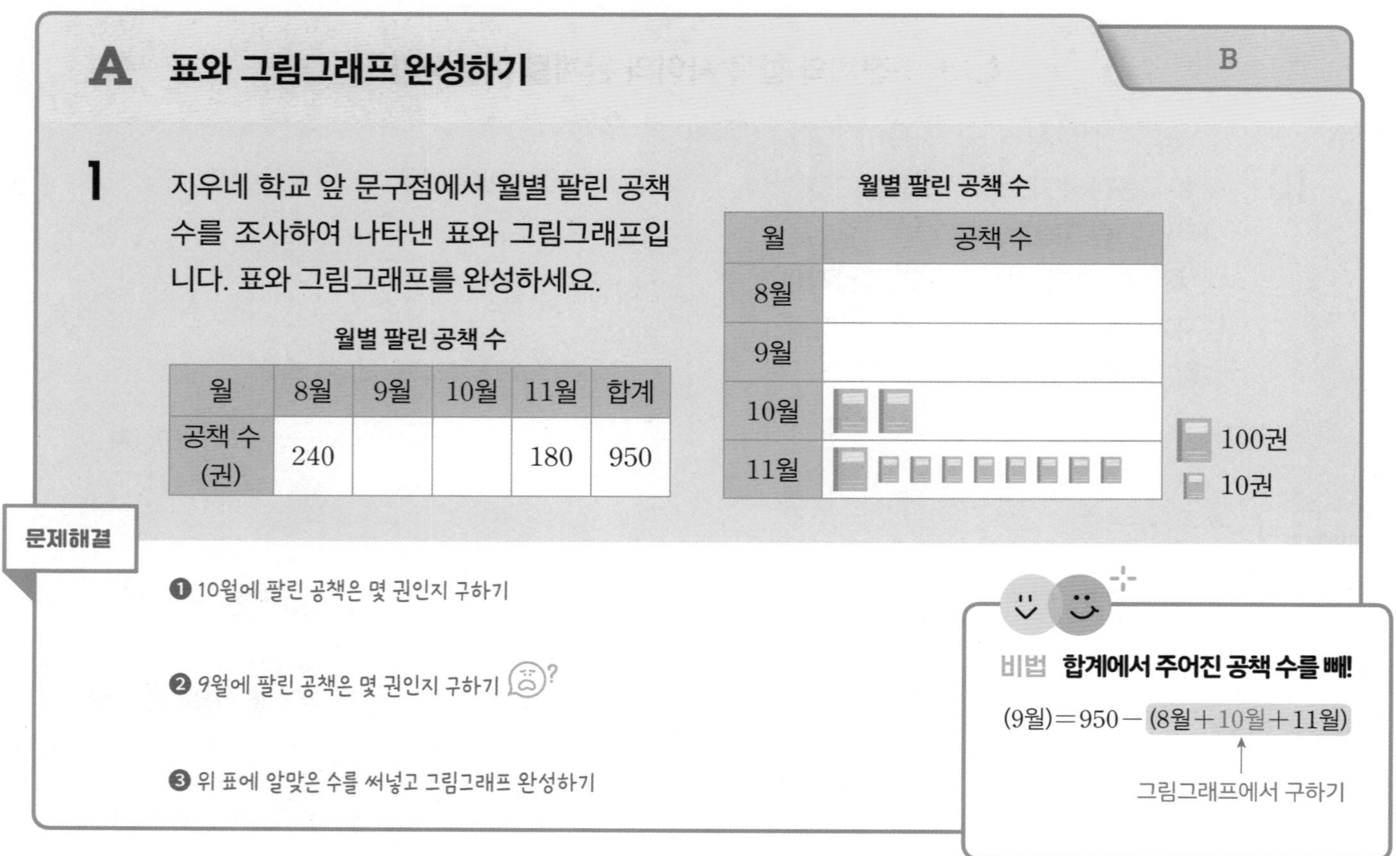

A 표와 그림그래프 완성하기

1 지우네 학교 앞 문구점에서 월별 팔린 공책 수를 조사하여 나타낸 표와 그림그래프입니다. 표와 그림그래프를 완성하세요.

월별 팔린 공책 수

월	8월	9월	10월	11월	합계
공책 수 (권)	240			180	950

월별 팔린 공책 수

월	공책 수
8월	
9월	
10월	100권 그림 2개
11월	100권 그림 1개, 10권 그림 8개

문제해결

❶ 10월에 팔린 공책은 몇 권인지 구하기

❷ 9월에 팔린 공책은 몇 권인지 구하기

❸ 위 표에 알맞은 수를 써넣고 그림그래프 완성하기

비법 합계에서 주어진 공책 수를 빼!

(9월)=950−(8월+10월+11월)

그림그래프에서 구하기

2 현수와 친구들이 가지고 있는 구슬 수를 조사하여 나타낸 표와 그림그래프입니다. 표와 그림그래프를 완성하세요.

가지고 있는 구슬 수

이름	현수	나은	강준	서연	합계
구슬 수 (개)		17	23		117

가지고 있는 구슬 수

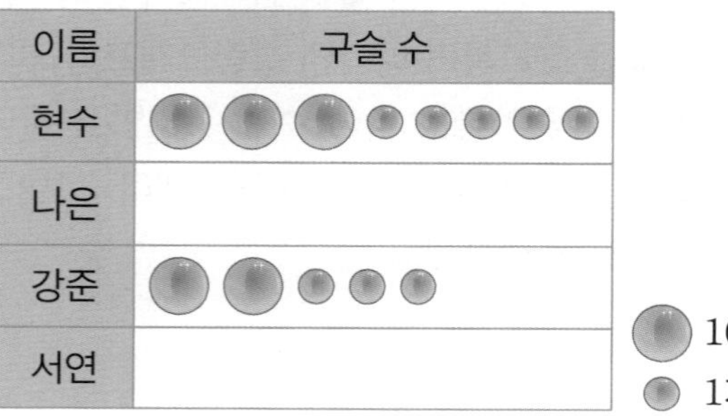

이름	구슬 수
현수	10개 그림 3개, 1개 그림 5개
나은	
강준	10개 그림 2개, 1개 그림 3개
서연	

3 아파트 동별 학생 수를 조사하여 나타낸 표와 그림그래프입니다. 표와 그림그래프를 완성하고 학생 수가 가장 적은 동을 쓰세요.

아파트 동별 학생 수

동	1동	2동	3동	4동	합계
학생 수 (명)	16		24	13	

아파트 동별 학생 수

동	학생 수
1동	
2동	10명 그림 1개, 1명 그림 5개
3동	
4동	

(　　　　　　　　)

A

B 그림 단위를 다르게 하여 그림그래프 완성하기

4 율희네 모둠 학생들이 한 달 동안 모은 칭찬 붙임딱지 수를 조사하여 나타낸 그림그래프입니다. 왼쪽 그림그래프를 보고 오른쪽 그림그래프를 주어진 그림을 사용하여 완성하세요. (단, 그림을 가장 적게 사용하여 나타냅니다.)

한 달 동안 모은 칭찬 붙임딱지 수

이름	칭찬 붙임딱지 수
율희	◎○○○○○○
도준	◎○○○○○○○○
채아	◎◎○○○○○○○

◎ 10장 ○ 1장

한 달 동안 모은 칭찬 붙임딱지 수

이름	칭찬 붙임딱지 수
율희	
도준	
채아	

◎ 10장 △ 5장 ○ 1장

문제해결

❶ 학생별 한 달 동안 모은 칭찬 붙임딱지는 각각 몇 장인지 구하기

❷ 위 오른쪽 그림그래프 완성하기

비법 ○ 5개를 △ 1개로!

◎○○○○○○ ⇨ ◎△○
(○○○○○ 5장) (△ 5장)

5 준이네 학교 학생들이 좋아하는 체육 활동을 조사하여 나타낸 그림그래프입니다. 왼쪽 그림그래프를 보고 오른쪽 그림그래프를 주어진 그림을 사용하여 완성하세요. (단, 그림을 가장 적게 사용하여 나타냅니다.)

좋아하는 체육 활동별 학생 수

체육 활동	학생 수
줄넘기	◎◎○○○○○○
피구	◎◎◎○○○○○
달리기	◎○○○○○○○○

◎ 100명 ○ 10명

좋아하는 체육 활동별 학생 수

체육 활동	학생 수
줄넘기	
피구	
달리기	

◎ 100명 ● 50명 ○ 10명

6 기계별 노트북 생산량을 조사하여 나타낸 그림그래프입니다. 두 그림그래프를 주어진 그림을 사용하여 완성하세요. (단, 그림을 가장 적게 사용하여 나타냅니다.)

기계별 노트북 생산량

기계	노트북 생산량
가	◎◎◎◎○○
나	◎○○○○
다	

◎ 10대 ○ 1대

기계별 노트북 생산량

기계	노트북 생산량
가	
나	
다	▣△

▣ 20대 △ 5대 □ 2대

유형 04 그림그래프의 그림 단위

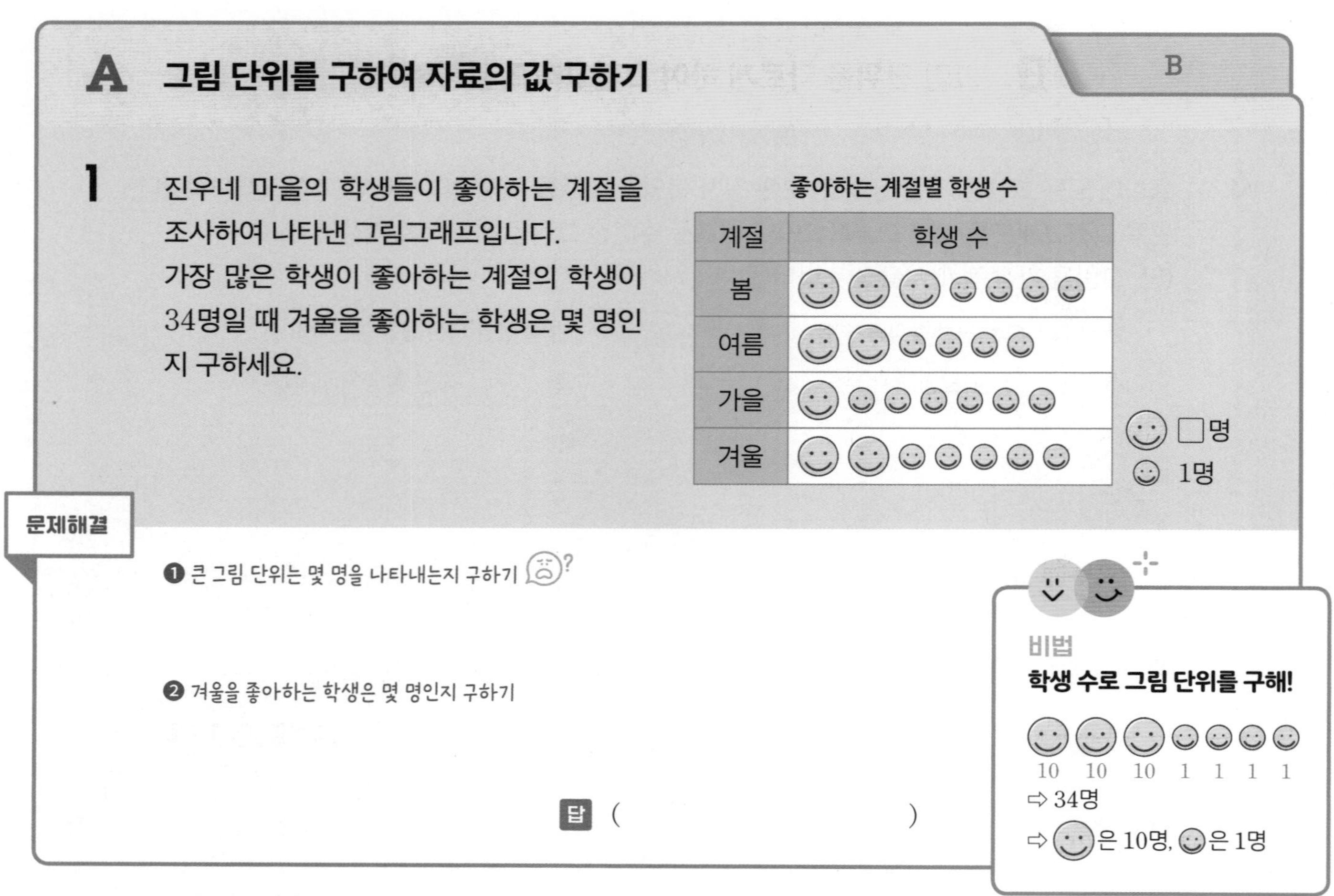

A 그림 단위를 구하여 자료의 값 구하기

B

1 진우네 마을의 학생들이 좋아하는 계절을 조사하여 나타낸 그림그래프입니다.
가장 많은 학생이 좋아하는 계절의 학생이 34명일 때 겨울을 좋아하는 학생은 몇 명인지 구하세요.

좋아하는 계절별 학생 수

계절	학생 수
봄	
여름	
가을	
겨울	

□명
1명

문제해결

❶ 큰 그림 단위는 몇 명을 나타내는지 구하기

❷ 겨울을 좋아하는 학생은 몇 명인지 구하기

답 (   )

비법
학생 수로 그림 단위를 구해!

10 10 10 1 1 1 1
⇨ 34명
⇨ 은 10명, 은 1명

2 어느 주스 가게에서 일주일 동안 팔린 주스의 수를 조사하여 나타낸 그림그래프입니다. 가장 많이 팔린 주스가 270잔일 때 수박 주스는 몇 잔 팔았는지 구하세요.

일주일 동안 팔린 주스의 수

종류	주스의 수
감귤 주스	
수박 주스	
자몽 주스	
딸기 주스	

□잔
10잔

(   )

3 지난달 연아네 모둠 학생들이 공부한 시간을 조사하여 나타낸 그림그래프입니다. 다인이가 공부를 46시간 했다면 가장 오래 공부한 친구가 공부한 시간은 몇 시간인지 구하세요.

학생별 공부한 시간

이름	시간
연아	
재현	
다인	
민건	

□시간
1시간

(   )

A

B 두 그림 단위 구하기

4 마을별 심은 나무 수를 조사하여 나타낸 그림그래프입니다.
누리 마을에 나무 20그루, 한별 마을에 나무 9그루를 심었을 때
큰 그림 🌳과 작은 그림 🌳은 각각 몇 그루를 나타내는지 구하세요.

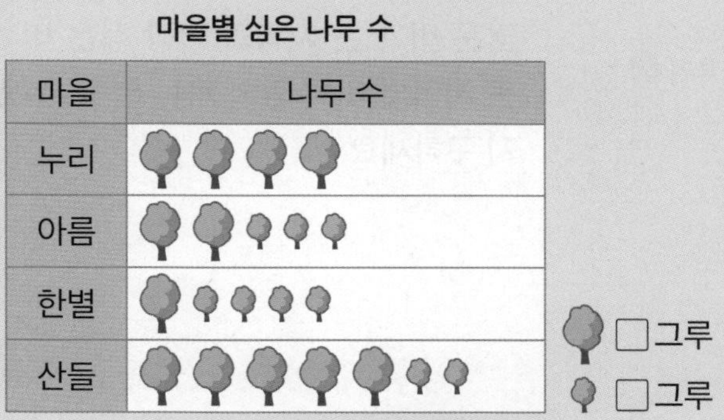

마을별 심은 나무 수

마을	나무 수
누리	🌳🌳🌳🌳
아름	🌳🌳🌳🌳🌳
한별	🌳🌳🌳🌳🌳
산들	🌳🌳🌳🌳🌳🌳🌳

🌳 □그루
🌳 □그루

문제해결

❶ 누리 마을에 심은 나무 수에서 큰 그림 단위는 몇 그루를 나타내는지 구하기

❷ 한별 마을에 심은 나무 수에서 작은 그림 단위는 몇 그루를 나타내는지 구하기

답 🌳 (   ), 🌳 (   )

비법
주어진 조건을 이용해!
큰 그림 🌳만 있는 누리 마을의 나무 수를 이용하여 구해요.
🌳🌳🌳🌳 ⇨ 20그루
5 5 5 5

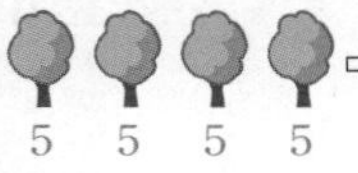

5 병원에서 요일별 진료를 받은 사람 수를 조사하여 나타낸 그림그래프입니다. 월요일에 220명, 목요일에 150명이 진료를 받았다면 큰 그림 🧍과 작은 그림 🧍은 각각 몇 명을 나타내는지 구하세요.

🧍 (   ), 🧍 (   )

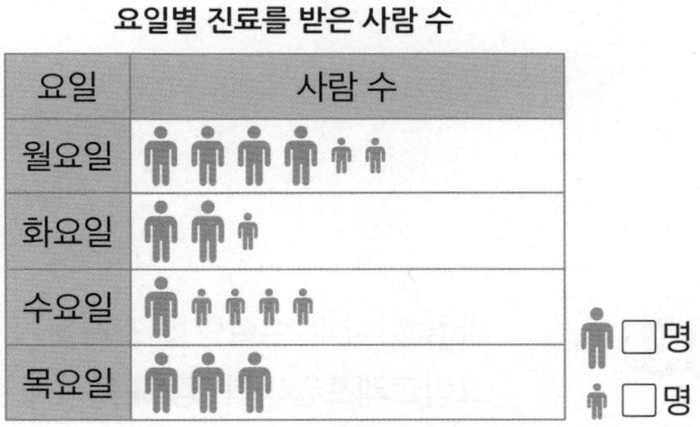

요일별 진료를 받은 사람 수

요일	사람 수
월요일	🧍🧍🧍🧍🧍🧍
화요일	🧍🧍🧍
수요일	🧍🧍🧍🧍🧍
목요일	🧍🧍🧍

🧍 □명
🧍 □명

6 건물에 층별 주차되어 있는 자동차 수를 조사하여 나타낸 그림그래프입니다. 자동차가 지하 2층에 10대, 지하 3층에 17대 주차되어 있을 때 자동차가 가장 많이 주차되어 있는 층의 자동차는 몇 대인지 구하세요.

(   )

층별 주차되어 있는 자동차 수

층	자동차 수
지하 1층	🚗🚗🚗🚗🚗🚗
지하 2층	🚗🚗
지하 3층	🚗🚗🚗🚗
지하 4층	🚗🚗🚗

🚗 □대
🚗 □대

단원 6 유형 마스터

01

유형 01 A

지난달 지역별 비가 온 양을 조사하여 나타낸 그림그래프입니다. 가장 많은 비가 온 지역과 가장 적은 비가 온 지역의 비의 양의 차는 몇 mm인지 구하세요.

(　　　　　　　　　　)

지난달 지역별 비가 온 양

지역	비의 양
가	
나	
다	
라	

100 mm

10 mm

02

유형 02 A

은도네 학교 3학년 학생 120명이 키우고 싶어 하는 동물을 조사하여 나타낸 그림그래프입니다. 가장 많은 학생이 키우고 싶어 하는 동물을 쓰세요.

(　　　　　　　　　　)

키우고 싶어 하는 동물별 학생 수

동물	학생 수
개	
고양이	
토끼	
금붕어	

10명

1명

03

유형 02 B

마을별 사과 수확량을 조사하여 나타낸 그림그래프입니다. 강의 동쪽에 있는 마을의 사과 수확량과 도로의 남쪽에 있는 마을의 사과 수확량이 같을 때 **나** 마을의 사과 수확량은 몇 kg인지 구하세요.

(　　　　　　　　　　)

마을별 사과 수확량

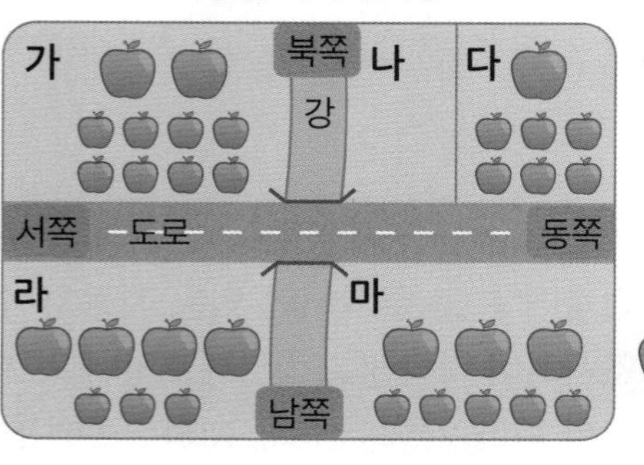

04

유형 04 Ⓐ

고은이네 마을 공원에 종류별 심은 꽃의 수를 조사하여 나타낸 그림그래프입니다. 가장 적게 심은 꽃이 41송이일 때 국화는 몇 송이 심었는지 구하세요.

(   )

종류별 심은 꽃의 수

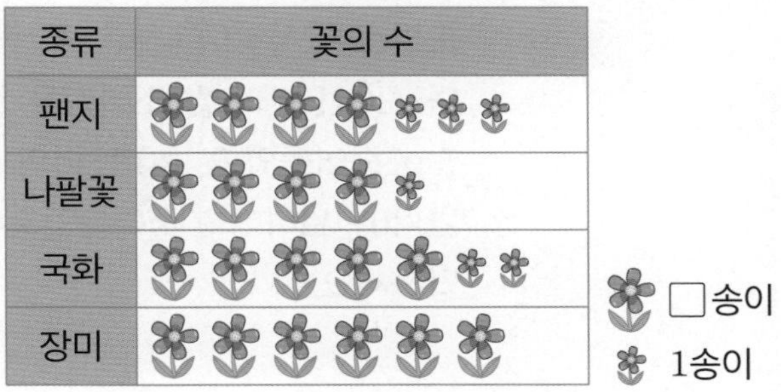

종류	꽃의 수
팬지	
나팔꽃	
국화	
장미	

□송이
1송이

05

유형 04 Ⓑ

빵집에서 4주 동안 주별 팔린 마카롱의 수를 조사하여 나타낸 그림그래프입니다. 마카롱을 둘째 주에 250개, 넷째 주에 140개를 팔았다면 큰 그림 과 작은 그림 은 각각 몇 개를 나타내는지 구하세요.

(   )

(   )

주별 팔린 마카롱의 수

주	마카롱의 수
첫째 주	
둘째 주	
셋째 주	
넷째 주	

□개
□개

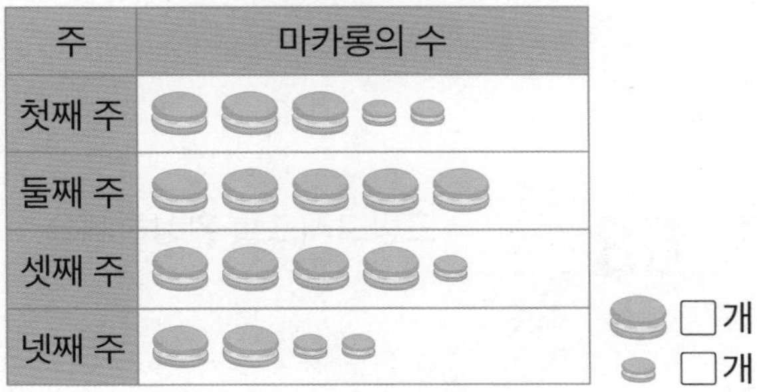

06

유형 03 Ⓑ

승재와 친구들이 줄넘기를 한 횟수를 조사하여 나타낸 그림그래프입니다. 왼쪽 그림그래프를 보고 오른쪽 그림그래프를 주어진 그림을 사용하여 완성하세요. (단, 그림을 가장 적게 사용하여 나타냅니다.)

줄넘기를 한 횟수

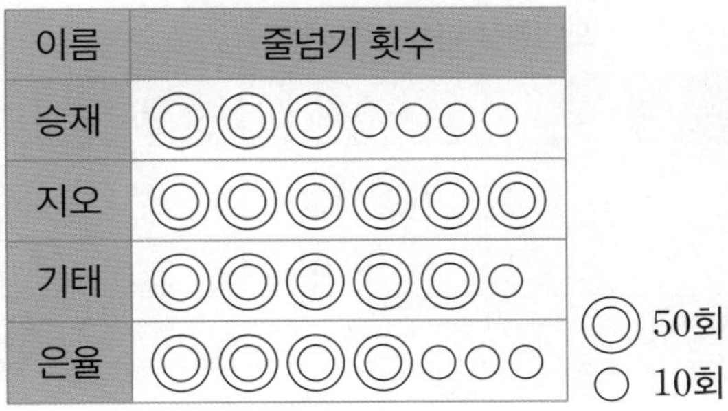

이름	줄넘기 횟수
승재	◎◎◎○○○○
지오	◎◎◎◎◎◎
기태	◎◎◎◎◎○
은율	◎◎◎◎○○○

◎ 50회
○ 10회

줄넘기를 한 횟수

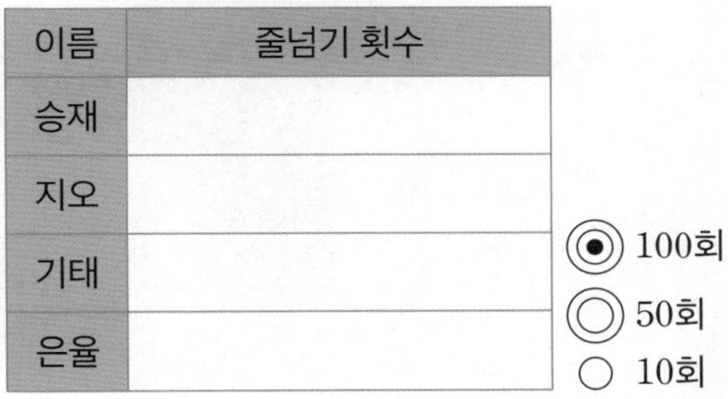

이름	줄넘기 횟수
승재	
지오	
기태	
은율	

⊙ 100회
◎ 50회
○ 10회

[07~08] 우리나라 국민 1인당 하루 쌀 소비량을 연도별로 조사하여 나타낸 그림그래프입니다. 2019년의 쌀 소비량은 2018년보다 5 g 줄어들었고, 2021년의 쌀 소비량은 2020년보다 3 g 줄어들었습니다. 물음에 답하세요.

1인당 하루 쌀 소비량

연도	쌀 소비량
2018년	◎◎◎△○○○○○○○
2019년	
2020년	
2021년	◎◎◎○○○○○○

◎ 50 g △ 10 g ○ 1 g

07

2019년과 2020년의 1인당 하루 쌀 소비량의 차는 몇 g인지 구하세요.

( )

유형 02 C

08

그림그래프를 완성하세요.

09

5일 동안 도서관을 이용한 학생 수를 조사하여 나타낸 표와 그림그래프입니다. 표와 그림그래프를 완성하세요.

유형 03 A

도서관을 이용한 학생 수

요일	월요일	화요일	수요일	목요일	금요일	합계
학생 수(명)	32	24		15		124

도서관을 이용한 학생 수

요일	월요일	화요일	수요일	목요일	금요일
학생 수			☺☺ ☺☺☺		

(큰 ☺) 10명 (작은 ☺) 1명

10

유형 01 B

나영이네 아파트 동별 모은 옷의 수를 조사하여 나타낸 그림그래프입니다. 모은 옷을 상자에 모두 담으려고 합니다. 상자 한 개에 모은 옷을 5벌까지 담을 수 있다면 상자는 적어도 몇 개 필요한지 구하세요.

(　　　　　　　　)

동별 모은 옷의 수

동	옷의 수
1동	큰 옷 3개, 작은 옷 4개
2동	큰 옷 2개, 작은 옷 5개
3동	큰 옷 4개, 작은 옷 2개
4동	큰 옷 2개, 작은 옷 6개

큰 옷: 10벌
작은 옷: 1벌

11

유형 04 B

아이스크림 가게에 있는 맛별 아이스크림 수를 조사하여 나타낸 그림그래프입니다. 녹차 맛 아이스크림이 24개일 때 조사한 아이스크림은 모두 몇 개인지 구하세요.

(　　　　　　　　)

맛별 아이스크림 수

맛	아이스크림 수
녹차 맛	큰 아이스크림 1개, 작은 아이스크림 2개
바닐라 맛	큰 아이스크림 2개, 작은 아이스크림 3개
민트 맛	작은 아이스크림 6개
초콜릿 맛	큰 아이스크림 3개, 작은 아이스크림 1개

큰 아이스크림: □개
작은 아이스크림: □개

12

유형 02 C+

물통 네 개에 담은 물의 양을 조사하여 나타낸 그림그래프입니다. 조건에 맞게 그림그래프를 완성하세요.

물통에 담은 물의 양

물통	물의 양
가	◎○○○○
나	
다	
라	◎◎○○○○○○○○

◎ 10 L
○ 1 L

- 물통 네 개에 담은 물은 모두 98 L입니다.
- 물통 나에 담은 물의 양은 물통 다와 라에 담은 물의 양의 합과 같습니다.

기적학습연구소

"혼자서 작은 산을 넘는 아이가 나중에 큰 산도 넘습니다."

본 연구소는 아이들이 스스로 큰 산까지 넘을 수 있는 힘을 키워 주고자 합니다.
아이들의 연령에 맞게 학습의 산을 작게 설계하여 혼자서 넘을 수 있다는 자신감을 심어 주고,
때로는 작은 고난도 경험하게 하여 가슴 벅찬 성취감을 느끼게 합니다.
국어, 수학 분과의 학습 전문가들이 아이들에게 실제로 적용해서 검증하며 차근차근 책을 출간합니다.
- 국어 분과 대표 저작물 : 〈기적의 독서논술〉, 〈기적의 독해력〉 외 다수
- 수학 분과 대표 저작물 : 〈기적의 계산법〉, 〈기적의 계산법 응용UP〉, 〈기적의 중학연산〉 외 다수

기적의 문제해결법 2권(초등3-2)

초판 발행 2023년 1월 1일

지은이 기적학습연구소
발행인 이종원
발행처 길벗스쿨
출판사 등록일 2006년 7월 1일
주소 서울시 마포구 월드컵로 10길 56(서교동)
대표 전화 02)332-0931 | **팩스** 02)333-5409
홈페이지 school.gilbut.co.kr | **이메일** gilbut@gilbut.co.kr

기획 김미숙(winnerms@gilbut.co.kr) | **편집진행** 윤정일
제작 이준호, 손일순, 이진혁 | **영업마케팅** 문세연, 박다슬 | **웹마케팅** 박달님, 정유리, 윤승현
영업관리 김명자, 정경화 | **독자지원** 윤정아, 최희창
디자인 퍼플페이퍼 | **삽화** 이탁근
전산편집 글사랑 | **CTP 출력·인쇄** 교보피앤비 | **제본** 경문제책

ISBN 979-11-6406-490-8 64410
(길벗 도서번호 10840)

정가 15,000원

앗!

본책의 정답과 풀이를 분실하셨나요?
길벗스쿨 홈페이지에 들어오시면 내려받으실 수 있습니다.
https://school.gilbut.co.kr/

기적의 문제 해결법 2

초등 3-2

정답과 풀이

차례

빠른 정답

빠른 정답은 각 문제의 정답만 모아 놓아 채점하기에 유용합니다.

1 곱셈

유형 01	10쪽	1 ❶ 5 ❷ 2 답 2, 5 2 (위에서부터) 4, 3 3 (위에서부터) 7, 8, 3, 9
	11쪽	4 ❶ 3 ❷ ㉡ 9, ㉢ 8 ❸ 0 답 3, 9, 8, 0 5 (위에서부터) 6, 7, 9, 2 6 7
유형 02	12쪽	1 ❶ 7 ❷ 42 ❸ 294 답 294 2 186 3 5768
	13쪽	4 ❶ 3 ❷ 568 ❸ 1704 답 1704 5 2716 6 445
	14쪽	7 ❶ 7, 6 ❷ [7] 5 × [6] 2 = [4 6 5 0], [7] 2 × [6] 5 = [4 6 8 0] ❸ 4680 답 4680 8 7644 9 1776
유형 03	15쪽	1 ❶ 180쪽 ❷ 36쪽 답 36쪽 2 1100원 3 219장
	16쪽	4 ❶ 380봉지 ❷ 428봉지 답 428봉지 5 247명 6 706개
	17쪽	7 ❶ 2600원 ❷ 400원 답 400원 8 750원 9 220원
	18쪽	10 ❶ 120개 ❷ 840개 답 840개 11 2976개 12 7시간
유형 04	19쪽	1 ❶ 1800 ❷ 1580 / 1975, > ❸ 5, 6, 7, 8, 9 답 5, 6, 7, 8, 9 2 1, 2, 3, 4, 5 3 3
	20쪽	4 ❶ 456, 44 ❷ 13 ❸ 9 답 9 5 6 6 4

유형 05	21쪽	1 ❶ 39 ❷ 936 답 936 2 2072 3 1295
	22쪽	4 ❶ 12, 13 ❷ 156 답 156 5 272 6 2550
유형 06	23쪽	1 ❶ 205 ❷ 205×5=1025 답 205, 1025 2 180, 900 3 356, 2492
	24쪽	4 ❶ 64 / 256 ❷ 예 4, 6이 반복됩니다. ❸ 6 답 6 5 9 6 1
유형 07	25쪽	1 ❶ 40그루 ❷ 39군데 ❸ 273 m 답 273 m 2 725 m 3 612 m
	26쪽	4 ❶ 4, 544 ❷ 540그루 답 540그루 5 476개 6 578개
	27쪽	7 ❶ 805 cm ❷ 204 cm ❸ 601 cm 답 601 cm 8 846 cm 9 128 cm
유형 마스터	28쪽	01 375개 02 (위에서부터) 8, 3, 1, 9 03 4
	29쪽	04 1645 05 2088 06 192 m
	30쪽	07 5185번 08 428개 09 1168 cm
	31쪽	10 899 11 256, 7 12 1275

2 나눗셈

유형 01	34쪽	1 ❶ ㉢ 9, ㉣ 1, ㉤ 8 ❷ 3 ❸ 2 답 3, 2, 9, 1, 8 2 (위에서부터) 5, 6, 2, 3, 0 3 (위에서부터) 4, 9, 3, 3, 6, 3
	35쪽	4 ❶ ㉡ 6, ㉥ 3 ❷ ㉠ 7, ㉢ 5, ㉣ 4, ㉤ 2 답 7, 6, 5 / 4, 2, 3 5 (위에서부터) 3, 8, 6, 2, 1, 5, 6 6 (위에서부터) 6, 4, 5, 4, 2, 2, 4
유형 02	36쪽	1 ❶ 90장 ❷ 15장 답 15장 2 18개 3 17명, 1켤레
	37쪽	4 ❶ 10개 ❷ 11개 답 11개 5 14개 6 16개
	38쪽	7 ❶ 3권 ❷ 1권 답 1권 8 8개 9 4장
	39쪽	10 ❶ 예 바둑돌 3개가 ●○○으로 반복됩니다. ❷ 흰색 답 흰색 11 검은색 12 7
유형 03	40쪽	1 ❶ $24\div7=3\cdots3$, $27\div4=6\cdots3$ $42\div7=6$, $47\div2=23\cdots1$ $72\div4=18$, $74\div2=37$ ❷ 3가지 답 3가지 2 4가지 3 5가지
	41쪽	4 ❶ 87 ❷ 5 ❸ 몫: 17, 나머지: 2 답 17, 2 5 46, 1 6 254, 2
	42쪽	7 ❶ 23 ❷ 6 ❸ 몫: 3, 나머지: 5 답 3, 5 8 6, 4 9 32, 1

유형 04	43쪽	1 ❶ 12, 16 ❷ 2, 6 답 2, 6 2 0, 5 3 2, 8
	44쪽	4 ❶ 33 ❷ 33, 36, 39 답 33, 36, 39 5 68, 72 6 3개
	45쪽	7 ❶ 42, 48, 54, 60, 66 ❷ 46, 52, 58, 64 답 46, 52, 58, 64 8 58, 65, 72, 79 9 91
	46쪽	10 ❶ 4 ❷ 85, 4, 89 답 89 11 77 12 260
유형 05	47쪽	1 ❶ $\square\div4=13\cdots2$ ❷ 54 ❸ 6 답 6 2 27 3 175
	48쪽	4 ❶ 110 cm ❷ 13도막이 되고, 6 cm가 남습니다. 답 13도막, 6 cm 5 10일, 4쪽 6 21개
	49쪽	7 ❶ $\square\div6=23\cdots5$ ❷ 143 ❸ 858 답 858 8 702 9 12, 3
유형 06	50쪽	1 ❶ 25도막 ❷ 24번 답 24번 2 13번 3 21 cm
	51쪽	4 ❶ 15군데 ❷ 16그루 ❸ 32그루 답 32그루 5 50개 6 15 m
	52쪽	7 ❶ 12 cm ❷ 98 cm ❸ 14 cm 답 14 cm 8 16 cm 9 17 cm
	53쪽	10 ❶ 15장 ❷ 12장 ❸ 180장 답 180장 11 91장 12 144장
유형 마스터	54쪽	01 30개 02 27개 03 (위에서부터) 3, 4, 5, 8, 1, 2, 2, 8
	55쪽	04 2개 05 195, 1 06 72, 80, 88, 96
	56쪽	07 17, 2 08 13 cm 09 120장
	57쪽	10 63 11 48그루 12 2

3 원

유형 01	60쪽	1 ❶ (그림) ❷ 5개 답 5개 2 3개 3 10개
	61쪽	4 ❶ (그림) ❷ 5군데 답 5군데 5 4군데 6 가, 2군데
유형 02	62쪽	1 ❶ 4배 ❷ 5 cm 답 5 cm 2 8 cm 3 9 cm
	63쪽	4 ❶ 8 cm ❷ 4 cm ❸ 2 cm 답 2 cm 5 3 cm 6 14 cm
	64쪽	7 ❶ 20 cm ❷ 10 cm 답 10 cm 8 9 cm 9 24 cm
	65쪽	10 ❶ 10 cm ❷ 8 cm ❸ 26 cm 답 26 cm 11 32 cm 12 6 cm
유형 03	66쪽	1 ❶ 6배 ❷ 12 cm 답 12 cm 2 35 cm 3 6 cm
	67쪽	4 ❶ 9 cm ❷ 27 cm 답 27 cm 5 32 cm 6 14 cm
	68쪽	7 ❶ 14 cm ❷ 140 cm 답 140 cm 8 64 cm 9 72 cm
	69쪽	10 ❶ 10 cm ❷ 5 cm 답 5 cm 11 2 cm 12 3 cm
유형 04	70쪽	1 ❶ 12 cm ❷ 4 cm ❸ 16 cm 답 16 cm 2 23 cm 3 40 cm
	71쪽	4 ❶ 변 ㄱㄴ: 9 cm 변 ㄴㄷ: 11 cm 변 ㄷㄱ: 10 cm ❷ 30 cm 답 30 cm 5 44 cm 6 16 cm
	72쪽	7 ❶ 16 cm ❷ 8 cm ❸ 4 cm 답 4 cm 8 10 cm 9 18 cm
	73쪽	10 ❶ 변 ㄱㄴ: 7 cm, 변 ㄷㄱ: 6 cm ❷ 9 cm ❸ 22 cm 답 22 cm 11 25 cm 12 36 cm
유형 05	74쪽	1 ❶ 10 cm ❷ 5 cm 답 5 cm 2 8 cm 3 7 cm
	75쪽	4 ❶ 4 cm ❷ 12 cm인 한 변: 3개 8 cm인 한 변: 2개 ❸ 6개 답 6개 5 25개 6 4개
유형 06	76쪽	1 ❶ 30 cm ❷ 60 cm 답 60 cm 2 56 cm 3 36 cm
	77쪽	4 ❶ 3 cm ❷ 10 cm ❸ 14 cm 답 14 cm 5 36 cm 6 55 cm
유형 마스터	78쪽	01 7군데 02 2 cm 03 48 cm
	79쪽	04 63 cm 05 24 cm 06 25 cm
	80쪽	07 12개 08 48 cm 09 90 cm
	81쪽	10 7 cm 11 28 cm 12 144 cm

4 분수

유형 01	84쪽	1 ❶ 7 ❷ 7, 7 ❸ 6 답 6 2 7 3 4
	85쪽	4 ❶ 1, 5 / 5, 1 ❷ 5, 1, 5 ❸ 2, 3, 4 답 2, 3, 4 5 3, 4, 5 6 6, 7, 8, 9
유형 02	86쪽	1 ❶ 4, 7 ❷ $\frac{1}{4}$ ❸ $\frac{1}{7}, \frac{4}{7}$ 답 $\frac{1}{4}, \frac{1}{7}, \frac{4}{7}$ 2 $\frac{2}{5}, \frac{2}{9}, \frac{5}{9}$ 3 $\frac{8}{5}, \frac{9}{5}, \frac{9}{8}$
	87쪽	4 ❶ $\frac{5}{4}, \frac{9}{4}, \frac{9}{5}$ ❷ $\frac{59}{4}, \frac{95}{4}, \frac{49}{5}, \frac{94}{5}, \frac{45}{9}, \frac{54}{9}$ ❸ 9개 답 9개 5 3개 6 9개
	88쪽	7 ❶ 8 ❷ $\frac{5}{6}$ ❸ $8\frac{5}{6}$ 답 $8\frac{5}{6}$ 8 $7\frac{4}{9}$ 9 12개
	89쪽	10 ❶ 2 ❷ $\frac{6}{7}$ ❸ $2\frac{6}{7}$ 답 $2\frac{6}{7}$ 11 $1\frac{3}{8}$ 12 $2\frac{3}{5}, 3\frac{2}{5}$
유형 03	90쪽	1 ❶ 8묶음 ❷ 3묶음 ❸ $\frac{3}{8}$ 답 $\frac{3}{8}$ 2 $\frac{4}{7}$ 3 $\frac{7}{12}$
	91쪽	4 ❶ 5묶음 ❷ 2묶음 ❸ $\frac{2}{5}$ 답 $\frac{2}{5}$ 5 $\frac{1}{6}$ 6 $\frac{4}{9}$

유형 04	92쪽	1 ❶ 9개 ❷ 8개 ❸ 축구공, 1개 답 축구공, 1개 2 포도나무, 3그루 3 4조각
	93쪽	4 ❶ 18 cm ❷ 30 cm ❸ 5 cm 답 5 cm 5 16장 6 8자루
	94쪽	7 ❶ 12 m ❷ 9 m 답 9 m 8 20 m 9 24 m
	95쪽	10 ❶ 50분 ❷ 150분 ❸ 2시간 30분 답 2시간 30분 11 5시간 15분 12 13시간
유형 05	96쪽	1 ❶ 20 ❷ 4 답 4 2 21 3 35 m
	97쪽	4 ❶ 72개 ❷ 45개 답 45개 5 10일 6 189장
유형 06	98쪽	1 ❶ 6, 3 ❷ 27 ❸ $\frac{27}{4}$ 답 $\frac{27}{4}$ 2 $\frac{16}{5}$ 3 $4\frac{7}{9}$
	99쪽	4 ❶ 8, 7, 6 ❷ $\frac{3}{8}$ 답 $\frac{3}{8}$ 5 $\frac{5}{9}$ 6 $\frac{15}{7}$
유형 07	100쪽	1 ❶ $\frac{10}{7}, \frac{20}{7}$ ❷ 60 ❸ $8\frac{4}{7}$ 답 $8\frac{4}{7}$ 2 $7\frac{7}{11}$ 3 $6\frac{1}{4}$
	101쪽	4 ❶ 32 ❷ 19 ❸ $\frac{19}{32}$ 답 $\frac{19}{32}$ 5 $\frac{15}{28}$ 6 25
유형 마스터	102쪽	01 $\frac{3}{7}$ 02 64 cm 03 5, 6, 7
	103쪽	04 $9\frac{7}{8}$ 05 15 06 42개
	104쪽	07 3권 08 $\frac{6}{29}$ 09 10시간 20분
	105쪽	10 243 m 11 $2\frac{4}{15}$ 12 $\frac{1}{7}$

5 들이와 무게

유형 01	108쪽	1 ❶ (적습니다, 많습니다) ❷ 예 5번<6번<9번 ❸ 가 답 가
		2 다
		3 물병, 우유병, 주스병
	109쪽	4 ❶ 1 ❷ 4번 답 4번
		5 5번 6 20번
유형 02	110쪽	1 ❶ 5060 mL ❷ 현우 ❸ 690 mL 답 현우, 690 mL
		2 주전자, 181 mL 3 8 L 505 mL
	111쪽	4 ❶ 4 L 650 mL ❷ 1 L 850 mL 답 1 L 850 mL
		5 1 L 700 mL 6 150 mL
	112쪽	7 ❶ 2 L 400 mL ❷ 5 L 답 5 L
		8 2 L 150 mL 9 3 L 340 mL
	113쪽	10 ❶ 900 mL ❷ 450 mL 답 450 mL
		11 300 mL 12 650 mL
유형 03	114쪽	1 ❶ 400 mL ❷ 3 L 200 mL 답 3 L 200 mL
		2 4 L 950 mL 3 5 L 530 mL
	115쪽	4 ❶ 500 mL ❷ 2초 ❸ 14초 답 14초
		5 32초 6 5분
유형 04	116쪽	1 ❶ 4 kg 900 g ❷ 10 kg 200 g 답 10 kg 200 g
		2 6 kg 50 g 3 112 kg 300 g
	117쪽	4 ❶ 2 t 370 kg ❷ 4 t 330 kg ❸ 3 t 670 kg 답 3 t 670 kg
		5 7 t 500 kg 6 33 kg 280 g
	118쪽	7 ❶ (□+3) kg ❷ 2 ❸ 2 kg 답 2 kg
		8 7 kg 9 9 kg, 4 kg
유형 05	119쪽	1 ❶ 4 kg ❷ 2 t 420 kg ❸ 3대 답 3대
		2 2대 3 500상자
	120쪽	4 ❶ 480 g ❷ 1 kg 200 g ❸ 700 g 답 700 g
		5 850 g 6 2 kg 400 g
	121쪽	7 ❶ 315 g ❷ 126 g ❸ 1 kg 260 g 답 1 kg 260 g
		8 1 kg 50 g 9 90 g
유형 06	122쪽	1 ❶ 500, 400 ❷ 400, 100
		2 예 들이가 700 mL인 그릇에 물을 가득 채운 뒤 들이가 300 mL인 그릇을 가득 채울 수 있도록 덜어 내면 들이가 700 mL인 그릇에 물이 400 mL 남습니다.
		3 예 들이가 450 mL인 그릇에 물을 가득 채운 뒤 들이가 600 mL인 그릇에 모두 덜어 내고, 다시 들이가 450 mL인 그릇에 물을 가득 채운 뒤 들이가 600 mL인 그릇을 가득 채울 수 있도록 덜어 내면 들이가 450 mL인 그릇에 물이 300 mL 남습니다.
	123쪽	4 ❶ 100 g, 500 g ❷ 600 g, 400 g ❸ 스케치북 답 스케치북
		5 모자 6 8가지
유형 마스터	124쪽	01 나 02 3 L 350 mL
		03 850 mL
	125쪽	04 현준, 윤서, 건우, 다연
		05 4 kg 300 g
		06 5 t 980 kg
	126쪽	07 10 kg 08 8초 09 550 g
	127쪽	10 150 g 11 6번 12 445 kg

6 그림그래프

유형 01

130쪽 1 ❶ 12명 ❷ 34명 ❸ 46명 답 46명

2 7권 3 55마리

131쪽 4 ❶ 95개 ❷ 5700원 답 5700원

5 258자루 6 19개

유형 02

132쪽 1 ❶ 820명 ❷ 180명 ❸ O형
답 O형

2 어머니

3 나눔, 믿음, 햇살, 싱싱

133쪽 4 ❶ 가 마을: 30가구, 라 마을: 12가구
❷ 18가구 답 18가구

5 190 kg 6 21개

134쪽 7 ❶ 36명 ❷ 38명 답 38명

8 47 kg 9 5개

135쪽 10 ❶ 감자: 25상자, 양파: 22상자

❷ 채소별 수확량

채소	수확량
오이	◎◎◎◎
호박	◎◎◎○○○○
감자	◎◎○○○○○
양파	◎◎○○

◎ 10상자
○ 1상자

11 좋아하는 간식별 학생 수

간식	학생 수
만두	◎◎○○○○
떡볶이	◎◎◎○○○
핫도그	◎○○○○○○○
주먹밥	◎◎◎

◎ 10명
○ 1명

12 마트별 장난감 수

마트	장난감 수
가	◎◎◎◎○○
나	◎◎
다	◎◎○
라	◎◎◎○○○○○

◎ 100개
○ 10개

유형 03

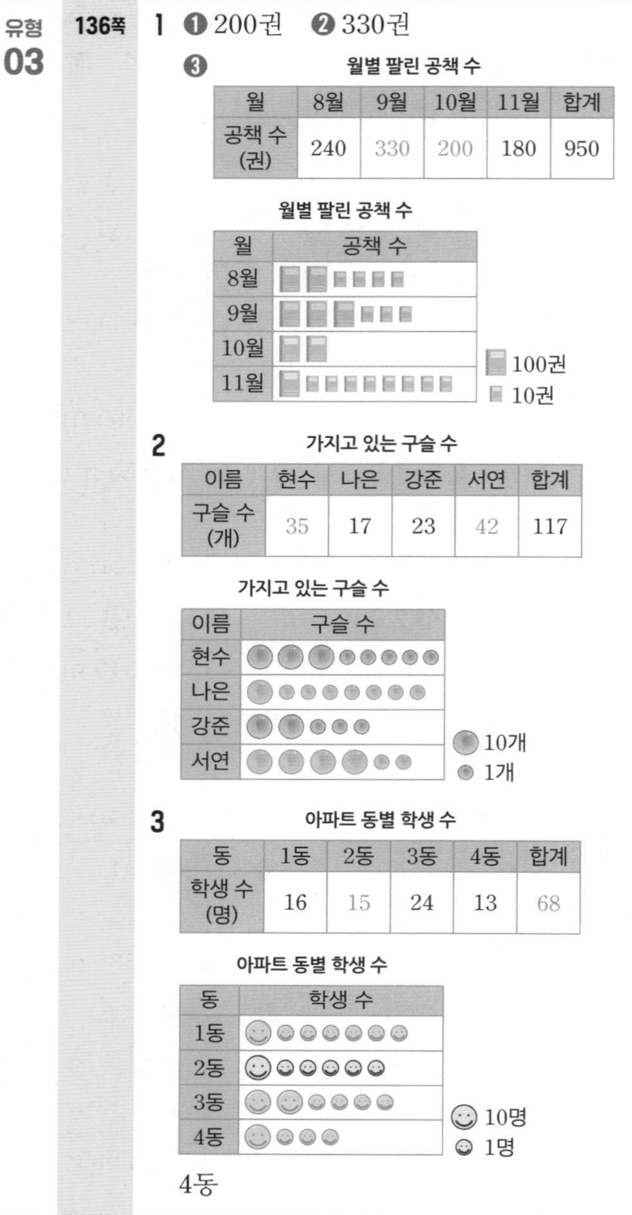

136쪽 1 ❶ 200권 ❷ 330권

❸ 월별 팔린 공책 수

월	8월	9월	10월	11월	합계
공책 수 (권)	240	330	200	180	950

월별 팔린 공책 수

월	공책 수
8월	
9월	
10월	
11월	

100권
10권

2 가지고 있는 구슬 수

이름	현수	나은	강준	서연	합계
구슬 수 (개)	35	17	23	42	117

가지고 있는 구슬 수

이름	구슬 수
현수	
나은	
강준	
서연	

10개
1개

3 아파트 동별 학생 수

동	1동	2동	3동	4동	합계
학생 수 (명)	16	15	24	13	68

아파트 동별 학생 수

동	학생 수
1동	
2동	
3동	
4동	

10명
1명

4동

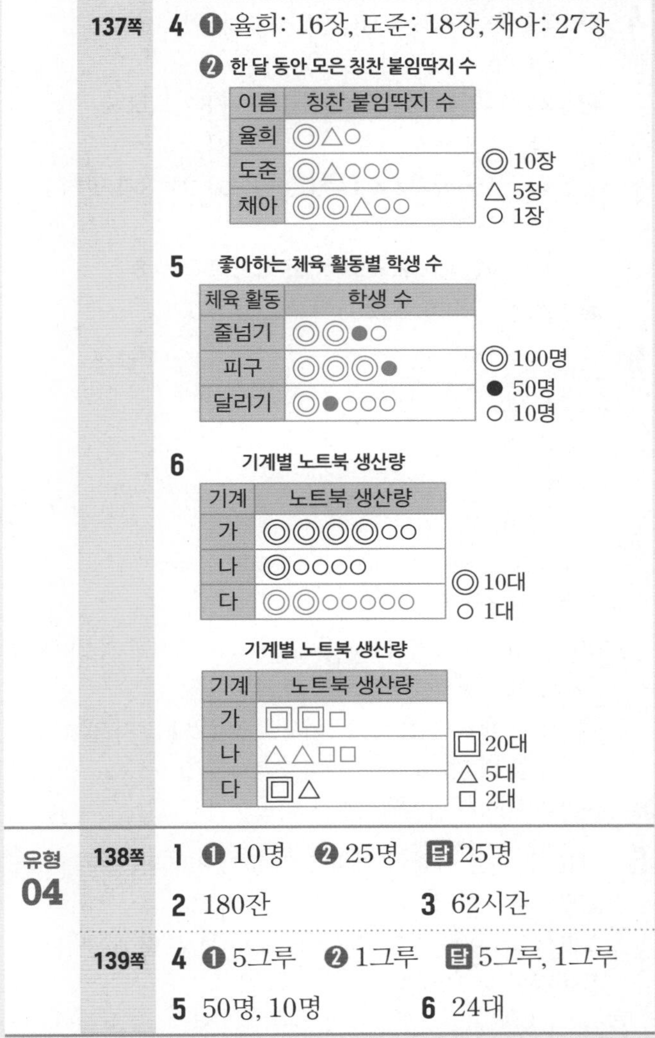

137쪽

4 ❶ 율희: 16장, 도준: 18장, 채아: 27장

❷ 한 달 동안 모은 칭찬 붙임딱지 수

이름	칭찬 붙임딱지 수
율희	◎△○
도준	◎△○○○
채아	◎◎△○○

◎ 10장 △ 5장 ○ 1장

5 좋아하는 체육 활동별 학생 수

체육 활동	학생 수
줄넘기	◎◎●○
피구	◎◎◎●
달리기	◎●○○○

◎ 100명 ● 50명 ○ 10명

6 기계별 노트북 생산량

기계	노트북 생산량
가	◎◎◎◎○○
나	◎○○○○
다	◎◎○○○○○

◎ 10대 ○ 1대

기계별 노트북 생산량

기계	노트북 생산량
가	⧈⧈□
나	△△□□
다	⧈△

⧈ 20대 △ 5대 □ 2대

유형 04

138쪽

1 ❶ 10명 ❷ 25명 답 25명

2 180잔 **3** 62시간

139쪽

4 ❶ 5그루 ❷ 1그루 답 5그루, 1그루

5 50명, 10명 **6** 24대

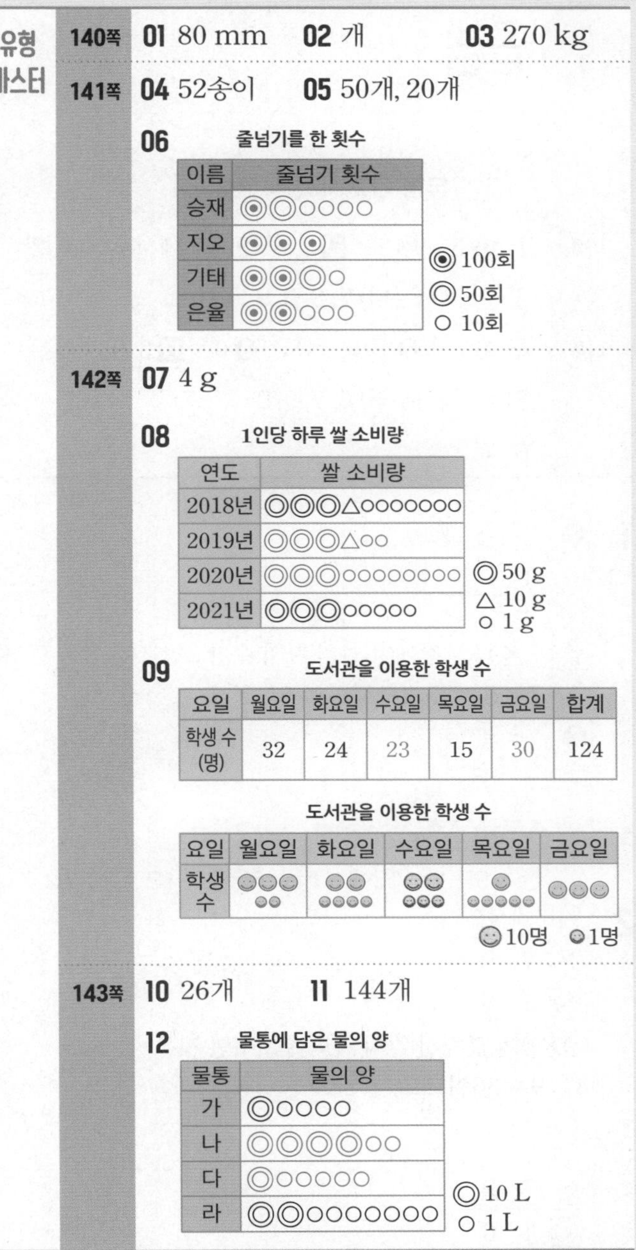

유형 마스터

140쪽 **01** 80 mm **02** 개 **03** 270 kg

141쪽 **04** 52송이 **05** 50개, 20개

06 줄넘기를 한 횟수

이름	줄넘기 횟수
승재	◉◎○○○○
지오	◉◉◉
기태	◉◉◎○
은율	◉◉○○○

◉ 100회 ◎ 50회 ○ 10회

142쪽 **07** 4 g

08 1인당 하루 쌀 소비량

연도	쌀 소비량
2018년	◎◎◎△○○○○○○○
2019년	◎◎◎△○○
2020년	◎◎◎○○○○○○○○○
2021년	◎◎◎○○○○○

◎ 50 g △ 10 g ○ 1 g

09 도서관을 이용한 학생 수

요일	월요일	화요일	수요일	목요일	금요일	합계
학생 수 (명)	32	24	23	15	30	124

도서관을 이용한 학생 수

요일	월요일	화요일	수요일	목요일	금요일
학생 수	☺☺☺ ☻☻	☺☺ ☻☻☻☻	☺☺ ☻☻☻	☺ ☻☻☻☻☻	☺☺☺

☺ 10명 ☻ 1명

143쪽 **10** 26개 **11** 144개

12 물통에 담은 물의 양

물통	물의 양
가	◎○○○○
나	◎◎◎◎○○
다	◎○○○○○
라	◎◎○○○○○○○

◎ 10 L ○ 1 L

자세한 풀이

각 문제의 모범 풀이를 중심으로 참고, 주의를 담아 이해를 돕습니다.

1 곱셈

유형 01 곱셈식 완성하기

10쪽	**1** ❶ 5 ❷ 2 답 2, 5 **2** (위에서부터) 4, 3
	3 (위에서부터) 7, 8, 3, 9
11쪽	**4** ❶ 3 ❷ ㉡ 9, ㉢ 8 ❸ 0 답 3, 9, 8, 0
	5 (위에서부터) 6, 7, 9, 2
	6 7

1 ❶

```
    ㉠ 4 7
  ×     ㉡
  1 2 3 5
```

7 × ㉡의 값에서 일의 자리 수가 5인 것은
7 × 5 = 35이므로 ㉡ = 5

❷

```
     2 3
    ㉠ 4 7
  ×      5
  1 2 3 5
```

㉠ × 5 + 2 = 12에서 ㉠ × 5 = 10이므로 ㉠ = 2

2

```
     ㉠
  × 7 9
  ㉡ 1 6
```

㉠ × 9의 값에서 일의 자리 수가 6인 것은
4 × 9 = 36이므로 ㉠ = 4

```
   3
      4
  × 7 9
  ㉡ 1 6
```

4 × 7 + 3 = ㉡1에서 4 × 7 = 28, 28 + 3 = 31이므로
㉡ = 3

3

```
     ㉠ 3
   × 6 ㉡
   5 8 4
 4 ㉢ 8
 4 ㉣ 6 4
```

3 × ㉡의 값에서 일의 자리 수가 4인 것은 3 × 8 = 24이므로 ㉡ = 8
㉠3 × 8 = 584에서 ㉠ × 8 + 2 = 58이고 ㉠ × 8 = 56이므로 ㉠ = 7
73 × 6 = 438에서 ㉢ = 3
584 + 4380 = 4964에서 ㉣ = 9

4 ❶ 2 × 6 = 12이고 192 − 12 = 180이므로
㉠ × 6 = 18에서 ㉠ = 3
❷ 2 × ㉡의 값에서 일의 자리 수가 8이므로
㉡ = 4 또는 ㉡ = 9
㉡ = 4일 때 32 × 4 = 128이므로 2㉢8과 맞지 않습니다.
㉡ = 9일 때 32 × 9 = 288이므로 ㉢ = 8
❸ 288 + 1920 = 2208이므로 ㉣ = 0

5

```
     5 ㉠
  × ㉡ 5
   2 8 0
 3 ㉢ 2
 4 ㉣ 0 0
```

5㉠ × 5 = 280에서 50 × 5 = 250이므로
㉠ × 5 = 30, ㉠ = 6
56 × ㉡ = 3㉢2에서 6 × ㉡ 값의 일의 자리 수가 2이므로
㉡ = 2 또는 ㉡ = 7
㉡ = 2일 때 56 × 2 = 112이므로 3㉢2와 맞지 않습니다.
㉡ = 7일 때 56 × 7 = 392이므로 ㉢ = 9
280 + 3920 = 4200이므로 ㉣ = 2

6 같은 두 수를 곱하여 일의 자리 수가 9가 되는 수는 3 또는 7입니다.
333 × 3 = 999, 777 × 7 = 5439이므로 ■에 공통으로 들어갈 수는 7입니다.

유형 02 수 카드로 곱셈식 만들기

12쪽	**1** ❶ 7 ❷ 42 ❸ 294 답 294	
	2 186	**3** 5768
13쪽	**4** ❶ 3 ❷ 568 ❸ 1704 답 1704	
	5 2716	**6** 445
14쪽	**7** ❶ 7, 6 ❷ 75 × 62 = 4650, 72 × 65 = 4680 ❸ 4680 답 4680	
	8 7644	**9** 1776

1 ❶ 세 수의 크기를 비교하면 7 > 4 > 2이므로 곱해지는 한 자리 수 ㉠에 가장 큰 수인 7을 놓습니다.

❷ 곱하는 수 ㉡㉢에 남은 수로 큰 두 자리 수를 만들면 42입니다.

❸
$$\begin{array}{r} {\scriptstyle 1} \\ 7 \\ \times\ 4\ 2 \\ \hline 2\ 9\ 4 \end{array}$$

2 세 수의 크기를 비교하면 6>3>1이므로 곱해지는 한 자리 수에 가장 큰 수인 6을 놓고 곱하는 수에 남은 수로 큰 두 자리 수를 만들면 31입니다.
따라서 가장 큰 곱을 구하면 6×31=186입니다.

3 네 수의 크기를 비교하면 8>7>2>1이므로 곱하는 한 자리 수에 가장 큰 수인 8을 놓고 곱해지는 수에 남은 수로 가장 큰 세 자리 수를 만들면 721입니다.
따라서 가장 큰 곱을 구하면 721×8=5768입니다.

4 ❶ 네 수의 크기를 비교하면 3<5<6<8이므로 곱하는 한 자리 수 ㉣에 가장 작은 수인 3을 놓습니다.

❷ 곱해지는 수 ㉠㉡㉢에 남은 수로 가장 작은 세 자리 수를 만들면 568입니다.

❸
$$\begin{array}{r} {\scriptstyle 2\ \ 2} \\ 5\ 6\ 8 \\ \times\qquad 3 \\ \hline 1\ 7\ 0\ 4 \end{array}$$

5 네 수의 크기를 비교하면 4<6<7<9이므로 곱하는 한 자리 수에 가장 작은 수인 4를 놓고 곱해지는 수에 남은 수로 가장 작은 세 자리 수를 만들면 679입니다.
따라서 가장 작은 곱을 구하면 679×4=2716입니다.

6 세 수의 크기를 비교하면 5<8<9이므로 곱해지는 한 자리 수에 가장 작은 수인 5를 놓고 곱하는 수에 남은 수로 작은 두 자리 수를 만들면 89입니다.
따라서 가장 작은 곱을 구하면 5×89=445입니다.

7 ❶ 네 수의 크기를 비교하면 7>6>5>2이므로 십의 자리에 큰 수인 7과 6을 놓습니다.

❷
$$\begin{array}{r} 7\ 5 \\ \times\ 6\ 2 \\ \hline 1\ 5\ 0 \\ 4\ 5\ 0 \\ \hline 4\ 6\ 5\ 0 \end{array} \qquad \begin{array}{r} 7\ 2 \\ \times\ 6\ 5 \\ \hline 3\ 6\ 0 \\ 4\ 3\ 2 \\ \hline 4\ 6\ 8\ 0 \end{array}$$

❸ 4650<4680이므로 가장 큰 곱은 72×65=4680

8 십의 자리에 9와 8, 일의 자리에 4와 1을 놓고 곱셈식을 만들면

$$\begin{array}{r} 9\ 4 \\ \times\ 8\ 1 \\ \hline 9\ 4 \\ 7\ 5\ 2 \\ \hline 7\ 6\ 1\ 4 \end{array} \ < \ \begin{array}{r} 9\ 1 \\ \times\ 8\ 4 \\ \hline 3\ 6\ 4 \\ 7\ 2\ 8 \\ \hline 7\ 6\ 4\ 4 \end{array}$$

⇨ 가장 큰 곱은 91×84=7644입니다.

9 십의 자리에 3과 4, 일의 자리에 7과 8을 놓고 곱셈식을 만들면

$$\begin{array}{r} 3\ 7 \\ \times\ 4\ 8 \\ \hline 2\ 9\ 6 \\ 1\ 4\ 8 \\ \hline 1\ 7\ 7\ 6 \end{array} \ < \ \begin{array}{r} 3\ 8 \\ \times\ 4\ 7 \\ \hline 2\ 6\ 6 \\ 1\ 5\ 2 \\ \hline 1\ 7\ 8\ 6 \end{array}$$

⇨ 가장 작은 곱은 37×48=1776입니다.

유형 03 곱셈의 활용

15쪽	1 ❶ 180쪽 ❷ 36쪽 답 36쪽	
	2 1100원	3 219장
16쪽	4 ❶ 380봉지 ❷ 428봉지 답 428봉지	
	5 247명	6 706개
17쪽	7 ❶ 2600원 ❷ 400원 답 400원	
	8 750원	9 220원
18쪽	10 ❶ 120개 ❷ 840개 답 840개	
	11 2976개	12 7시간

1 ❶ (15일 동안 읽은 쪽수)=12×15=180(쪽)
❷ (더 읽어야 할 쪽수)=216−180=36(쪽)

2 (7일 동안 저금한 돈)=550×7=3850(원)
(더 저금해야 할 돈)=4950−3850=1100(원)

3 6장씩 37묶음 ⇨ 6×37=222(장)
9장씩 31묶음 ⇨ 9×31=279(장)
(전체 색종이 수)=222+279=501(장)
(더 필요한 색종이 수)=720−501=219(장)

4 ❶ (묶은 과자 봉지 수)=5×76=380(봉지)
❷ (전체 과자 봉지 수)=380+48=428(봉지)

5 (줄서 있는 학생 수)=13×16=208(명)
(전체 학생 수)=208+39=247(명)

6 (돼지의 다리 수)=124×4=496(개)
(닭의 다리 수)=105×2=210(개)
(돼지와 닭의 다리 수)=496+210=706(개)

7 ❶ (손수건 값)=650×4=2600(원)
❷ (거스름돈)=3000−2600=400(원)

8 (솜사탕 값)=850×5=4250(원)
(거스름돈)=5000−4250=750(원)

9 (색연필 값)$=90\times12=1080$(원)
(도화지 값)$=40\times30=1200$(원)
(색연필과 도화지의 값)$=1080+1200=2280$(원)
(거스름돈)$=2500-2280=220$(원)

10 ❶ (하루 동안 만들 수 있는 마카롱 수)
$=40\times3=120$(개)
❷ 일주일$=7$일이므로
(일주일 동안 만들 수 있는 마카롱 수)
$=120\times7=840$(개)

11 (하루 동안 만들 수 있는 로봇 수)$=12\times8=96$(개)
5월은 31일까지 있으므로
(5월 한 달 동안 만들 수 있는 로봇 수)
$=96\times31=2976$(개)

12 일주일$=7$일이므로 3주는 21일입니다.
(3주 동안 산책을 하는 시간)$=20\times21=420$(분)
1시간$=60$분이고 60분$\times7=420$분이므로 해수가 3주 동안 강아지와 산책을 하는 시간은 모두 7시간입니다.

유형 04 곱의 크기 비교

19쪽	**1** ❶ 1800 ❷ 1580 / 1975, $>$ ❸ 5, 6, 7, 8, 9 답 5, 6, 7, 8, 9	
	2 1, 2, 3, 4, 5	**3** 3
20쪽	**4** ❶ 456, 44 ❷ 13 ❸ 9 답 9	
	5 6	**6** 4

1 ❶ $60\times30=1800$
❷ ■$=4$일 때 $395\times4=1580<1800$
■$=5$일 때 $395\times5=1975>1800$
❸ ■에 들어갈 수 있는 수는 5와 같거나 큰 수이므로 5, 6, 7, 8, 9입니다.

2 $48\times70=3360$이므로 $567\times\square<3360$에서 567을 600으로 어림하면 $600\times6=3600>3360$
□ 안에 6부터 수를 넣어 곱의 크기를 비교하면
□$=6$일 때 $567\times6=3402>3360$
□$=5$일 때 $567\times5=2835<3360$
따라서 □ 안에 들어갈 수 있는 수는 5와 같거나 작은 수이므로 1, 2, 3, 4, 5입니다.

3 $50\times40=2000$, $93\times26=2418$이므로
$2000<681\times\square<2418$에서 681을 700으로 어림하면
$700\times4=2800>2418$
□ 안에 4부터 수를 넣어 곱의 크기를 비교하면
□$=4$일 때
$681\times4=2724$ ⇨ $2000<2724<2418$ (×)
□$=3$일 때
$681\times3=2043$ ⇨ $2000<2043<2418$ (○)
□$=2$일 때
$681\times2=1362$ ⇨ $2000<1362<2418$ (×)
따라서 □ 안에 들어갈 수 있는 수는 3입니다.

4 ❶ ■$=8$일 때 $8\times57=456<500$
⇨ $500-456=44$
❷ ■$=9$일 때 $9\times57=513>500$
⇨ $513-500=13$
❸ $44>13$이므로 500과의 차가 더 작은 곱은 ■$=9$일 때입니다.

5 □$=7$일 때 $7\times74=518>470$ ⇨ $518-470=48$
□$=6$일 때 $6\times74=444<470$ ⇨ $470-444=26$
$48>26$이므로 470과의 차가 더 작은 곱은 □$=6$일 때입니다.

6 어떤 자연수를 □라고 하면 $238\times\square$
□$=4$일 때
$238\times4=952<1000$ ⇨ $1000-952=48$
□$=5$일 때
$238\times5=1190>1000$ ⇨ $1190-1000=190$
$48<190$이므로 1000과의 차가 더 작은 곱은 □$=4$일 때입니다.

유형 05 모르는 수 구하기

21쪽	**1** ❶ 39 ❷ 936 답 936	
	2 2072	**3** 1295
22쪽	**4** ❶ 12, 13 ❷ 156 답 156	
	5 272	**6** 2550

1 ❶ 어떤 수를 □라고 하면
어떤 수에 24를 더하면 63이 됩니다.
⇨ $\square+24=63$, $\square=63-24$, $\square=39$
❷ 어떤 수에 24를 곱합니다.
⇨ $\square\times24=39\times24=936$

2 어떤 수를 □라고 하면
<잘못 계산>
어떤 수에서 37을 빼면 19가 됩니다.
⇨ $\square-37=19$, $\square=19+37$, $\square=56$

〈바른 계산〉
어떤 수에 37을 곱합니다.
⇨ □×37=56×37=2072

3 어떤 수를 □라고 하면
〈잘못 계산〉
185에서 어떤 수를 빼면 178이 됩니다.
⇨ 185−□=178, □=185−178, □=7
〈바른 계산〉
185에 어떤 수를 곱합니다.
⇨ 185×□=185×7=1295

4 ❶ 연속하는 두 자연수를 □, □+1이라 하면
□+(□+1)=25 ⇨ □+□=24
12+12=24이므로 □=12
연속하는 두 자연수는 12, 13입니다.
❷ 두 자연수의 곱은 12×13=156입니다.

5 연속하는 두 자연수를 □, □+1이라 하면
□+(□+1)=33 ⇨ □+□=32
16+16=32이므로 □=16
연속하는 두 자연수는 16, 17입니다.
따라서 두 자연수의 곱은 16×17=272입니다.

6 펼친 두 면의 쪽수를 □, □+1이라 하면
□+(□+1)=101 ⇨ □+□=100
50+50=100이므로 □=50
펼친 두 면의 쪽수는 50, 51입니다.
따라서 펼친 두 면 쪽수의 곱은 50×51=2550입니다.

유형 06 곱셈의 규칙

23쪽	**1** ❶ 205 ❷ 205×5=1025 답 205, 1025
	2 180, 900 **3** 356, 2492
24쪽	**4** ❶ 64 / 256 ❷ 예 4, 6이 반복됩니다. ❸ 6 답 6
	5 9 **6** 1

1 ❶ 세 번째 수인 205입니다.
❷ 203+204+205+206+207
=(205−2)+(205−1)+205+(205+1)
+(205+2)
=205+205+205+205+205
=205×5=1025

2 가운데 수인 180을 기준으로 다른 수들을 나타냅니다.
178+179+180+181+182
=(180−2)+(180−1)+180+(180+1)+(180+2)
=180+180+180+180+180
=180×5=900

3 가운데 수인 356을 기준으로 다른 수들을 나타냅니다.
350+352+354+356+358+360+362
=(356−6)+(356−4)+(356−2)+356+(356+2)
+(356+4)+(356+6)
=356+356+356+356+356+356+356
=356×7=2492

4 ❶ 4
4×4=16
4×4×4=16×4=64
4×4×4×4=64×4=256
❷ 곱의 일의 자리 수는 4, 6이 반복됩니다.
❸ 4를 10번 곱한 값은 4를 짝수 번 곱한 수이므로
4를 10번 곱한 값의 일의 자리 수는 6입니다.

5 9, 9×9=81, 9×9×9=81×9=729,
9×9×9×9=729×9=6561, ...
〈규칙〉 곱의 일의 자리 수는 9, 1이 반복됩니다.
⇨ 9를 25번 곱한 값은 9를 홀수 번 곱한 수이므로
9를 25번 곱한 값의 일의 자리 수는 9입니다.

6 3, 3×3=9, 3×3×3=9×3=27,
3×3×3×3=27×3=81,
3×3×3×3×3=81×3=243, ...
〈규칙〉 곱의 일의 자리 수는 3, 9, 7, 1로 수 4개가 반복됩니다.
⇨ 20÷4=5이므로 3을 20번 곱한 값의 일의 자리 수는
네 번째 수인 1과 같습니다.

유형 07 그림으로 문제 해결하기

25쪽	**1** ❶ 40그루 ❷ 39군데 ❸ 273 m 답 273 m
	2 725 m **3** 612 m
26쪽	**4** ❶ 4, 544 ❷ 540그루 답 540그루
	5 476개 **6** 578개
27쪽	**7** ❶ 805 cm ❷ 204 cm ❸ 601 cm 답 601 cm
	8 846 cm **9** 128 cm

1 ❶ 직선 도로의 양쪽에 심은 나무가 80그루이고
$40+40=80$이므로 직선 도로의 한쪽에 심은 나무는 40그루입니다.
❷ (간격 수)$=$(한쪽에 심은 나무 수)-1
$=40-1=39$(군데)
❸ (직선 도로의 길이)$=$(나무 사이의 간격)$\times$(간격 수)
$=7\times39=273$(m)

2 직선 도로의 양쪽에 세운 가로등이 60개이고
$30+30=60$이므로 직선 도로의 한쪽에 세운 가로등은 30개입니다.
(간격 수)$=$(한쪽에 세운 가로등 수)-1
$=30-1=29$(군데)
(직선 도로의 길이)$=$(가로등 사이의 간격)$\times$(간격 수)
$=25\times29=725$(m)

3 (간격 수)$=$(나무 수)$=34$군데
(호수의 둘레)$=$(나무 사이의 간격)$\times$(간격 수)
$=18\times34=612$(m)

4 ❶ $136\times4=544$(그루)
❷ 네 꼭짓점에 겹치는 나무 4그루를 빼 주면
$544-4=540$(그루)

5 한 변에 120개씩 네 변에 꽂을 수 있는 나무막대는
$120\times4=480$(개)
네 꼭짓점에 겹치는 나무막대 4개를 빼 주면
$480-4=476$(개)

6 가로에 147개씩 두 변에 세울 수 있는 깃발은
$147\times2=294$(개)
세로에 144개씩 두 변에 세울 수 있는 깃발은
$144\times2=288$(개)
⇨ 네 변에 세울 수 있는 깃발은 $294+288=582$(개)
네 꼭짓점에 겹치는 깃발 4개를 빼 주면
$582-4=578$(개)

7 ❶ (테이프 35장 길이의 합)$=23\times35=805$(cm)
❷ (겹친 부분 수)$=$(테이프 수)-1
$=35-1=34$(군데)
(겹친 부분 길이의 합)$=6\times34=204$(cm)
❸ (이어 붙인 테이프의 전체 길이)
$=$(테이프 35장 길이의 합)$-$(겹친 부분 길이의 합)
$=805-204=601$(cm)

8 (테이프 27장 길이의 합)$=40\times27=1080$(cm)
(겹친 부분 수)$=$(테이프 수)-1
$=27-1=26$(군데)
(겹친 부분 길이의 합)$=9\times26=234$(cm)
(이어 붙인 테이프의 전체 길이)
$=$(테이프 27장 길이의 합)$-$(겹친 부분 길이의 합)
$=1080-234=846$(cm)

9 (테이프 8장 길이의 합)$=195\times8=1560$(mm)
⇨ 156 cm
(겹친 부분 수)$=$(테이프 수)-1
$=8-1=7$(군데)
(겹친 부분의 길이의 합)$=4\times7=28$(cm)
(이어 붙인 테이프의 전체 길이)
$=$(테이프 8장 길이의 합)$-$(겹친 부분 길이의 합)
$=156-28=128$(cm)

단원 1 유형 마스터

28쪽	**01** 375개	**02** (위에서부터) 8, 3, 1, 9	
	03 4		
29쪽	**04** 1645	**05** 2088	**06** 192 m
30쪽	**07** 5185번	**08** 428개	**09** 1168 cm
31쪽	**10** 899	**11** 256, 7	**12** 1275

01 (우주가 접은 종이학 수)$=125\times5=625$(개)
(더 접어야 할 종이학 수)$=1000-625=375$(개)

02
```
      4  8
  ×  ㉠ ㉡
  ---------
     ㉢ 4  4
  3  8  4
  ---------
  3  ㉣ 8  4
```
$8\times$㉡의 값에서 일의 자리 수가 4이므로
㉡$=3$ 또는 ㉡$=8$
㉡$=3$일 때
$48\times3=144$이므로 ㉢$=1$
㉡$=8$일 때
$48\times8=384$이므로 ㉢44와 맞지 않습니다.
$48\times$㉠$=384$에서 ㉠$=8$
$144+3840=3984$이므로 ㉣$=9$

03 $29\times57=1653$이므로 $348\times\square<1653$에서 348을 300으로 어림하면 $300\times5=1500<1653$
□ 안에 5부터 수를 넣어 곱의 크기를 비교하면
$\square=5$일 때 $348\times5=1740>1653$
$\square=4$일 때 $348\times4=1392<1653$
따라서 □ 안에 들어갈 수 있는 수는 4와 같거나 작은 수이므로 가장 큰 수는 4입니다.

04 어떤 수를 □라고 하면

〈잘못 계산〉

47에 어떤 수를 더하면 82가 됩니다.

⇨ 47＋□＝82, □＝82－47, □＝35

〈바른 계산〉

47에 어떤 수를 곱합니다.

⇨ 47×□＝47×35＝1645

05 십의 자리에 3과 5, 일의 자리에 6과 8을 놓고 곱셈식을 만들면

$$\begin{array}{r} 36 \\ \times\ 58 \\ \hline 288 \\ 180\ \ \\ \hline 2088 \end{array} \ \textcircled{<}\ \begin{array}{r} 38 \\ \times\ 56 \\ \hline 228 \\ 190\ \ \\ \hline 2128 \end{array}$$

⇨ 가장 작은 곱은 36×58＝2088입니다.

06 (간격 수)＝(말뚝 수)＝64군데

(농장의 둘레)＝(말뚝 사이의 간격)×(간격 수)

＝3×64＝192(m)

07 9월은 30일, 10월은 31일까지 있으므로

(9월과 10월에 한 줄넘기 날수)＝30＋31＝61(일)

(9월과 10월에 한 줄넘기 횟수)＝85×61＝5185(번)

08 한 변에 108개씩 네 변에 놓을 수 있는 화분은

108×4＝432(개)

네 꼭짓점에 겹치는 화분 4개를 빼 주면

432－4＝428(개)

09 (테이프 43장 길이의 합)＝34×43＝1462(cm)

(겹친 부분 수)＝(테이프 수)－1

＝43－1＝42(군데)

(겹친 부분 길이의 합)＝7×42＝294(cm)

(이어 붙인 테이프의 전체 길이)

＝(테이프 43장 길이의 합)－(겹친 부분 길이의 합)

＝1462－294＝1168(cm)

10 연속하는 세 자연수를 □－1, □, □＋1이라 하면

(□－1)＋□＋(□＋1)＝90

⇨ □＋□＋□＝90

30＋30＋30＝90이므로 □＝30

연속하는 세 자연수는 29, 30, 31입니다.

따라서 가장 큰 수와 가장 작은 수의 곱은

31×29＝899입니다.

11 두 수를 ㉠5㉡, ㉢이라 하면 덧셈식의 십의 자리에서 받아올림이 없으므로 ㉠＝2이고 25㉡＋㉢＝263입니다.

두 수의 합의 일의 자리 수가 3이므로 ㉡＋㉢＝13에서 ㉡과 ㉢이 될 수 있는 수는 4와 9, 5와 8, 6과 7입니다.

두 수의 곱의 일의 자리 수가 2이므로

4×9＝36, 5×8＝40, 6×7＝42에서

㉡과 ㉢이 될 수 있는 수는 6과 7입니다.

㉡＝6, ㉢＝7일 때 256×7＝1792

㉡＝7, ㉢＝6일 때 257×6＝1542

따라서 두 수는 256, 7입니다.

12 1＋2＋3＋4＋5＋…＋46＋47＋48＋49＋50

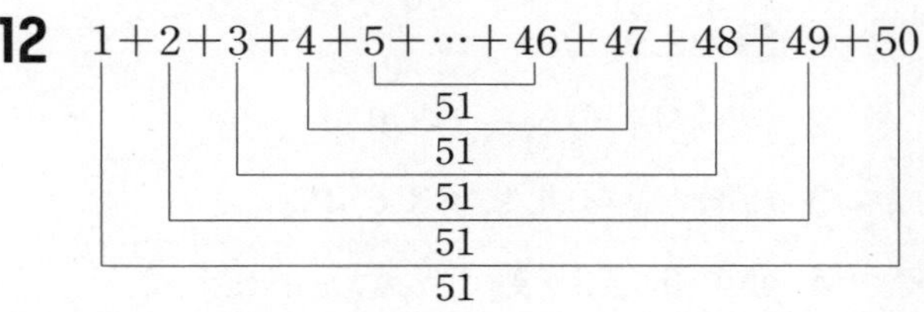

＝51×25＝1275

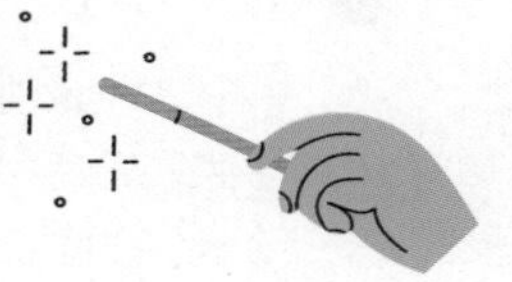

2 나눗셈

유형 01 나눗셈식 완성하기

34쪽	1 ❶ ㉢ 9, ㉣ 1, ㉤ 8 ❷ 3 ❸ 2 답 3, 2, 9, 1, 8
	2 (위에서부터) 5, 6, 2, 3, 0
	3 (위에서부터) 4, 9, 3, 3, 6, 3
35쪽	4 ❶ ㉡ 6, ㉥ 3 ❷ ㉠ 7, ㉢ 5, ㉣ 4, ㉤ 2 답 7, 6, 5 / 4, 2, 3
	5 (위에서부터) 3, 8, 6, 2, 1, 5, 6
	6 (위에서부터) 6, 4, 5, 4, 2, 2, 4

1 ❶ ㉢을 그대로 내려쓴 수가 9이므로 ㉢=9
19−㉣㉤=1이므로 ㉣㉤=18 ⇨ ㉣=1, ㉤=8
❷ ㉠×6=㉣㉤이므로 ㉠×6=18 ⇨ ㉠=3
❸ ㉠×㉡=6이므로 3×㉡=6 ⇨ ㉡=2

2

```
      1 ㉡
㉠ ) 9 ㉢
     6
    3 2
   ㉣ ㉤
      2
```

㉢을 그대로 내려쓴 수가 2이므로 ㉢=2
32−㉣㉤=2이므로 ㉣㉤=30 ⇨ ㉣=3, ㉤=0
㉠×1=6이므로 ㉠=6
㉠×㉡=㉣㉤이므로 6×㉡=30 ⇨ ㉡=5

3

```
      ㉡ 7
㉠ ) 4 ㉢ 0
    ㉣ 6
       7 0
      ㉤ ㉥
         7
```

70−㉤㉥=7이므로 ㉤㉥=63 ⇨ ㉤=6, ㉥=3
㉠×7=㉤㉥이므로 ㉠×7=63 ⇨ ㉠=9
㉠×㉡=㉣6이므로 9×㉡=㉣6 ⇨ ㉡=4, ㉣=3
4㉢−㉣6=7이므로 4㉢−36=7 ⇨ ㉢=3

4 ❶ 6×㉡=36이므로 ㉡=6
㉥8−36=2이므로 ㉥=3
❷ 4㉢−㉣㉤=3에서 ㉣=4이어야 합니다.
6×㉠의 값에서 십의 자리 수가 4이므로
㉠=7 또는 ㉠=8
㉠=7일 때 ㉤=2이므로 4㉢−42=3 ⇨ ㉢=5
㉠=8일 때 ㉤=8이므로 4㉢−48=3
⇨ ㉢에 알맞은 수가 없습니다.

5

```
      ㉠ ㉡
7 ) 2 ㉢ 9
   ㉣ ㉤
      ㉥ 9
      5 ㉦
        3
```

㉥9−5㉦=3이므로 ㉥=5, ㉦=6
7×㉡=56이므로 ㉡=8
2㉢−㉣㉤=5에서 ㉣=2이어야 합니다.
7×㉠의 값에서 십의 자리 수가 2이므로
㉠=3 또는 ㉠=4
㉠=3일 때 ㉤=1이므로 2㉢−21=5 ⇨ ㉢=6
㉠=4일 때 ㉤=8이므로 2㉢−28=5
⇨ ㉢에 알맞은 수가 없습니다.

6

```
      1 ㉡
㉠ ) 6 ㉢
    ㉣
    ㉤ 5
    ㉥ ㉦
       1
```

㉢을 그대로 내려쓴 수가 5이므로 ㉢=5
5−㉦=1이므로 ㉦=4
㉠×1=㉣이므로 ㉠=㉣이고 ㉠=4 또는 ㉠=5
㉠=4일 때 4×㉡=㉥4 ⇨ ㉡=6, ㉥=2, ㉣=4
㉠=5일 때 5×㉡=㉥4 ⇨ ㉡에 알맞은 수가 없습니다.
㉤=6−4=2

유형 02 나눗셈의 활용

36쪽	1 ❶ 90장 ❷ 15장 답 15장	
	2 18개	3 17명, 1켤레
37쪽	4 ❶ 10개 ❷ 11개 답 11개	
	5 14개	6 16개
38쪽	7 ❶ 3권 ❷ 1권 답 1권	
	8 8개	9 4장
39쪽	10 ❶ 예 바둑돌 3개가 ●○○으로 반복됩니다. ❷ 흰색 답 흰색	
	11 검은색	12 7

1 ❶ (전체 색종이 수)=10×9=90(장)
❷ (한 명이 가질 수 있는 색종이 수)=90÷6=15(장)

2 (전체 도넛 수)$=3\times24=72$(개)
(한 명이 가질 수 있는 도넛 수)$=72\div4=18$(개)

3 (전체 양말 켤레 수)$=15\times8=120$(켤레)
$120\div7=17\cdots1$이므로 양말 120켤레를 한 명당 7켤레씩 갖는다면 모두 17명이 가질 수 있고, 1켤레가 남습니다.

4 ❶ $54\div5=10\cdots4$이므로 바구니 한 개에 사과를 5개씩 바구니 10개에 담을 수 있고, 4개가 남습니다.
❷ 남은 사과 4개도 바구니에 담아야 하므로 바구니는 적어도 $10+1=11$(개) 필요합니다.

5 $81\div6=13\cdots3$이므로 유리병 한 개에 공깃돌을 6개씩 유리병 13개에 담을 수 있고, 3개가 남습니다.
남은 공깃돌 3개도 유리병에 담아야 하므로 유리병은 적어도 $13+1=14$(개) 필요합니다.

6 (전체 구슬 수)$=69+74=143$(개)
$143\div9=15\cdots8$이므로 통 한 개에 구슬을 9개씩 통 15개에 넣을 수 있고, 8개가 남습니다.
남은 구슬 8개도 통에 넣어야 하므로 통은 적어도
$15+1=16$(개) 필요합니다.

7 ❶ $31\div4=7\cdots3$이므로 공책 31권을 4명에게 7권씩 나누어 줄 수 있고, 3권이 남습니다.
❷ 공책을 4명에게 남김없이 똑같이 나누어 주려면 공책은 적어도 $4-3=1$(권) 더 필요합니다.

8 $64\div9=7\cdots1$이므로 초콜릿 64개를 9봉지에 7개씩 나누어 포장할 수 있고, 1개가 남습니다.
초콜릿을 9봉지에 남김없이 똑같이 나누어 포장하려면 초콜릿은 적어도 $9-1=8$(개) 더 필요합니다.

9 (전체 도화지 수)$=12\times13=156$(장)
$156\div8=19\cdots4$이므로 도화지 156장을 8명에게 19장씩 나누어 줄 수 있고, 4장이 남습니다.
도화지를 8명에게 남김없이 똑같이 나누어 주려면 도화지는 적어도 $8-4=4$(장) 더 필요합니다.

10 ❶ 늘어놓은 바둑돌에서 ●○○이 반복되므로 바둑돌 3개가 반복되는 규칙입니다.
❷ $20\div3=6\cdots2$이므로 20번째에 놓일 바둑돌은 6번째 묶음 다음 2번째에 놓이는 ○으로 바둑돌의 색깔은 흰색입니다.

11 늘어놓은 바둑돌에서 ○●●○이 반복되므로 바둑돌 4개가 반복되는 규칙입니다.
$75\div4=18\cdots3$이므로 75번째에 놓일 바둑돌은 18번째 묶음 다음 3번째에 놓이는 ●으로 바둑돌의 색깔은 검은색입니다.

12 늘어놓은 수에서 7 5 2 7 4가 반복되므로 수 5개가 반복되는 규칙입니다.
$106\div5=21\cdots1$이므로 106번째에 놓일 수는 21번째 묶음 다음 1번째에 놓이는 수인 7입니다.

유형 03 수 카드로 나눗셈식 만들기

40쪽	1 ❶ $24\div7=3\cdots3$, $27\div4=6\cdots3$ $42\div7=6$, $47\div2=23\cdots1$ $72\div4=18$, $74\div2=37$ ❷ 3가지 답 3가지	
	2 4가지	3 5가지
41쪽	4 ❶ 87 ❷ 5 ❸ 몫: 17, 나머지: 2 답 17, 2	
	5 46, 1	6 254, 2
42쪽	7 ❶ 23 ❷ 6 ❸ 몫: 3, 나머지: 5 답 3, 5	
	8 6, 4	9 32, 1

1 ❶ $24\div7=3\cdots3$ $27\div4=6\cdots3$
$42\div7=6$ $47\div2=23\cdots1$
$72\div4=18$ $74\div2=37$
❷ 나누어떨어지는 나눗셈식은 $42\div7=6$, $72\div4=18$, $74\div2=37$이므로 모두 3가지입니다.

2 (두 자리 수)÷(한 자리 수)의 나눗셈식을 만들어 계산하면
$69\div3=23$ $63\div9=7$
$96\div3=32$ $93\div6=15\cdots3$
$36\div9=4$ $39\div6=6\cdots3$
나누어떨어지는 나눗셈식은 $69\div3=23$, $63\div9=7$, $96\div3=32$, $36\div9=4$이므로 모두 4가지입니다.

3 (두 자리 수)÷(한 자리 수)의 나눗셈식을 만들어 계산하면
$82\div5=16\cdots2$ $85\div2=42\cdots1$
$28\div5=5\cdots3$ $25\div8=3\cdots1$
$58\div2=29$ $52\div8=6\cdots4$
나머지가 있는 나눗셈식은 $82\div5=16\cdots2$, $85\div2=42\cdots1$, $28\div5=5\cdots3$, $25\div8=3\cdots1$, $52\div8=6\cdots4$이므로 모두 5가지입니다.

4 ❶ 세 수의 크기를 비교하면 $8>7>5$이므로 몫이 가장 큰 나눗셈식을 만들려면 나누어지는 수에 가장 큰 두 자리 수인 87을 놓습니다.
❷ 나누는 수에 가장 작은 한 자리 수인 5를 놓습니다.
❸ $87\div5=17\cdots2$이므로 몫은 17이고, 나머지는 2입니다.

5 세 수의 크기를 비교하면 9>3>2이므로 몫이 가장 큰 나눗셈식을 만들려면 나누어지는 수에 가장 큰 두 자리 수인 93을 놓고, 나누는 수에 가장 작은 한 자리 수인 2를 놓습니다.

⇨ 93÷2=46…1이므로 몫은 46이고, 나머지는 1입니다.

6 네 수의 크기를 비교하면 7>6>4>3이므로 몫이 가장 큰 나눗셈식을 만들려면 나누어지는 수에 가장 큰 세 자리 수인 764를 놓고, 나누는 수에 가장 작은 한 자리 수인 3을 놓습니다.

⇨ 764÷3=254…2이므로 몫은 254이고, 나머지는 2입니다.

7 ❶ 세 수의 크기를 비교하면 2<3<6이므로 몫이 가장 작은 나눗셈식을 만들려면 나누어지는 수에 가장 작은 두 자리 수인 23을 놓습니다.

❷ 나누는 수에 가장 큰 한 자리 수인 6을 놓습니다.

❸ 23÷6=3…5이므로 몫은 3이고, 나머지는 5입니다.

8 세 수의 크기를 비교하면 4<6<7이므로 몫이 가장 작은 나눗셈식을 만들려면 나누어지는 수에 가장 작은 두 자리 수인 46을 놓고, 나누는 수에 가장 큰 한 자리 수인 7을 놓습니다.

⇨ 46÷7=6…4이므로 몫은 6이고, 나머지는 4입니다.

9 네 수의 크기를 비교하면 2<5<7<8이므로 몫이 가장 작은 나눗셈식을 만들려면 나누어지는 수에 가장 작은 세 자리 수인 257을 놓고, 나누는 수에 가장 큰 한 자리 수인 8을 놓습니다.

⇨ 257÷8=32…1이므로 몫은 32이고, 나머지는 1입니다.

유형 04 나누어지는 수 구하기

43쪽	**1** ❶ 12, 16 ❷ 2, 6 답 2, 6
	2 0, 5 **3** 2, 8
44쪽	**4** ❶ 33 ❷ 33, 36, 39 답 33, 36, 39
	5 68, 72 **6** 3개
45쪽	**7** ❶ 42, 48, 54, 60, 66 ❷ 46, 52, 58, 64 답 46, 52, 58, 64
	8 58, 65, 72, 79 **9** 91
46쪽	**10** ❶ 4 ❷ 85, 4, 89 답 89
	11 77 **12** 260

1 ❶ 4로 나누어떨어지므로 4×●=1■

1■는 4단 곱셈구구에서 십의 자리 수가 1인 값이므로 4×3=12, 4×4=16

❷ 1■는 12, 16이므로 ■에 들어갈 수 있는 수는 2, 6입니다.

2

```
     1 ●
5 ) 7 □
    5
    2 □
    2 □
      0
```

5로 나누어떨어지므로 5×●=2□

2□는 5단 곱셈구구에서 십의 자리 수가 2인 값이므로 5×4=20, 5×5=25

⇨ 2□는 20, 25이므로 □ 안에 들어갈 수 있는 수는 0, 5입니다.

3

```
       8 ●
6 ) 4 9 □
    4 8
      1 □
      1 □
        0
```

6으로 나누어떨어지므로 6×●=1□

1□는 6단 곱셈구구에서 십의 자리 수가 1인 값이므로 6×2=12, 6×3=18

⇨ 1□는 12, 18이므로 □ 안에 들어갈 수 있는 수는 2, 8입니다.

4 ❶ 30보다 크고 40보다 작은 자연수를 3으로 나누면

31÷3=10…1, 32÷3=10…2,
33÷3=11, 34÷3=11…1, ...

⇨ 3으로 나누어떨어지는 가장 작은 수는 33입니다.

❷ 33에 3씩 더한 수도 3으로 나누어떨어지므로 33+3=36, 36+3=39도 3으로 나누어떨어집니다. 따라서 3으로 나누어떨어지는 수는 33, 36, 39입니다.

5 65보다 크고 75보다 작은 자연수를 4로 나누면

66÷4=16…2, 67÷4=16…3, 68÷4=17,
69÷4=17…1, ...

⇨ 4로 나누어떨어지는 가장 작은 수는 68입니다.

68에 4씩 더한 수도 4로 나누어떨어지므로 68+4=72도 4로 나누어떨어집니다.

따라서 4로 나누어떨어지는 수는 68, 72입니다.

참고
65÷4=16…1이므로 65보다 큰 수 중에서 4로 나누어떨어지는 가장 작은 수는 65에 4−1=3을 더한 65+3=68입니다.

6 80보다 크고 100보다 작은 자연수를 7로 나누면
$81 \div 7 = 11 \cdots 4$, $82 \div 7 = 11 \cdots 5$,
$83 \div 7 = 11 \cdots 6$, $84 \div 7 = 12$, …
⇨ 7로 나누어떨어지는 가장 작은 수는 84입니다.
84에 7씩 더한 수도 7로 나누어떨어지므로
$84 + 7 = 91$, $91 + 7 = 98$도 7로 나누어떨어집니다.
따라서 7로 나누어떨어지는 수는 84, 91, 98이므로 모두 3개입니다.

7 ❶ $42 \div 6 = 7$, $48 \div 6 = 8$, $54 \div 6 = 9$, $60 \div 6 = 10$, $66 \div 6 = 11$이므로
40보다 크고 70보다 작은 자연수 중에서 6으로 나누어떨어지는 수는 42, 48, 54, 60, 66입니다.
❷ 6으로 나누어떨어지는 수에 나머지 4를 더하면
$42 + 4 = 46$, $48 + 4 = 52$, $54 + 4 = 58$
$60 + 4 = 64$, $66 + 4 = 70$
따라서 조건을 만족하는 자연수는 46, 52, 58, 64입니다.

8 $56 \div 7 = 8$, $63 \div 7 = 9$, $70 \div 7 = 10$, $77 \div 7 = 11$, $84 \div 7 = 12$이므로
55보다 크고 85보다 작은 자연수 중에서 7로 나누어떨어지는 수는 56, 63, 70, 77, 84입니다.
7로 나누어떨어지는 수에 나머지 2를 더하면 $56 + 2 = 58$, $63 + 2 = 65$, $70 + 2 = 72$, $77 + 2 = 79$, $84 + 2 = 86$
따라서 조건을 만족하는 자연수는 58, 65, 72, 79입니다.

9 $72 \div 8 = 9$, $80 \div 8 = 10$, $88 \div 8 = 11$이므로
70보다 크고 95보다 작은 자연수 중에서 8로 나누어떨어지는 수는 72, 80, 88입니다.
8로 나누어떨어지는 수에 나머지 3을 더하면 $72 + 3 = 75$, $80 + 3 = 83$, $88 + 3 = 91$
이 수를 9로 나누면 $75 \div 9 = 8 \cdots 3$, $83 \div 9 = 9 \cdots 2$, $91 \div 9 = 10 \cdots 1$
따라서 조건을 만족하는 자연수는 91입니다.

10 ❶ 나머지 ▲는 나누는 수 5보다 작아야 하므로 가장 큰 나머지 ▲는 4입니다.
❷ $5 \times 17 = 85$, $85 + ▲ = ■$ ⇨ $■ = 85 + 4 = 89$

11 나머지 △는 나누는 수 6보다 작아야 하므로 가장 큰 나머지 △는 5입니다.
나눗셈의 계산이 맞는지 확인하는 식으로 □를 구하면
$6 \times 12 = 72$, $72 + △ = □$ ⇨ $□ = 72 + 5 = 77$

12 나머지는 나누는 수 9보다 작아야 하므로 가장 큰 나머지는 8입니다.
나눗셈의 계산이 맞는지 확인하는 식으로 나누어지는 수를 구하면
$9 \times 28 = 252$, $252 + 8 = 260$
따라서 □ 안에 들어갈 수 있는 가장 큰 수는 260입니다.

유형 05 나눗셈의 검산 활용

47쪽	1 ❶ $□ \div 4 = 13 \cdots 2$ ❷ 54 ❸ 6 답 6	
	2 27	3 175
48쪽	4 ❶ 110 cm ❷ 13도막이 되고, 6 cm가 남습니다. 답 13도막, 6 cm	
	5 10일, 4쪽	6 21개
49쪽	7 ❶ $□ \div 6 = 23 \cdots 5$ ❷ 143 ❸ 858 답 858	
	8 702	9 12, 3

1 ❶ (어떤 수)÷(나누는 수)=(몫)···(나머지)
⇨ $□ \div 4 = 13 \cdots 2$
❷ 나눗셈의 계산이 맞는지 확인하는 식으로 □를 구하면
$4 \times 13 = 52$, $52 + 2 = 54$ ⇨ $□ = 54$
❸ $54 \div 9 = 6$

2 어떤 수를 □라 하고 나눗셈식으로 나타내면
$□ \div 7 = 11 \cdots 4$
나눗셈의 계산이 맞는지 확인하는 식으로 □를 구하면
$7 \times 11 = 77$, $77 + 4 = 81$ ⇨ $□ = 81$
따라서 어떤 수를 3으로 나눈 몫은 $81 \div 3 = 27$입니다.

3 어떤 수를 □라 하고 나눗셈식으로 나타내면
$□ \div 8 = ★ \cdots 6$, $★ \div 3 = 14 \cdots 1$
나눗셈의 계산이 맞는지 확인하는 식으로 □를 구하면
$3 \times 14 = 42$, $42 + 1 = 43$ ⇨ $★ = 43$
$8 \times ★ = 8 \times 43 = 344$, $344 + 6 = 350$
⇨ $□ = 350$
따라서 어떤 수를 2로 나눈 몫은 $350 \div 2 = 175$입니다.

4 ❶ 지아가 자르기 전에 가지고 있던 털실의 길이를 □ cm라고 하면 $□ \div 7 = 15 \cdots 5$
나눗셈의 계산이 맞는지 확인하는 식으로 □를 구하면 $7 \times 15 = 105$, $105 + 5 = 110$ ⇨ $□ = 110$
지아가 자르기 전에 가지고 있던 털실의 길이는 110 cm입니다.
❷ 현수가 110 cm인 털실을 8 cm씩 자른다면
$110 \div 8 = 13 \cdots 6$
⇨ 13도막이 되고, 6 cm가 남습니다.

다른 풀이
(15도막 길이의 합)$= 7 \times 15 = 105$(cm)
(자르기 전 털실의 길이)$= 105 + 5 = 110$(cm)
⇨ $110 \div 8 = 13 \cdots 6$이므로 13도막이 되고, 6 cm가 남습니다.

5 건이가 읽은 동화책의 전체 쪽수를 □쪽이라 하면
□÷9=7···1
나눗셈의 계산이 맞는지 확인하는 식으로 □를 구하면
9×7=63, 63+1=64 ⇨ □=64
솔이가 64쪽인 동화책을 매일 하루에 6쪽씩 읽는다면
64÷6=10···4
⇨ 10일 동안 읽을 수 있고, 4쪽이 남습니다.

> **다른 풀이**
> (일주일 동안 읽은 쪽수)=9×7=63(일)
> (전체 쪽수)=63+1=64(쪽)
> ⇨ 64÷6=10···4이므로 10일 동안 읽을 수 있고, 4쪽이 남습니다.

6 전체 쿠키 수를 □개라고 하면
□÷8=12···7
나눗셈의 계산이 맞는지 확인하는 식으로 □를 구하면
8×12=96, 96+7=103 ⇨ □=103
103÷5=20···3이므로 쿠키를 5개씩 상자 20개에 담을 수 있고, 3개가 남습니다.
⇨ 쿠키를 상자에 모두 담으려면 남은 쿠키 3개도 상자에 넣어야 하므로 상자는 적어도 20+1=21(개) 필요합니다.

> **다른 풀이**
> (8개씩 12줄로 놓은 쿠키 수)=8×12=96(개)
> (전체 쿠키 수)=96+7=103(개)
> ⇨ 103÷5=20···3이므로 상자는 적어도 20+1=21(개) 필요합니다.

7 ❶ 어떤 수를 □라 하고 잘못 계산한 식을 세우면
□÷6=23···5
❷ 나눗셈의 계산이 맞는지 확인하는 식으로 □를 구하면
6×23=138, 138+5=143 ⇨ □=143
❸ □×6 ⇨ 143×6=858

8 어떤 수를 □라 하고 잘못 계산한 식을 세우면
□÷9=8···6
나눗셈의 계산이 맞는지 확인하는 식으로 □를 구하면
9×8=72, 72+6=78 ⇨ □=78
바르게 계산하면
□×9 ⇨ 78×9=702

9 어떤 수를 □라 하고 잘못 계산한 식을 세우면
□÷4=15···3
나눗셈의 계산이 맞는지 확인하는 식으로 □를 구하면
4×15=60, 60+3=63 ⇨ □=63
바르게 계산하면
□÷5 ⇨ 63÷5=12···3

유형 06 그림으로 문제 해결하기

50쪽	1 ❶ 25도막 ❷ 24번 답 24번	
	2 13번	3 21 cm
51쪽	4 ❶ 15군데 ❷ 16그루 ❸ 32그루 답 32그루	
	5 50개	6 15 m
52쪽	7 ❶ 12 cm ❷ 98 cm ❸ 14 cm 답 14 cm	
	8 16 cm	9 17 cm
53쪽	10 ❶ 15장 ❷ 12장 ❸ 180장 답 180장	
	11 91장	12 144장

1 ❶ 75÷3=25(도막)
❷ 테이프를 자른 횟수는 도막 수보다 1만큼 더 작은 수이므로
25−1=24(번)

2 (통나무를 자른 도막 수)=84÷6=14(도막)
통나무를 자른 횟수는 도막 수보다 1만큼 더 작은 수이므로
14−1=13(번)

3 리본 끈의 도막 수는 자른 횟수보다 1만큼 더 큰 수이므로
7+1=8(도막)
(자른 리본 끈 한 도막의 길이)=168÷8=21(cm)

4 ❶ (간격 수)=90÷6=15(군데)
❷ (나무 수)=(간격 수)+1
=15+1=16(그루)
❸ 직선 도로의 한쪽에 16그루씩 양쪽에 심을 수 있는 나무는 16×2=32(그루)입니다.

5 (간격 수)=168÷7=24(군데)
직선 도로의 한쪽에 세울 수 있는 가로등은
(간격 수)+1=24+1=25(개)
따라서 직선 도로의 한쪽에 25개씩 양쪽에 세울 수 있는 가로등은 25×2=50(개)입니다.

6 (간격 수)=(나무 수)−1
=7−1=6(군데)
(나무 사이의 간격)=(직선 도로의 길이)÷(간격 수)
=90÷6=15(m)

7 ❶ (겹친 부분 수)=(테이프 수)−1
=7−1=6(군데)
(겹친 부분 길이의 합)=2×6=12(cm)

❷ (테이프 7장 길이의 합)$=86+12=98$(cm)
❸ (테이프 한 장의 길이)
$=$(테이프 7장 길이의 합)$\div$(테이프 수)
$=98\div7=14$(cm)

8 (겹친 부분 수)$=$(테이프 수)-1
$=8-1=7$(군데)
(겹친 부분 길이의 합)$=3\times7=21$(cm)
(테이프 8장 길이의 합)
$=$(이어 붙인 테이프의 전체 길이)
$+$(겹친 부분 길이의 합)
$=107+21=128$(cm)
(테이프 한 장의 길이)
$=$(테이프 8장 길이의 합)$\div$(테이프 수)
$=128\div8=16$(cm)

9 (테이프 9장 길이의 합)$=40\times9=360$(cm)
(겹친 부분 길이의 합)
$=$(테이프 9장 길이의 합)
$-$(이어 붙인 테이프의 전체 길이)
$=360-224=136$(cm)
(겹친 부분 수)$=$(테이프 수)-1
$=9-1=8$(군데)
(겹친 부분 길이)
$=$(겹친 부분 길이의 합)$\div$(겹친 부분 수)
$=136\div8=17$(cm)

10 ❶ $75\div5=15$(장)
❷ $60\div5=12$(장)
❸ $15\times12=180$(장)

11 56 cm인 한 변에 만들 수 있는 정사각형 모양의 종이 수는
$56\div8=7$(장)
104 cm인 한 변에 만들 수 있는 정사각형 모양의 종이 수는 $104\div8=13$(장)
⇨ 만들 수 있는 정사각형 모양의 종이 수는
$7\times13=91$(장)

12 48 cm인 한 변에 붙일 수 있는 붙임딱지 수는
$48\div4=12$(장)
36 cm인 한 변에 붙일 수 있는 붙임딱지 수는
$36\div3=12$(장)
⇨ 색도화지에 필요한 붙임딱지 수는
$12\times12=144$(장)

다른 풀이
붙임딱지를 돌려서 생각하면
48 cm인 한 변에 붙일 수 있는 붙임딱지 수는 $48\div3=16$(장)
36 cm인 한 변에 붙일 수 있는 붙임딱지 수는 $36\div4=9$(장)
⇨ 필요한 붙임딱지 수는 $16\times9=144$(장)

단원 2 유형 마스터

54쪽	01 30개	02 27개	
	03 (위에서부터) 3, 4, 5, 8, 1, 2, 2, 8		
55쪽	04 2개	05 195, 1	
	06 72, 80, 88, 96		
56쪽	07 17, 2	08 13 cm	09 120장
57쪽	10 63	11 48그루	12 2

01 (전체 귤 수)$=36\times5=180$(개)
(한 모둠이 가질 수 있는 귤 수)$=180\div6=30$(개)

다른 풀이
한 상자에 있는 귤 36개를 여섯 모둠이 나누어 갖는다면
$36\div6=6$(개)
(한 모둠이 가질 수 있는 귤 수)$=6\times5=30$(개)

02 $105\div4=26\cdots1$이므로 주머니 한 개에 배지를 4개씩 주머니 26개에 넣을 수 있고, 1개가 남습니다.
남은 배지 1개도 주머니에 넣어야 하므로 주머니는 적어도 $26+1=27$(개) 필요합니다.

03
```
       2 ㉡ 7
  ㉠ ) 9 ㉢ 1
       ㉣
       1 5
       ㉤㉥
         3 1
         ㉦㉧
           3
```
$31-$㉦㉧$=3$이므로 ㉦㉧$=28$ ⇨ ㉦$=2$, ㉧$=8$
㉠$\times7=$㉦㉧이므로 ㉠$\times7=28$ ⇨ ㉠$=4$
$15-$㉤㉥$=3$이므로 ㉤㉥$=12$ ⇨ ㉤$=1$, ㉥$=2$
㉠$\times$㉡$=$㉤㉥이므로 $4\times$㉡$=12$ ⇨ ㉡$=3$
㉢을 그대로 내려쓴 수가 5이므로 ㉢$=5$
$9-$㉣$=1$이므로 ㉣$=8$

04 $82\div7=11\cdots5$이므로 송편 82개를 접시 7개에 11개씩 나누어 담을 수 있고, 5개가 남습니다.
송편을 접시 7개에 남김없이 똑같이 나누어 담으려면 송편은 적어도 $7-5=2$(개) 더 필요합니다.

05 네 수의 크기를 비교하면 $9>7>6>5$이므로 몫이 가장 큰 나눗셈식을 만들려면 나누어지는 수에 가장 큰 세 자리 수인 976을 놓고, 나누는 수에 가장 작은 한 자리 수인 5를 놓습니다.
⇨ $976\div5=195\cdots1$이므로 몫은 195이고, 나머지는 1입니다.

06 70보다 크고 100보다 작은 자연수를 8로 나누면

$71 \div 8 = 8 \cdots 7$, $72 \div 8 = 9$, $73 \div 8 = 9 \cdots 1$, ...

⇨ 8로 나누어떨어지는 가장 작은 수는 72입니다.

72에 8씩 더한 수도 8로 나누어떨어지므로

$72+8=80$, $80+8=88$, $88+8=96$도 8로 나누어떨어집니다.

따라서 8로 나누어떨어지는 수는 72, 80, 88, 96입니다.

07 어떤 수를 □라 하고 잘못 계산한 식을 세우면

□$\div 8 = 6 \cdots 5$

나눗셈의 계산이 맞는지 확인하는 식으로 □를 구하면

$8 \times 6 = 48$, $48+5=53$ ⇨ □$=53$

바르게 계산하면

□$\div 3$ ⇨ $53 \div 3 = 17 \cdots 2$

08 (겹친 부분 수)=(테이프 수)−1

=8−1=7(군데)

(겹친 부분 길이의 합)=4×7=28(cm)

(테이프 8장 길이의 합)

=(이어 붙인 테이프의 전체 길이)

+(겹친 부분 길이의 합)

=76+28=104(cm)

(테이프 한 장의 길이)

=(테이프 8장 길이의 합)÷(테이프 수)

=104÷8=13(cm)

09 90 mm=9 cm

135 cm인 한 변에 붙일 수 있는 정사각형 모양의 종이 수는

135÷9=15(장)

72 cm인 한 변에 붙일 수 있는 정사각형 모양의 종이 수는

72÷9=8(장)

⇨ 붙일 수 있는 정사각형 모양의 종이 수는

15×8=120(장)

10 나머지는 나누는 수 8보다 작아야 하므로 가장 큰 나머지는 7입니다.

몫과 나머지가 같으므로 몫도 7입니다.

나눗셈의 계산이 맞는지 확인하는 식으로 나누어지는 수를 구하면

$8 \times 7 = 56$, $56+7=63$

따라서 □ 안에 들어갈 수 있는 가장 큰 수는 63입니다.

11 (간격 수)=60÷5=12(군데)

(나무 수)=(간격 수)+1

=12+1=13(그루)

한 변에 13그루씩 네 변에 심을 수 있는 나무는

13×4=52(그루)

네 꼭짓점에 겹치는 나무 4그루를 빼 주면

52−4=48(그루)

다른 풀이

정사각형 모양의 땅 한 변에 심을 수 있는 나무 수를

60÷5=12(그루)로 생각하면

정사각형 모양의 땅 네 변에 심을 수 있는 나무 수는

12×4=48(그루)

12 늘어놓은 수에서 8 3 1 9 6 8이 반복되므로 수 6개가 반복되는 규칙입니다.

$95 \div 6 = 15 \cdots 5$이므로 95번째에 놓일 수는 15번째 묶음 다음 5번째에 놓이는 수인 6입니다.

$108 \div 6 = 18$이므로 108번째에 놓일 수는 18번째 묶음의 마지막에 놓이는 수인 8입니다.

따라서 95번째와 108번째에 놓일 두 수의 차는

8−6=2입니다.

3 원

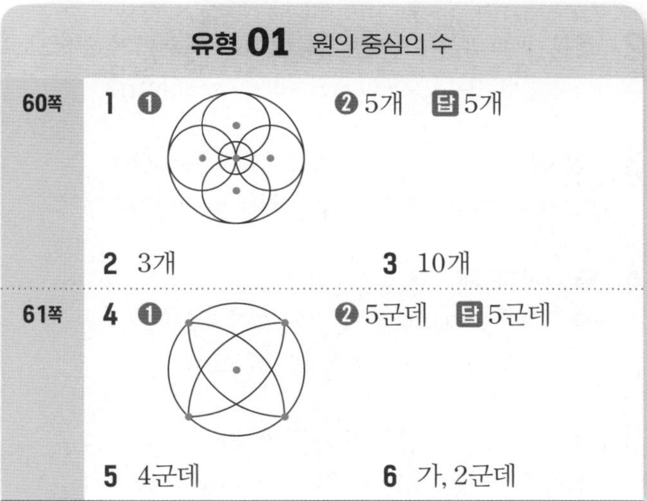

유형 01 원의 중심의 수	
60쪽	1 ❶ (그림) ❷ 5개 답 5개
	2 3개 / 3 10개
61쪽	4 ❶ (그림) ❷ 5군데 답 5군데
	5 4군데 / 6 가, 2군데

1 ❶

❷ 표시한 원의 중심을 세어 보면 원의 중심은 모두 5개입니다.

2 모양에 원의 중심을 표시하고 세어 보면 원의 중심은 모두 3개입니다.

3 가

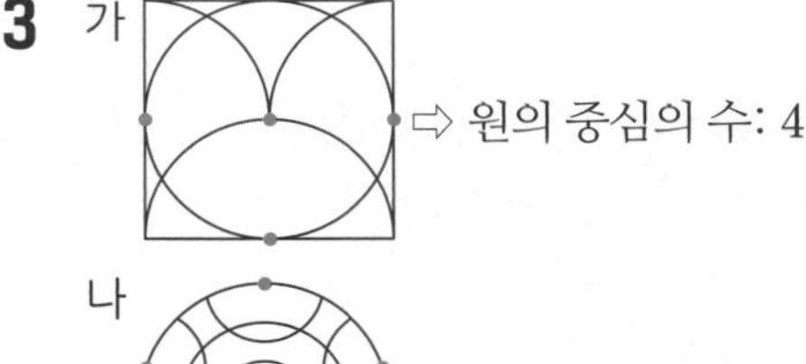

⇨ 원의 중심의 수: 4

나

⇨ 원의 중심의 수: 6

따라서 가와 나 모양에서 찾을 수 있는 원의 중심은 모두 4+6=10(개)입니다.

4 ❶

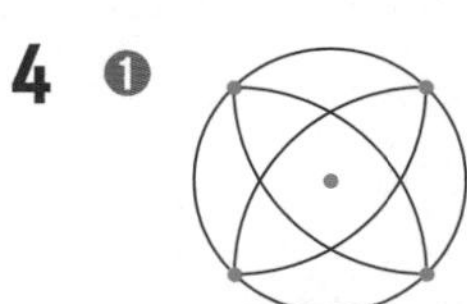

❷ 표시한 원의 중심을 세어 보면 컴퍼스의 침을 꽂아야 할 곳은 모두 5군데입니다.

5

표시한 원의 중심을 세어 보면 컴퍼스의 침을 꽂아야 할 곳은 모두 4군데입니다.

6 가

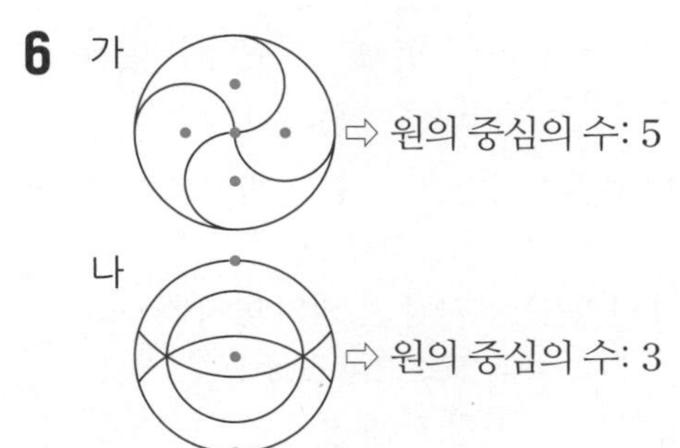

⇨ 원의 중심의 수: 5

나

⇨ 원의 중심의 수: 3

따라서 컴퍼스의 침을 꽂아야 할 곳은 가 모양이 나 모양보다 5−3=2(군데) 더 많습니다.

유형 02 원 안에 원		
62쪽	1 ❶ 4배 ❷ 5 cm 답 5 cm	
	2 8 cm	3 9 cm
63쪽	4 ❶ 8 cm ❷ 4 cm ❸ 2 cm 답 2 cm	
	5 3 cm	6 14 cm
64쪽	7 ❶ 20 cm ❷ 10 cm 답 10 cm	
	8 9 cm	9 24 cm
65쪽	10 ❶ 10 cm ❷ 8 cm ❸ 26 cm 답 26 cm	
	11 32 cm	12 6 cm

1 ❶ 큰 원의 지름은 작은 원의 반지름 4개와 같으므로 큰 원의 지름은 작은 원의 반지름의 4배입니다.

❷ (작은 원의 반지름)=(큰 원의 지름)÷4
=20÷4=5(cm)

2 큰 원의 지름은 작은 원의 반지름의 6배이므로
(작은 원의 반지름)=(큰 원의 지름)÷6
=48÷6=8(cm)

3 큰 원의 지름은 작은 원의 반지름의 4배이므로
(작은 원의 반지름)=(큰 원의 지름)÷4
=36÷4=9(cm)

4 ❶ (가장 큰 원의 반지름)=16÷2=8(cm)

❷ (두 번째로 큰 원의 반지름)
=(가장 큰 원의 반지름)÷2
=8÷2=4(cm)

❸ (가장 작은 원의 반지름)
=(두 번째로 큰 원의 반지름)÷2
=4÷2=2(cm)

5 (가장 큰 원의 반지름)=24÷2=12(cm)
(두 번째로 큰 원의 반지름)=(가장 큰 원의 반지름)÷2
=12÷2=6(cm)

(가장 작은 원의 반지름)=(두 번째로 큰 원의 반지름)÷2
=6÷2=3(cm)

6 가장 큰 원의 반지름은 가장 작은 원의 반지름의 3배이므로
(가장 작은 원의 반지름)=(가장 큰 원의 반지름)÷3
=21÷3=7(cm)
(초록색 원의 반지름)=(가장 작은 원의 반지름)×2
=7×2=14(cm)

7 ❶ (작은 원의 지름)
=(큰 원의 반지름)+(겹친 부분 길이의 반)
=16+4=20(cm)
❷ (작은 원의 반지름)=20÷2=10(cm)

8 (작은 원의 지름)
=(큰 원의 반지름)+(겹친 부분 길이의 반)
=15+3=18(cm)
(작은 원의 반지름)=18÷2=9(cm)

9 (큰 원의 반지름)
=(작은 원의 지름)−(겹친 부분 길이의 반)
=14−2=12(cm)
(큰 원의 지름)=12×2=24(cm)

10 ❶ (가장 작은 원의 지름)=5×2=10(cm)
❷ (두 번째로 큰 원의 반지름)=18−10=8(cm)
❸ (가장 큰 원의 지름)=18+8=26(cm)

11 (두 번째로 큰 원의 지름)=9×2=18(cm)
(가장 작은 원의 반지름)=25−18=7(cm)
(가장 큰 원의 지름)=7+25=32(cm)

12 (가장 큰 원의 반지름)=30÷2=15(cm)
(가장 작은 원의 지름)=15−3=12(cm)
(가장 작은 원의 반지름)=12÷2=6(cm)

유형 03 크기가 같은 원

66쪽	1 ❶ 6배 ❷ 12 cm 답 12 cm 2 35 cm 3 6 cm
67쪽	4 ❶ 9 cm ❷ 27 cm 답 27 cm 5 32 cm 6 14 cm
68쪽	7 ❶ 14 cm ❷ 140 cm 답 140 cm 8 64 cm 9 72 cm
69쪽	10 ❶ 10 cm ❷ 5 cm 답 5 cm 11 2 cm 12 3 cm

1 ❶ 선분 ㄱㄴ의 길이는 반지름 6개로 이루어져 있으므로 선분 ㄱㄴ의 길이는 반지름의 6배입니다.
❷ (선분 ㄱㄴ)=(반지름)×6=2×6=12(cm)

2 선분 ㄱㄴ의 길이는 반지름 7개로 이루어져 있으므로
(선분 ㄱㄴ)=(반지름)×7=5×7=35(cm)

3 (반지름의 수)=(원의 수)+1=8+1=9(개)
(반지름)=(선분 ㄱㄴ)÷9=54÷9=6(cm)

4 ❶ (반지름)=18÷2=9(cm)
❷ (삼각형 ㄱㄴㄷ의 세 변의 길이의 합)
=(반지름)×3=9×3=27(cm)

5 사각형 ㄱㄴㄷㄹ의 네 변은 모두 반지름이므로
(반지름)=16÷2=8(cm)
(사각형 ㄱㄴㄷㄹ의 네 변의 길이의 합)
=(반지름)×4=8×4=32(cm)

6 삼각형 ㄱㄴㄷ의 세 변은 모두 반지름이므로
(반지름)=(삼각형 ㄱㄴㄷ의 세 변의 길이의 합)÷3
=21÷3=7(cm)
(지름)=7×2=14(cm)

7 ❶ (지름)=7×2=14(cm)
❷ 직사각형의 네 변의 길이에 지름이 10개 있으므로
(직사각형의 네 변의 길이의 합)
=14×10=140(cm)

8 (지름)=4×2=8(cm)
정사각형의 네 변의 길이에 지름이 8개 있으므로
(정사각형의 네 변의 길이의 합)=8×8=64(cm)

9 (지름)=3×2=6(cm)
원을 둘러싼 선의 길이에 지름이 12개 있으므로
(원을 둘러싼 선의 길이)=6×12=72(cm)

10 ❶ 직사각형의 네 변의 길이에 지름이 8개 있으므로
(지름)=80÷8=10(cm)
❷ (반지름)=10÷2=5(cm)

11 정사각형의 네 변의 길이에 지름이 8개 있으므로
(지름)=32÷8=4(cm)
(반지름)=4÷2=2(cm)

12 직사각형의 네 변의 길이에 지름이 9개 있으므로
(지름)=54÷9=6(cm)
(반지름)=6÷2=3(cm)

	유형 04 크기가 다른 원	
70쪽	1 ❶ 12 cm ❷ 4 cm ❸ 16 cm 답 16 cm	
	2 23 cm	3 40 cm
71쪽	4 ❶ 변 ㄱㄴ: 9 cm, 변 ㄴㄷ: 11 cm 변 ㄷㄱ: 10 cm ❷ 30 cm 답 30 cm	
	5 44 cm	6 16 cm
72쪽	7 ❶ 16 cm ❷ 8 cm ❸ 4 cm 답 4 cm	
	8 10 cm	9 18 cm
73쪽	10 ❶ 변 ㄱㄴ: 7 cm, 변 ㄷㄱ: 6 cm ❷ 9 cm ❸ 22 cm 답 22 cm	
	11 25 cm	12 36 cm

1 ❶ (큰 원의 지름)$=6\times2=12$(cm)
❷ (작은 원의 반지름)$=8\div2=4$(cm)
❸ (선분 ㄱㄴ)=(큰 원의 지름)+(작은 원의 반지름)
$=12+4=16$(cm)

2 (작은 원의 반지름)=5 cm
(큰 원의 지름)$=9\times2=18$(cm)
(선분 ㄱㄴ)=(작은 원의 반지름)+(큰 원의 지름)
$=5+18=23$(cm)

3 (두 번째로 큰 원의 반지름)$=20\div2=10$(cm)
(가장 큰 원의 지름)$=12\times2=24$(cm)
(가장 작은 원의 지름)$=3\times2=6$(cm)
(선분 ㄱㄴ)
=(두 번째로 큰 원의 반지름)+(가장 큰 원의 지름)
+(가장 작은 원의 지름)
$=10+24+6=40$(cm)

4 ❶ (변 ㄱㄴ)$=4+5=9$(cm)
(변 ㄴㄷ)$=5+6=11$(cm)
(변 ㄷㄱ)$=6+4=10$(cm)
❷ (삼각형 ㄱㄴㄷ의 세 변의 길이의 합)
=(변 ㄱㄴ)+(변 ㄴㄷ)+(변 ㄷㄱ)
$=9+11+10=30$(cm)

5 (변 ㄱㄴ)$=4+7=11$(cm)
(변 ㄴㄷ)$=7+7=14$(cm)
(변 ㄷㄹ)$=7+4=11$(cm)
(변 ㄹㄱ)$=4+4=8$(cm)
(사각형 ㄱㄴㄷㄹ의 네 변의 길이의 합)
=(변 ㄱㄴ)+(변 ㄴㄷ)+(변 ㄷㄹ)+(변 ㄹㄱ)
$=11+14+11+8=44$(cm)

다른 풀이
(사각형 ㄱㄴㄷㄹ의 네 변의 길이의 합)
=(큰 원의 반지름 4개)+(작은 원의 반지름 4개)
$=28+16=44$(cm)

6 (큰 원의 반지름)$=8\div2=4$(cm)
(작은 원의 반지름)=(큰 원의 반지름)$\div2$
$=4\div2=2$(cm)
(변 ㄱㄴ)$=4+2=6$(cm), (변 ㄴㄷ)$=2+2=4$(cm)
(변 ㄷㄱ)$=2+4=6$(cm)
(삼각형 ㄱㄴㄷ의 세 변의 길이의 합)
=(변 ㄱㄴ)+(변 ㄴㄷ)+(변 ㄷㄱ)
$=6+4+6=16$(cm)

다른 풀이
(삼각형 ㄱㄴㄷ의 세 변의 길이의 합)
=(큰 원의 반지름 2개)+(작은 원의 반지름 4개)
$=8+8=16$(cm)

7 ❶ (큰 원의 지름)$=8\times2=16$(cm)
❷ (작은 원의 지름)
=(사각형 ㄱㄴㄷㄹ의 네 변의 길이의 합)
−(큰 원의 지름)
$=24-16=8$(cm)
❸ (작은 원의 반지름)$=8\div2=4$(cm)

8 (작은 원의 지름)$=5\times2=10$(cm)
(큰 원의 지름)
=(사각형 ㄱㄴㄷㄹ의 네 변의 길이의 합)−(작은 원의 지름)
$=30-10=20$(cm)
(큰 원의 반지름)$=20\div2=10$(cm)

9 (세 원의 지름의 합)
=(삼각형 ㄱㄴㄷ의 세 변의 길이의 합)-9
$=45-9=36$(cm)
(세 원의 반지름의 합)$=36\div2=18$(cm)

10 ❶ (변 ㄱㄴ)=(큰 원의 반지름)=7 cm
(변 ㄷㄱ)=(작은 원의 반지름)=6 cm
❷ (선분 ㄴㄹ)
=(큰 원의 반지름)-4
$=7-4=3$(cm)
(변 ㄴㄷ)
=(선분 ㄴㄹ)+(작은 원의 반지름)
$=3+6=9$(cm)
❸ (삼각형 ㄱㄴㄷ의 세 변의 길이의 합)
=(변 ㄱㄴ)+(변 ㄴㄷ)+(변 ㄷㄱ)
$=7+9+6=22$(cm)

11 (변 ㄱㄴ)=(큰 원의 반지름)=9 cm
(변 ㄴㄷ)=(작은 원의 반지름)=5 cm
(선분 ㄱㄹ)=(큰 원의 반지름)−3
=9−3=6(cm)
(변 ㄷㄱ)
=(선분 ㄱㄹ)+(작은 원의 반지름)
=6+5=11(cm)
(삼각형 ㄱㄴㄷ의 세 변의 길이의 합)
=(변 ㄱㄴ)+(변 ㄴㄷ)+(변 ㄷㄱ)
=9+5+11=25(cm)

3 cm ㄱ ㄹ ㄷ ㄴ

12 (변 ㄱㄴ)=(변 ㄴㄷ)=(작은 원의 반지름)
=6+2=8(cm)
(변 ㄷㄹ)=(변 ㄹㄱ)=(큰 원의 반지름)
=8+2=10(cm)
(사각형 ㄱㄴㄷㄹ의 네 변의 길이의 합)
=(변 ㄱㄴ)+(변 ㄴㄷ)+(변 ㄷㄹ)+(변 ㄹㄱ)
=8+8+10+10=36(cm)

유형 05 사각형 안에 그리는 원

74쪽	1 ❶ 10 cm ❷ 5 cm 답 5 cm
	2 8 cm　3 7 cm
75쪽	4 ❶ 4 cm ❷ 12 cm인 한 변: 3개, 8 cm인 한 변: 2개 ❸ 6개 답 6개
	5 25개　6 4개

1 ❶ 정사각형 안에 그릴 수 있는 가장 큰 원의 지름은 정사각형의 한 변의 길이와 같으므로 10 cm입니다.
❷ (가장 큰 원의 반지름)=10÷2=5(cm)

2 정사각형 안에 그릴 수 있는 가장 큰 원의 지름은 정사각형의 한 변의 길이와 같으므로 16 cm입니다.
(가장 큰 원의 반지름)=16÷2=8(cm)

3 직사각형 안에 그릴 수 있는 가장 큰 원의 지름은 직사각형의 짧은 변의 길이와 같으므로 14 cm입니다.
(가장 큰 원의 반지름)=14÷2=7(cm)

4 ❶ (지름)=2×2=4(cm)
❷ (12 cm인 한 변에 그릴 수 있는 원의 수)
=12÷4=3(개)
(8 cm인 한 변에 그릴 수 있는 원의 수)
=8÷4=2(개)
❸ (직사각형 안에 그릴 수 있는 원의 수)
=3×2=6(개)

5 (지름)=3×2=6(cm)
(한 변에 그릴 수 있는 원의 수)=30÷6=5(개)
(정사각형 안에 그릴 수 있는 원의 수)=5×5=25(개)

6 가장 큰 원의 지름은 직사각형의 짧은 변의 길이와 같으므로 6 cm입니다.
(직사각형 안에 그릴 수 있는 원의 수)
=(긴 변)÷(가장 큰 원의 지름)
=24÷6=4(개)

유형 06 규칙 찾아 길이 구하기

76쪽	1 ❶ 30 cm ❷ 60 cm 답 60 cm
	2 56 cm　3 36 cm
77쪽	4 ❶ 3 cm ❷ 10 cm ❸ 14 cm 답 14 cm
	5 36 cm　6 55 cm

1 ❶ 원의 반지름이 5 cm씩 커지는 규칙이므로
(1번째 원의 반지름)=5×1=5(cm)
(2번째 원의 반지름)=5×2=10(cm)
(3번째 원의 반지름)=5×3=15(cm)
⋮
(6번째 원의 반지름)=5×6=30(cm)
❷ (6번째 원의 지름)=30×2=60(cm)

2 원의 반지름이 4 cm씩 커지는 규칙이므로
(7번째 원의 반지름)=4×7=28(cm)
⇨ (7번째 원의 지름)=28×2=56(cm)

3 원의 반지름이 9−6=3(cm)씩 커지는 규칙이므로
(3번째 원의 반지름)=9+3=12(cm)
(4번째 원의 반지름)=12+3=15(cm)
(5번째 원의 반지름)=15+3=18(cm)
⇨ (5번째 원의 지름)=18×2=36(cm)

4 ❶ 원의 반지름이 2 cm씩 커지는 규칙이므로
(2번째 원의 반지름)=1+2=3(cm)
❷ (3번째 원의 반지름)=3+2=5(cm)
(3번째 원의 지름)=5×2=10(cm)
❸ (선분 ㄱㄴ)=1+3+10=14(cm)

5 원의 반지름이 4 cm씩 커지는 규칙이므로
(2번째 원의 반지름)=4+4=8(cm)
(3번째 원의 반지름)=8+4=12(cm)
(3번째 원의 지름)=12×2=24(cm)
⇨ (선분 ㄱㄴ)=4+8+24=36(cm)

6 원의 반지름이 2배씩 커지는 규칙이므로
(2번째 원의 반지름)$=5\times2=10$(cm)
(3번째 원의 반지름)$=10\times2=20$(cm)
(3번째 원의 지름)$=20\times2=40$(cm)
⇨ (선분 ㄱㄴ)$=5+10+40=55$(cm)

단원 3 유형 마스터

78쪽	01 7군데	02 2 cm	03 48 cm
79쪽	04 63 cm	05 24 cm	06 25 cm
80쪽	07 12개	08 48 cm	09 90 cm
81쪽	10 7 cm	11 28 cm	12 144 cm

01 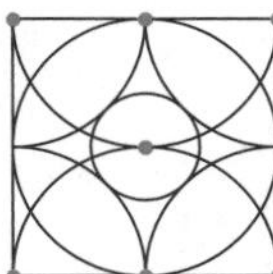 표시한 원의 중심을 세어 보면 컴퍼스의 침을 꽂아야 할 곳은 모두 7군데입니다.

02 큰 원의 지름은 작은 원의 반지름의 8배이므로
(작은 원의 반지름)=(큰 원의 지름)$\div8$
$=16\div8=2$(cm)

03 선분 ㄱㄴ의 길이는 반지름 8개로 이루어져 있으므로
(선분 ㄱㄴ)=(반지름)$\times8=6\times8=48$(cm)

04 (가장 작은 원의 반지름)$=10\div2=5$(cm)
(가장 큰 원의 지름)$=18\times2=36$(cm)
(두 번째로 큰 원의 지름)$=11\times2=22$(cm)
(선분 ㄱㄴ)
=(가장 작은 원의 반지름)+(가장 큰 원의 지름)
+(두 번째로 큰 원의 지름)
$=5+36+22=63$(cm)

05 사각형 ㄱㄴㄷㄹ의 네 변은 모두 반지름이므로
(반지름)$=12\div2=6$(cm)
(사각형 ㄱㄴㄷㄹ의 네 변의 길이의 합)
=(반지름)$\times4=6\times4=24$(cm)

06 (변 ㄱㄴ)=(반지름)$=10\div2=5$(cm)
(변 ㄴㄷ)=(변 ㄷㄱ)=(반지름)$\times2$
=(지름)=10 cm
(삼각형 ㄱㄴㄷ의 세 변의 길이의 합)
=(변 ㄱㄴ)+(변 ㄴㄷ)+(변 ㄷㄱ)
$=5+10+10=25$(cm)

다른 풀이
(삼각형 ㄱㄴㄷ의 세 변의 길이의 합)
=(반지름)$\times5=5\times5=25$(cm)

07 (지름)$=4\times2=8$(cm)
(24 cm인 한 변에 그릴 수 있는 원의 수)
$=24\div8=3$(개)
(32 cm인 한 변에 그릴 수 있는 원의 수)
$=32\div8=4$(개)
(직사각형 안에 그릴 수 있는 원의 수)
$=3\times4=12$(개)

08 (변 ㄱㄴ)=(변 ㄴㄷ)=(큰 원의 반지름)
$=12+3=15$(cm)
(변 ㄷㄹ)=(변 ㄹㄱ)=(작은 원의 반지름)
$=6+3=9$(cm)
(사각형 ㄱㄴㄷㄹ의 네 변의 길이의 합)
=(변 ㄱㄴ)+(변 ㄴㄷ)+(변 ㄷㄹ)+(변 ㄹㄱ)
$=15+15+9+9=48$(cm)

09 원의 반지름이 3 cm씩 커지는 규칙이므로
(15번째 원의 반지름)$=3\times15=45$(cm)
⇨ (15번째 원의 지름)$=45\times2=90$(cm)

10 정사각형의 한 변의 길이 $168\div4=42$(cm)에 지름이 3개 있으므로
(지름)$=42\div3=14$(cm)
(반지름)$=14\div2=7$(cm)

11

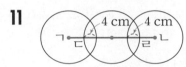

(선분 ㄱㄷ)=(선분 ㄹㄴ)$=9-4=5$(cm)
(선분 ㄷㄹ)=(지름)$=9\times2=18$(cm)
(선분 ㄱㄴ)=(선분 ㄱㄷ)+(선분 ㄷㄹ)+(선분 ㄹㄴ)
$=5+18+5=28$(cm)

12 (큰 원의 지름)$=14\times2=28$(cm)
(작은 원의 지름)$=8\times2=16$(cm)
(직사각형의 긴 변)=(큰 원의 지름)+(작은 원의 지름)
$=28+16=44$(cm)
(직사각형의 짧은 변)=(큰 원의 지름)=28 cm
(직사각형의 네 변의 길이의 합)
=(긴 변)+(짧은 변)+(긴 변)+(짧은 변)
$=44+28+44+28=144$(cm)

4 분수

유형 01 분수의 크기 비교	
84쪽	1 ❶ 7 ❷ 7, 7 ❸ 6 답 6
	2 7 3 4
85쪽	4 ❶ 1, 5 / 5, 1 ❷ 5, 1, 5 ❸ 2, 3, 4 답 2, 3, 4
	5 3, 4, 5 6 6, 7, 8, 9

1 ❶ $2\frac{1}{3} \Rightarrow \frac{2\times3}{3}$과 $\frac{1}{3} \Rightarrow \frac{6}{3}$과 $\frac{1}{3} \Rightarrow \frac{7}{3}$

❷ $\frac{■}{3} < \frac{7}{3} \Rightarrow ■ < 7$

❸ ■에 들어갈 수 있는 자연수는 1, 2, 3, 4, 5, 6이고 이 중에서 가장 큰 자연수는 6입니다.

2 대분수를 가분수로 나타내면 $1\frac{3}{5} = \frac{8}{5}$

분모가 같은 두 분수의 분자 크기를 비교하면

$\frac{8}{5} > \frac{□}{5} \Rightarrow 8 > □$

따라서 □ 안에 들어갈 수 있는 자연수는 1, 2, 3, 4, 5, 6, 7이고 이 중에서 가장 큰 자연수는 7입니다.

3 가분수를 대분수로 나타내면 $\frac{35}{8} = 4\frac{3}{8}$

자연수 부분과 분모가 같은 두 대분수의 분자 크기를 비교하면 $4\frac{3}{8} < 4\frac{□}{8} \Rightarrow 3 < □ < 8$

따라서 □ 안에 들어갈 수 있는 자연수는 4, 5, 6, 7이고 이 중에서 가장 작은 자연수는 4입니다.

4 ❶ $\frac{11}{6} \Rightarrow 11 \div 6 = 1 \cdots 5 \Rightarrow 1\frac{5}{6}$

$\frac{31}{6} \Rightarrow 31 \div 6 = 5 \cdots 1 \Rightarrow 5\frac{1}{6}$

❷ $1\frac{5}{6} < ■\frac{5}{6} < 5\frac{1}{6} \Rightarrow 1 < ■ < 5$

❸ ■에 들어갈 수 있는 자연수는 2, 3, 4입니다.

5 가분수를 대분수로 나타내면 $\frac{24}{7} = 3\frac{3}{7}$, $\frac{45}{7} = 6\frac{3}{7}$

$3\frac{3}{7} < □\frac{4}{7} < 6\frac{3}{7}$

⇨ □는 3과 같거나 크고 6보다 작은 자연수

따라서 □ 안에 들어갈 수 있는 자연수는 3, 4, 5입니다.

6 가분수를 대분수로 나타내면 $\frac{47}{9} = 5\frac{2}{9}$, $\frac{39}{4} = 9\frac{3}{4}$

$5\frac{2}{9}$보다 크고 $9\frac{3}{4}$보다 작은 자연수

⇨ 5보다 크고 9와 같거나 작은 자연수

따라서 $\frac{47}{9}$보다 크고 $\frac{39}{4}$보다 작은 자연수는 6, 7, 8, 9입니다.

유형 02 수 카드로 분수 만들기	
86쪽	1 ❶ 4, 7 ❷ $\frac{1}{4}$ ❸ $\frac{1}{7}, \frac{4}{7}$ 답 $\frac{1}{4}, \frac{1}{7}, \frac{4}{7}$
	2 $\frac{2}{5}, \frac{2}{9}, \frac{5}{9}$ 3 $\frac{8}{5}, \frac{9}{5}, \frac{9}{8}$
87쪽	4 ❶ $\frac{5}{4}, \frac{9}{4}, \frac{9}{5}$ ❷ $\frac{59}{4}, \frac{95}{4}, \frac{49}{5}, \frac{94}{5}, \frac{45}{9}, \frac{54}{9}$ ❸ 9개 답 9개
	5 3개 6 9개
88쪽	7 ❶ 8 ❷ $\frac{5}{6}$ ❸ $8\frac{5}{6}$ 답 $8\frac{5}{6}$
	8 $7\frac{4}{9}$ 9 12개
89쪽	10 ❶ 2 ❷ $\frac{6}{7}$ ❸ $2\frac{6}{7}$ 답 $2\frac{6}{7}$
	11 $1\frac{3}{8}$ 12 $2\frac{3}{5}, 3\frac{2}{5}$

1 ❶ 진분수이므로 분모에 가장 작은 수인 1을 제외한 수 4, 7을 놓을 수 있습니다.

❷ 분모가 4인 진분수는 분자에 1을 놓을 수 있으므로 $\frac{1}{4}$입니다.

❸ 분모가 7인 진분수는 분자에 1, 4를 놓을 수 있으므로 $\frac{1}{7}, \frac{4}{7}$입니다.

2 분모에 놓을 수 있는 수는 5, 9이므로

분모가 5인 진분수: $\frac{2}{5}$

분모가 9인 진분수: $\frac{2}{9}, \frac{5}{9}$

따라서 만들 수 있는 진분수는 $\frac{2}{5}, \frac{2}{9}, \frac{5}{9}$입니다.

3 분모에 놓을 수 있는 수는 5, 8이므로

분모가 5인 가분수: $\frac{8}{5}, \frac{9}{5}$

분모가 8인 가분수: $\frac{9}{8}$

따라서 만들 수 있는 가분수는 $\frac{8}{5}, \frac{9}{5}, \frac{9}{8}$입니다.

4 ❶ $\frac{5}{4}$, $\frac{9}{4}$, $\frac{9}{5}$ ⇨ 3개

❷ $\frac{59}{4}$, $\frac{95}{4}$, $\frac{49}{5}$, $\frac{94}{5}$, $\frac{45}{9}$, $\frac{54}{9}$ ⇨ 6개

❸ $3+6=9$(개)

5 수 카드 2장으로 만들 수 있는 가분수: $\frac{8}{3}$

수 카드 3장으로 만들 수 있는 가분수: $\frac{80}{3}$, $\frac{30}{8}$

따라서 만들 수 있는 가분수는 모두 3개입니다.

6 수 카드 2장으로 만들 수 있는 진분수: $\frac{2}{3}$, $\frac{2}{5}$, $\frac{3}{5}$ ⇨ 3개

수 카드 3장으로 만들 수 있는 진분수:

$\frac{5}{23}$, $\frac{3}{25}$, $\frac{5}{32}$, $\frac{2}{35}$, $\frac{3}{52}$, $\frac{2}{53}$ ⇨ 6개

따라서 만들 수 있는 진분수는 모두 $3+6=9$(개)입니다.

7 ❶ 6을 제외한 세 수 8, 5, 3 중에서 가장 큰 수인 8을 놓습니다.

❷ 두 번째 큰 수인 5를 분자에 놓으면 $\frac{5}{6}$입니다.

❸ 분모가 6인 가장 큰 대분수는 $8\frac{5}{6}$입니다.

8 자연수 부분에 9를 제외한 세 수 7, 4, 2 중에서 가장 큰 수인 7을 놓습니다.

분모가 9인 가장 큰 진분수는 두 번째 큰 수인 4를 분자에 놓으면 $\frac{4}{9}$입니다.

따라서 분모가 9인 가장 큰 대분수는 $7\frac{4}{9}$입니다.

9 자연수가 1인 대분수: $1\frac{4}{5}$, $1\frac{4}{7}$, $1\frac{5}{7}$

자연수가 4인 대분수: $4\frac{1}{5}$, $4\frac{1}{7}$, $4\frac{5}{7}$

자연수가 5인 대분수: $5\frac{1}{4}$, $5\frac{1}{7}$, $5\frac{4}{7}$

자연수가 7인 대분수: $7\frac{1}{4}$, $7\frac{1}{5}$, $7\frac{4}{5}$

⇨ 대분수는 모두 12개입니다.

10 ❶ 7을 제외한 세 수 2, 6, 9 중에서 가장 작은 수인 2를 놓습니다.

❷ 두 번째 작은 수인 6을 분자에 놓으면 $\frac{6}{7}$입니다.

❸ 분모가 7인 가장 작은 대분수는 $2\frac{6}{7}$입니다.

11 자연수 부분에 8을 제외한 세 수 1, 3, 7 중에서 가장 작은 수인 1을 놓습니다.

분모가 8인 가장 작은 진분수는 두 번째 작은 수인 3을 분자에 놓으면 $\frac{3}{8}$입니다.

따라서 분모가 8인 가장 작은 대분수는 $1\frac{3}{8}$입니다.

12 분모가 5인 대분수는 $2\frac{3}{5}$, $3\frac{2}{5}$, $8\frac{2}{5}$, $8\frac{3}{5}$이고, 이 중에서 $\frac{42}{5}=8\frac{2}{5}$보다 작은 대분수는 $2\frac{3}{5}$, $3\frac{2}{5}$입니다.

유형 03 분수로 나타내기

90쪽	1 ❶ 8묶음 ❷ 3묶음 ❸ $\frac{3}{8}$ 답 $\frac{3}{8}$	
	2 $\frac{4}{7}$	3 $\frac{7}{12}$
91쪽	4 ❶ 5묶음 ❷ 2묶음 ❸ $\frac{2}{5}$ 답 $\frac{2}{5}$	
	5 $\frac{1}{6}$	6 $\frac{4}{9}$

1 ❶ $40\div5=8$(묶음)

❷ $15\div5=3$(묶음)

❸ 부분은 8묶음 중 3묶음이므로 $\frac{3}{8}$입니다.

2 전체: $28\div4=7$(봉지)

부분: $16\div4=4$(봉지)

⇨ 부분은 7봉지 중 4봉지이므로 $\frac{4}{7}$입니다.

3 전체: $36\div3=12$(상자)

부분: 두 친구에게 준 사인펜은 $12+9=21$(자루)이므로 $21\div3=7$(상자)

⇨ 부분은 12상자 중 7상자이므로 $\frac{7}{12}$입니다.

4 ❶ $30\div6=5$(묶음)

❷ 남은 수수깡은 $30-18=12$(개)이므로 $12\div6=2$(묶음)

❸ 남은 부분은 5묶음 중 2묶음이므로 $\frac{2}{5}$입니다.

5 전체: $42\div7=6$(묶음)

남은 부분: 남은 공책은 $42-35=7$(권)이므로 $7\div7=1$(묶음)

⇨ 남은 부분은 6묶음 중 1묶음이므로 $\frac{1}{6}$입니다.

6 전체: $18\div2=9$(묶음)

남은 부분: 남은 요구르트는 $18-4-6=8$(병)이므로 $8\div2=4$(묶음)

⇨ 남은 부분은 9묶음 중 4묶음이므로 $\frac{4}{9}$입니다.

유형 04 분수만큼의 양 구하기

92쪽	1 ❶ 9개 ❷ 8개 ❸ 축구공, 1개 답 축구공, 1개 2 포도나무, 3그루 3 4조각
93쪽	4 ❶ 18 cm ❷ 30 cm ❸ 5 cm 답 5 cm 5 16장 6 8자루
94쪽	7 ❶ 12 m ❷ 9 m 답 9 m 8 20 m 9 24 m
95쪽	10 ❶ 50분 ❷ 150분 ❸ 2시간 30분 답 2시간 30분 11 5시간 15분 12 13시간

1 ❶ 36개의 $\frac{1}{4}$은 $36\div4=9$(개)

❷ 36개의 $\frac{1}{9}$은 $36\div9=4$(개)이므로

36개의 $\frac{2}{9}$는 $4\times2=8$(개)

❸ 9개>8개이므로 축구공이 농구공보다 $9-8=1$(개) 더 많습니다.

2 사과나무 수: 42그루의 $\frac{1}{7}$은 $42\div7=6$(그루)이므로

42그루의 $\frac{3}{7}$은 $6\times3=18$(그루)

포도나무 수: 42그루의 $\frac{1}{2}$은 $42\div2=21$(그루)

⇨ 18그루<21그루이므로 포도나무가 사과나무보다 $21-18=3$(그루) 더 많습니다.

3 현서네 가족이 먹은 피자 조각 수:

15조각의 $\frac{1}{3}$은 $15\div3=5$(조각)

건우네 가족이 먹은 피자 조각 수:

15조각의 $\frac{1}{5}$은 $15\div5=3$(조각)이므로

15조각의 $\frac{2}{5}$는 $3\times2=6$(조각)

⇨ (남은 피자 조각 수)$=15-5-6=4$(조각)

4 ❶ 48 cm의 $\frac{1}{8}$은 $48\div8=6$(cm)이므로

48 cm의 $\frac{3}{8}$은 $6\times3=18$(cm)

❷ $48-18=30$(cm)

❸ 30 cm의 $\frac{1}{6}$은 $30\div6=5$(cm)

5 꽃을 접는 데 사용한 색종이 수:

35장의 $\frac{1}{5}$은 $35\div5=7$(장)

꽃을 접는 데 사용하고 남은 색종이 수: $35-7=28$(장)

⇨ 새를 접는 데 사용한 색종이 수:

28장의 $\frac{1}{7}$은 $28\div7=4$(장)이므로

28장의 $\frac{4}{7}$는 $4\times4=16$(장)

6 전체 연필 수: $12\times6=72$(자루)

동생에게 준 연필 수:

72자루의 $\frac{1}{9}$은 $72\div9=8$(자루)이므로

72자루의 $\frac{5}{9}$는 $8\times5=40$(자루)

동생에게 주고 남은 연필 수: $72-40=32$(자루)

친구에게 준 연필 수:

32자루의 $\frac{1}{4}$은 $32\div4=8$(자루)이므로

32자루의 $\frac{3}{4}$은 $8\times3=24$(자루)

⇨ 기범이에게 남은 연필 수: $32-24=8$(자루)

7 ❶ 16 m의 $\frac{1}{4}$은 $16\div4=4$(m)이므로

16 m의 $\frac{3}{4}$은 $4\times3=12$(m)

❷ 12 m의 $\frac{1}{4}$은 $12\div4=3$(m)이므로

12 m의 $\frac{3}{4}$은 $3\times3=9$(m)

8 첫 번째로 튀어 오르는 공의 높이:

45 m의 $\frac{1}{3}$은 $45\div3=15$(m)이므로

45 m의 $\frac{2}{3}$는 $15\times2=30$(m)

두 번째로 튀어 오르는 공의 높이:

30 m의 $\frac{1}{3}$은 $30\div3=10$(m)이므로

30 m의 $\frac{2}{3}$는 $10\times2=20$(m)

9 첫 번째로 튀어 오르는 공의 높이:

98 m의 $\frac{1}{7}$은 $98\div7=14$(m)이므로

98 m의 $\frac{4}{7}$는 $14\times4=56$(m)

두 번째로 튀어 오르는 공의 높이:

56 m의 $\frac{1}{7}$은 $56\div7=8$(m)이므로

56 m의 $\frac{4}{7}$는 $8\times4=32$(m)

⇨ (첫 번째로 튀어 오르는 공의 높이)
−(두 번째로 튀어 오르는 공의 높이)
$=56-32=24$(m)

10 ❶ 1시간=60분

60분의 $\frac{1}{6}$은 $60 \div 6 = 10$(분)이므로

60분의 $\frac{5}{6}$는 $10 \times 5 = 50$(분)

❷ 하루에 50분씩 3일 ⇨ $50 \times 3 = 150$(분)

❸ 60분×2=120분이므로

150분=120분+30분=2시간 30분

11 1시간=60분, 일주일=7일

하루에 책을 읽는 시간:

60분의 $\frac{1}{4}$은 $60 \div 4 = 15$(분)이므로

60분의 $\frac{3}{4}$은 $15 \times 3 = 45$(분)

일주일 동안 책을 읽는 시간:

$45 \times 7 = 315$(분)

⇨ 60분×5=300분이므로

315분=300분+15분=5시간 15분

12 1일=24시간

잠을 자는 시간: 24시간의 $\frac{1}{3}$은 $24 \div 3 = 8$(시간)

식사를 하는 시간: 24시간의 $\frac{1}{8}$은 $24 \div 8 = 3$(시간)

⇨ 24시간−(잠을 자는 시간)−(식사를 하는 시간)

$= 24 - 8 - 3 = 13$(시간)

유형 05 전체 양 구하기

96쪽	1 ❶ 20 ❷ 4 답 4	
	2 21	3 35 m
97쪽	4 ❶ 72개 ❷ 45개 답 45개	
	5 10일	6 189장

1 ❶ 어떤 수의 $\frac{1}{4}$은 $15 \div 3 = 5$이므로

(어떤 수)$= 5 \times 4 = 20$

❷ 20의 $\frac{1}{5}$은 $20 \div 5 = 4$

2 어떤 수의 $\frac{1}{9}$은 $28 \div 4 = 7$이므로

(어떤 수)$= 7 \times 9 = 63$

⇨ 63의 $\frac{1}{3}$은 $63 \div 3 = 21$

3 어떤 끈의 $\frac{1}{7}$은 $12 \div 2 = 6$(m)이므로

(어떤 끈)$= 6 \times 7 = 42$(m)

⇨ 42 m의 $\frac{1}{6}$은 $42 \div 6 = 7$(m)이므로

42 m의 $\frac{5}{6}$는 $7 \times 5 = 35$(m)

4 ❶ 농장에서 캔 고구마 수의 $\frac{1}{3}$은 $48 \div 2 = 24$(개)이므로

(농장에서 캔 고구마 수)$= 24 \times 3 = 72$(개)

❷ 72개의 $\frac{1}{8}$은 $72 \div 8 = 9$(개)이므로

72개의 $\frac{5}{8}$는 $9 \times 5 = 45$(개)

5 여름 방학의 $\frac{1}{5}$은 $21 \div 3 = 7$(일)이므로

(여름 방학의 날수)$= 7 \times 5 = 35$(일)

⇨ 35일의 $\frac{1}{7}$은 $35 \div 7 = 5$(일)이므로

35일의 $\frac{2}{7}$는 $5 \times 2 = 10$(일)

6 채민이가 가지고 있는 붙임딱지의 $\frac{1}{9}$은 $60 \div 5 = 12$(장)이므로

(채민이가 가지고 있는 붙임딱지 수)$= 12 \times 9 = 108$(장)

⇨ 108장의 $\frac{1}{4}$은 $108 \div 4 = 27$(장)이므로

108장의 $\frac{3}{4}$은 $27 \times 3 = 81$(장)이고

108장의 $1\frac{3}{4}$은 $108 + 81 = 189$(장)

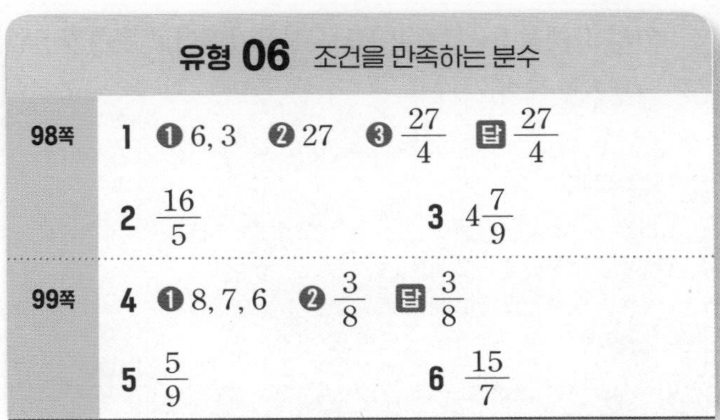

유형 06 조건을 만족하는 분수

98쪽	1 ❶ 6, 3 ❷ 27 ❸ $\frac{27}{4}$ 답 $\frac{27}{4}$	
	2 $\frac{16}{5}$	3 $4\frac{7}{9}$
99쪽	4 ❶ 8, 7, 6 ❷ $\frac{3}{8}$ 답 $\frac{3}{8}$	
	5 $\frac{5}{9}$	6 $\frac{15}{7}$

1 ❶ (분자)÷(분모)=(몫)···(나머지)

⇨ (분자)÷4=6···3

❷ $4 \times 6 = 24$, $24 + 3 = 27$ ⇨ (분자)=27

❸ 분모가 4이고 분자가 27인 가분수는 $\frac{27}{4}$입니다.

2 조건을 만족하는 나눗셈식으로 나타내면

(분자)÷5=3···1

나눗셈식이 맞는지 확인하는 식으로 분자를 구하면
$5\times3=15$, $15+1=16$ ⇨ (분자)$=16$

따라서 분모가 5이고 분자가 16인 가분수는 $\frac{16}{5}$입니다.

3 조건을 만족하는 나눗셈식으로 나타내면
$43\div$(분모)$=4\cdots7$
나눗셈식이 맞는지 확인하는 식으로 분모를 구하면
(분모)$\times4=43-7$, (분모)$\times4=36$, (분모)$=36\div4$
(분모)$=9$

따라서 분모가 9이고 분자가 43인 가분수는 $\frac{43}{9}$이고

대분수로 나타내면 $4\frac{7}{9}$입니다.

4 ❶

분자	1	2	3	4	5
분모	10	9	8	7	6

❷ $8-3=5$이므로 분모가 8이고 분자가 3인 진분수는 $\frac{3}{8}$입니다.

다른 풀이
(분모)+(분자)$=11$, (분모)−(분자)$=5$이므로
(분모)+(분자)+(분모)−(분자)$=11+5$
(분모)+(분모)$=16$, (분모)$=8$
(분자)$=11-$(분모)$=11-8=3$
따라서 구하려는 진분수는 $\frac{3}{8}$입니다.

5 분모와 분자의 합이 14인 경우를 표로 알아보면

분자	1	2	3	4	5
분모	13	12	11	10	9

위의 표에서 $9-5=4$이므로 분모가 9이고 분자가 5인 진분수는 $\frac{5}{9}$입니다.

다른 풀이
14와 4는 각각 똑같은 두 수 7과 7, 2와 2로 나눌 수 있습니다.
7에 2를 더하면 $7+2=9$
7에서 2를 빼면 $7-2=5$
⇨ 분모에 9, 분자에 5를 놓으면 됩니다.
따라서 구하려는 진분수는 $\frac{5}{9}$입니다.

6 분자와 분모의 합이 22인 경우를 표로 알아보면

분자	21	20	19	18	17	16	15
분모	1	2	3	4	5	6	7

위의 표에서 $15-7=8$이므로 분모가 7이고 분자가 15인 가분수는 $\frac{15}{7}$입니다.

다른 풀이
분자를 □라고 하면 분모는 □−8입니다.
분자와 분모의 합이 22이므로
□+□−8=22, □+□=30, □=15
⇨ (분자)$=15$, (분모)$=15-8=7$
따라서 구하려는 가분수는 $\frac{15}{7}$입니다.

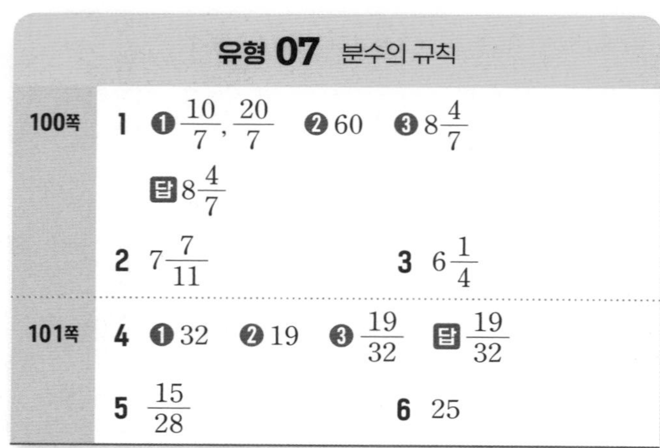

유형 07 분수의 규칙

100쪽	1 ❶ $\frac{10}{7}$, $\frac{20}{7}$ ❷ 60 ❸ $8\frac{4}{7}$ 답 $8\frac{4}{7}$ 2 $7\frac{7}{11}$ 3 $6\frac{1}{4}$
101쪽	4 ❶ 32 ❷ 19 ❸ $\frac{19}{32}$ 답 $\frac{19}{32}$ 5 $\frac{15}{28}$ 6 25

1 ❶ $1\frac{3}{7}$ ⇨ $\frac{1\times7}{7}$과 $\frac{3}{7}$ ⇨ $\frac{7}{7}$과 $\frac{3}{7}$ ⇨ $\frac{10}{7}$
$2\frac{6}{7}$ ⇨ $\frac{2\times7}{7}$과 $\frac{6}{7}$ ⇨ $\frac{14}{7}$와 $\frac{6}{7}$ ⇨ $\frac{20}{7}$

❷ 분모는 7로 같고 분자는 5, 10, 15, 20, 25, ...에서 5부터 5씩 커지는 규칙이므로 12번째에 놓일 분자는 $5\times12=60$입니다.

❸ 짝수 번째 분수이므로 가분수를 대분수로 나타내면 $\frac{60}{7}=8\frac{4}{7}$입니다.

2 대분수를 가분수로 나타내면 $1\frac{1}{11}=\frac{12}{11}$, $2\frac{2}{11}=\frac{24}{11}$
분모는 11로 같고 분자는 6, 12, 18, 24, 30, ...에서 6부터 6씩 커지는 규칙이므로 14번째에 놓일 분자는 $6\times14=84$입니다.
따라서 14번째에 놓일 분수는 짝수 번째 분수이므로 가분수를 대분수로 나타내면 $\frac{84}{11}=7\frac{7}{11}$입니다.

3 분모는 4로 같고 분수를 3개씩 묶어 보면
$\left(\frac{1}{4}, \frac{2}{4}, \frac{3}{4}\right)$, $\left(1\frac{1}{4}, 1\frac{2}{4}, 1\frac{3}{4}\right)$, ...
묶음 수가 1씩 커지면 자연수 부분은 1씩 커지고 분자는 1, 2, 3이 반복되는 규칙입니다.
따라서 19번째에 놓일 분수는 3개씩 6묶음 후 첫 번째 분수이므로 $6\frac{1}{4}$입니다.

4 ❶ 5, 8, 11, 14, 17, ...에서 5부터 3씩 커지는 규칙이므로 5부터 3씩 9번 커진 수
⇨ 5보다 27만큼 더 큰 수
⇨ $5+27=32$

❷ 1, 3, 5, 7, 9, ...에서 1부터 2씩 커지는 규칙이므로 1부터 2씩 9번 커진 수
⇨ 1보다 18만큼 더 큰 수
⇨ $1+18=19$

❸ 분모에 32, 분자에 19를 놓으면 $\frac{19}{32}$입니다.

5 분모는 4, 6, 8, 10, 12, ...에서 4부터 2씩 커지는 규칙이므로 13번째에 놓일 분모는 4부터 2씩 12번 커진 수
⇨ 4보다 24만큼 더 큰 수
⇨ $4+24=28$
분자는 39, 37, 35, 33, 31, ...에서 39부터 2씩 작아지는 규칙이므로 13번째에 놓일 분자는 39부터 2씩 12번 작아진 수
⇨ 39보다 24만큼 더 작은 수
⇨ $39-24=15$
따라서 13번째에 놓일 분수는 분모에 28, 분자에 15를 놓으면 $\frac{15}{28}$입니다.

6 분모는 7, 11, 15, 19, 23, ...에서 7부터 4씩 커지는 규칙이므로 21번째에 놓일 분모는 7부터 4씩 20번 커진 수
⇨ 7보다 80만큼 더 큰 수
⇨ $7+80=87$
분자는 2, 5, 8, 11, 14, ...에서 2부터 3씩 커지는 규칙이므로 21번째에 놓일 분자는 2부터 3씩 20번 커진 수
⇨ 2보다 60만큼 더 큰 수
⇨ $2+60=62$
따라서 21번째에 놓일 분수의 분모와 분자의 차는 $87-62=25$입니다.

단원 4 유형 마스터

102쪽	**01** $\frac{3}{7}$	**02** 64 cm	**03** 5, 6, 7
103쪽	**04** $9\frac{7}{8}$	**05** 15	**06** 42개
104쪽	**07** 3권	**08** $\frac{6}{29}$	
	09 10시간 20분		
105쪽	**10** 243 m	**11** $2\frac{4}{15}$	**12** $\frac{1}{7}$

01 전체: $56\div8=7$(묶음)
남은 부분: 남은 티셔츠는 $56-32=24$(장)이므로
$24\div8=3$(묶음)
⇨ 남은 부분은 7묶음 중 3묶음이므로 $\frac{3}{7}$입니다.

02 선물을 포장하는 데 사용한 리본의 길이:
108 cm의 $\frac{1}{3}$은 $108\div3=36$(cm)
선물을 포장하는 데 사용하고 남은 리본의 길이:
$108-36=72$(cm)
⇨ 꽃바구니를 장식하는 데 사용한 리본의 길이:
72 cm의 $\frac{1}{9}$은 $72\div9=8$(cm)이므로
72 cm의 $\frac{8}{9}$은 $8\times8=64$(cm)

03 가분수를 대분수로 나타내면 $\frac{21}{4}=5\frac{1}{4}$, $\frac{35}{4}=8\frac{3}{4}$
$5\frac{1}{4}<\square\frac{3}{4}<8\frac{3}{4}$
⇨ □는 5와 같거나 크고 8보다 작은 자연수
따라서 □ 안에 들어갈 수 있는 자연수는 5, 6, 7입니다.

04 자연수 부분에 8을 제외한 세 수 9, 7, 2 중에서 가장 큰 수인 9를 놓습니다.
분모가 8인 가장 큰 진분수는 두 번째 큰 수인 7을 분자에 놓으면 $\frac{7}{8}$입니다.
따라서 분모가 8인 가장 큰 대분수는 $9\frac{7}{8}$입니다.

05 어떤 수의 $\frac{1}{5}$은 $72\div3=24$이므로
(어떤 수)$=24\times5=120$
⇨ 120의 $\frac{1}{8}$은 $120\div8=15$

06 바구니에 있는 방울토마토의 $\frac{1}{7}$은 $36\div4=9$(개)이므로
(바구니에 있는 방울토마토 수)$=9\times7=63$(개)
⇨ 63개의 $\frac{1}{3}$은 $63\div3=21$(개)이므로
63개의 $\frac{2}{3}$는 $21\times2=42$(개)

07 책꽂이에 꽂은 동화책 수:
54권의 $\frac{1}{6}$은 $54\div6=9$(권)이므로
54권의 $\frac{5}{6}$는 $9\times5=45$(권)
상자에 담은 동화책 수:
54권의 $\frac{1}{9}$은 $54\div9=6$(권)
⇨ (남은 동화책 수)$=54-45-6=3$(권)

08 조건을 만족하는 나눗셈식으로 나타내면

(분모)$\div 6=4 \cdots 5$

나눗셈식이 맞는지 확인하는 식으로 분모를 구하면

$6\times4=24$, $24+5=29$ ⇨ (분모)$=29$

따라서 분자가 6이고 분모가 29인 분수는 $\frac{6}{29}$입니다.

09 1시간$=$60분

하루에 줄넘기를 하는 시간:

60분의 $\frac{1}{3}$은 $60\div3=20$(분)

10월 한 달 동안 줄넘기를 하는 시간:

$20\times31=620$(분)

⇨ 60분$\times 10=$600분이므로

620분$=$600분$+$20분$=$10시간 20분

10 첫 번째로 튀어 오르는 공의 높이:

75 m의 $\frac{1}{5}$은 $75\div5=15$(m)이므로

75 m의 $\frac{4}{5}$는 $15\times4=60$(m)

두 번째로 튀어 오르는 공의 높이:

60 m의 $\frac{1}{5}$은 $60\div5=12$(m)이므로

60 m의 $\frac{4}{5}$는 $12\times4=48$(m)

⇨ 두 번째로 떨어뜨린 공의 높이는 첫 번째로 튀어 오르는 공의 높이이므로

(공이 움직인 거리)

$=$(첫 번째로 떨어뜨린 공의 높이)

$+$(첫 번째로 튀어 오르는 공의 높이)

$+$(두 번째로 떨어뜨린 공의 높이)

$+$(두 번째로 튀어 오르는 공의 높이)

$=75+60+60+48=243$(m)

11 분자와 분모의 합이 49인 경우를 표로 알아보면

분자	39	38	37	36	35	34
분모	10	11	12	13	14	15

위의 표에서 $34-15=19$이므로 분모가 15, 분자가 34인 가분수는 $\frac{34}{15}$이고 대분수로 나타내면 $2\frac{4}{15}$입니다.

다른 풀이

(분자)$+$(분모)$=49$, (분자)$-$(분모)$=19$이므로

(분자)$+$(분모)$+$(분자)$-$(분모)$=49+19$

(분자)$+$(분자)$=68$, (분자)$=34$

(분모)$=49-$(분자)$=49-34=15$

따라서 구하려는 가분수는 $\frac{34}{15}$이고 대분수로 나타내면 $2\frac{4}{15}$입니다.

다른 풀이

분자를 □라고 하면 분모는 □-19입니다.

분자와 분모의 합이 49이므로

□$+$□$-19=49$, □$+$□$=68$, □$=34$

⇨ (분자)$=34$, (분모)$=34-19=15$

따라서 구하려는 가분수는 $\frac{34}{15}$이고 대분수로 나타내면 $2\frac{4}{15}$입니다.

12 분모가 같은 분수끼리 묶어 보면

$\left(\frac{1}{2}\right)$, $\left(\frac{1}{3}, \frac{2}{3}\right)$, $\left(\frac{1}{4}, \frac{2}{4}, \frac{3}{4}\right)$, ...에서 각 묶음은 분모가 2인 진분수가 1개, 분모가 3인 진분수가 2개, 분모가 4인 진분수가 3개, ...로 분자가 1씩 커지면서 진분수가 1개씩 늘어나는 규칙입니다.

5번째 묶음까지 분수는 $1+2+3+4+5=15$(개)이므로 16번째에 놓일 분수는 6번째 묶음의 첫 번째 분수입니다.

따라서 16번째에 놓일 분수는 분모에 7, 분자에 1을 놓으면 $\frac{1}{7}$입니다.

5 들이와 무게

유형 01 물을 붓는 횟수	
108쪽	1 ❶ (적습니다, 많습니다) ❷ 예 5번<6번<9번 ❸ 가 답 가
	2 다
	3 물병, 우유병, 주스병
109쪽	4 ❶ 1 ❷ 4번 답 4번
	5 5번 6 20번

1 ❶ 컵의 들이가 많을수록 그릇에 물을 부어야 하는 횟수가 적습니다.

❷ 5번<6번<9번
가 나 다

❸ 들이가 가장 많은 컵은 물을 부어야 하는 횟수가 가장 적은 컵인 가입니다.

2 물을 부어야 하는 횟수를 비교하면

8번<11번<14번
나 가 다

들이가 가장 적은 컵은 물을 부어야 하는 횟수가 가장 많은 컵인 다입니다.

3 물을 덜어 내야 하는 횟수를 비교하면

10번<13번<15번

들이가 많은 병부터 순서대로 놓으면

물병>우유병>주스병

⇨ 들이가 많은 병부터 순서대로 이름을 쓰면 물병, 우유병, 주스병입니다.

4 ❶ 가 컵에 물을 가득 담아 3번 부은 양은 나 컵에 물을 가득 담아 1번 부은 양과 같습니다.

❷ 빈 어항에 물을 가득 채우려면 나 컵으로 물을 적어도 12÷3=4(번) 부어야 합니다.

5 가 그릇에 물을 가득 담아 2번 덜어 낸 양은 나 그릇에 물을 가득 담아 1번 덜어 낸 양과 같습니다.
따라서 유리병에 가득 채운 물이 남지 않도록 모두 덜어 내려면 나 그릇으로 물을 적어도 10÷2=5(번) 덜어 내야 합니다.

6 (가 컵의 들이)=(나 컵의 들이)×5

(물통의 들이)=(가 컵의 들이)×4
=(나 컵의 들이)×5×4
=(나 컵의 들이)×20

⇨ 빈 물통에 물을 가득 채우려면 나 컵으로 물을 적어도 20번 부어야 합니다.

유형 02 들이의 덧셈과 뺄셈 활용	
110쪽	1 ❶ 5060 mL ❷ 현우 ❸ 690 mL 답 현우, 690 mL
	2 주전자, 181 mL 3 8 L 505 mL
111쪽	4 ❶ 4 L 650 mL ❷ 1 L 850 mL 답 1 L 850 mL
	5 1 L 700 mL 6 150 mL
112쪽	7 ❶ 2 L 400 mL ❷ 5 L 답 5 L
	8 2 L 150 mL 9 3 L 340 mL
113쪽	10 ❶ 900 mL ❷ 450 mL 답 450 mL
	11 300 mL 12 650 mL

1 ❶ 5 L 60 mL=5060 mL

❷ 5750 mL>5060 mL이므로 우유를 더 많이 마신 사람은 현우입니다.

❸ (현우가 마신 우유의 양)−(소이가 마신 우유의 양)
=5750 mL−5060 mL=690 mL

2 주전자의 들이를 몇 mL로 나타내면
2 L 9 mL=2009 mL이고 2009 mL<2190 mL이므로 주전자의 들이가 더 적습니다.

⇨ (냄비의 들이)−(주전자의 들이)
=2190 mL−2009 mL=181 mL

3 세 페인트의 양을 몇 L 몇 mL로 나타내면

노란색 페인트의 양: 4 L 150 mL
파란색 페인트의 양: 4605 mL=4 L 605 mL
빨간색 페인트의 양: 3900 mL=3 L 900 mL

세 페인트의 양을 비교하면

4 L 605 mL>4 L 150 mL>3 L 900 mL

⇨ 가장 많이 있는 페인트는 파란색 페인트이고 가장 적게 있는 페인트는 빨간색 페인트이므로
(파란색 페인트의 양)+(빨간색 페인트의 양)
=4 L 605 mL+3 L 900 mL=8 L 505 mL

4 ❶ (처음에 들어 있던 물의 양)+(더 부은 물의 양)
=3 L 450 mL+1 L 200 mL=4 L 650 mL

❷ (양동이에 물을 더 부은 뒤 물의 양)−(덜어 낸 물의 양)
=4 L 650 mL−2 L 800 mL=1 L 850 mL

5 (사용하고 남은 물의 양)
=(처음에 들어 있던 물의 양)−(사용한 물의 양)
=2 L 100 mL−950 mL=1 L 150 mL
(물뿌리개에 있는 물의 양)
=(사용하고 남은 물의 양)+(더 부은 물의 양)
=1 L 150 mL+550 mL=1 L 700 mL

6 (오늘 마신 물의 양)
=(어제 마신 물의 양)+(어제보다 더 마신 만큼 물의 양)
=800 mL+250 mL
=1050 mL=1 L 50 mL
(이틀 동안 마신 물의 양)
=(어제 마신 물의 양)+(오늘 마신 물의 양)
=800 mL+1 L 50 mL=1 L 850 mL
(남은 물의 양)
=(처음에 있던 물의 양)−(이틀 동안 마신 물의 양)
=2 L−1 L 850 mL=150 mL

다른 풀이
(남은 물의 양)
=(처음에 있던 물의 양)−(어제 마신 물의 양)
−(오늘 마신 물의 양)
=2 L−800 mL−1 L 50 mL=150 mL

7 ❶ (바가지의 들이)×(부은 횟수)
=800 mL×3
=2400 mL=2 L 400 mL
❷ (처음에 들어 있던 물의 양)+(바가지로 부은 물의 양)
=2 L 600 mL+2 L 400 mL=5 L

8 (그릇으로 덜어 낸 물의 양)
=(그릇의 들이)×(덜어 낸 횟수)
=450 mL×4
=1800 mL=1 L 800 mL
(물통의 들이)
=(그릇으로 덜어 낸 물의 양)+(물통에 남은 물의 양)
=1 L 800 mL+350 mL=2 L 150 mL

9 (양동이로 부은 물의 양)
=2 L 250 mL+2 L 250 mL=4 L 500 mL
(부은 물의 양)
=(주전자로 부은 물의 양)+(양동이로 부은 물의 양)
=1 L 160 mL+4 L 500 mL=5 L 660 mL
(더 부어야 하는 물의 양)
=(통의 들이)−(부은 물의 양)
=9 L−5 L 660 mL=3 L 340 mL

10 ❶ (가 물통에 들어 있는 물의 양)
−(나 물통에 들어 있는 물의 양)
=1 L 200 mL−300 mL
=900 mL
❷ 두 물통에 들어 있는 물의 양을 같게 하려면 가 물통에서 나 물통으로 물을
(두 물통에 들어 있는 물의 양의 차)÷2
=900 mL÷2=450 mL만큼 옮겨야 합니다.

11 (두 그릇에 들어 있는 물의 양의 차)
=(나 그릇에 들어 있는 물의 양)
−(가 그릇에 들어 있는 물의 양)
=7 L 400 mL−6 L 800 mL
=600 mL
두 그릇에 들어 있는 물의 양을 같게 하려면 나 그릇에서 가 그릇으로 물을
(두 물통에 들어 있는 물의 양의 차)÷2
=600 mL÷2=300 mL만큼 옮겨야 합니다.

12 (나 수조에 들어 있는 물의 양)
=(처음에 들어 있던 물의 양)−(덜어 낸 물의 양)
=10 L 100 mL−750 mL
=9 L 350 mL
(두 수조에 들어 있는 물의 양의 차)
=(가 수조에 들어 있는 물의 양)
−(나 수조에 들어 있는 물의 양)
=10 L 650 mL−9 L 350 mL
=1 L 300 mL
1 L 300 mL=1300 mL=650 mL+650 mL이므로 두 수조에 들어 있는 물의 양을 같게 하려면 가 수조에서 나 수조로 물을 650 mL만큼 옮겨야 합니다.

유형 03 시간과 들이의 활용

114쪽	1 ❶ 400 mL ❷ 3 L 200 mL 답 3 L 200 mL	
	2 4 L 950 mL	3 5 L 530 mL
115쪽	4 ❶ 500 mL ❷ 2초 ❸ 14초 답 14초	
	5 32초	6 5분

1 ❶ (1초 동안 수도로 나오는 물의 양)
−(1초 동안 새는 물의 양)
=500 mL−100 mL
=400 mL
❷ (1초 동안 통에 받는 물의 양)×(물을 받는 시간)
=400 mL×8
=3200 mL=3 L 200 mL

2 (1초 동안 물뿌리개에 받는 물의 양)
=(1초 동안 수도로 나오는 물의 양)
−(1초 동안 새는 물의 양)
=600 mL−50 mL=550 mL

(9초 동안 물뿌리개에 받는 물의 양)
=(1초 동안 물뿌리개에 받는 물의 양)×(물을 받는 시간)
=550 mL×9
=4950 mL=4 L 950 mL

3 (1초 동안 두 수도에서 동시에 나오는 물의 양)
=(1초 동안 가 수도로 나오는 물의 양)
+(1초 동안 나 수도로 나오는 물의 양)
=450 mL+400 mL
=850 mL
(1초 동안 양동이에 받는 물의 양)
=(1초 동안 두 수도에서 동시에 나오는 물의 양)
−(1초 동안 새는 물의 양)
=850 mL−60 mL
=790 mL
(양동이의 들이)
=(1초 동안 양동이에 받는 물의 양)
×(물을 가득 채우는 데 걸린 시간)
=790 mL×7
=5530 mL=5 L 530 mL

4 ❶ (1초 동안 수도로 나오는 물의 양)
−(1초 동안 새는 물의 양)
=600 mL−100 mL
=500 mL
❷ 500 mL×2=1000 mL=1 L이므로 물 1 L를 통에 받는 데 걸리는 시간은 2초입니다.
❸ (물 1 L를 통에 받는 데 걸리는 시간)×(통의 들이)
=2×7=14(초)

5 (1초 동안 세숫대야에 받는 물의 양)
=(1초 동안 수도로 나오는 물의 양)
−(1초 동안 새는 물의 양)
=300 mL−50 mL
=250 mL
250 mL×4=1000 mL=1 L이므로 물 1 L를 세숫대야에 받는 데 걸리는 시간은 4초입니다.
(세숫대야에 물을 가득 채우는 데 걸리는 시간)
=(물 1 L를 세숫대야에 받는 데 걸리는 시간)
×(세숫대야의 들이)
=4×8=32(초)

6 4분 동안 물이 8 L씩 빠져나가므로 1분 동안 물이 8 L÷4=2 L씩 빠져나갑니다.
(30분 동안 욕조에서 빠져나간 물의 양)
=(1분 동안 욕조에서 빠져나간 물의 양)
×(물이 빠져나간 시간)
=2 L×30=60 L
12 L×5=60 L이므로 다시 욕조에 물을 가득 채우는 데 걸리는 시간은 5분입니다.

유형 04 무게의 덧셈과 뺄셈 활용

116쪽	1 ❶ 4 kg 900 g ❷ 10 kg 200 g 답 10 kg 200 g 2 6 kg 50 g 3 112 kg 300 g
117쪽	4 ❶ 2 t 370 kg ❷ 4 t 330 kg ❸ 3 t 670 kg 답 3 t 670 kg 5 7 t 500 kg 6 33 kg 280 g
118쪽	7 ❶ (□+3) kg ❷ 2 ❸ 2 kg 답 2 kg 8 7 kg 9 9 kg, 4 kg

1 ❶ (민재가 캔 감자의 무게)
−(민재보다 덜 캔 감자의 무게)
=5 kg 300 g−400 g
=4 kg 900 g
❷ (민재가 캔 감자의 무게)+(서아가 캔 감자의 무게)
=5 kg 300 g+4 kg 900 g
=10 kg 200 g

2 (강아지의 무게)
=(고양이의 무게)+(고양이보다 더 무거운 만큼의 무게)
=2 kg 600 g+850 g
=3 kg 450 g
(고양이와 강아지의 무게)
=(고양이의 무게)+(강아지의 무게)
=2 kg 600 g+3 kg 450 g
=6 kg 50 g

3 (어머니의 몸무게)
=(찬이의 몸무게)+(찬이보다 더 무거운 만큼의 무게)
=32 kg 500 g+25 kg 700 g
=58 kg 200 g
(동생의 몸무게)
=(찬이의 몸무게)−(찬이보다 더 가벼운 만큼의 무게)
=32 kg 500 g−10 kg 900 g
=21 kg 600 g
(세 사람의 몸무게)
=(찬이의 몸무게)+(어머니의 몸무게)+(동생의 몸무게)
=32 kg 500 g+58 kg 200 g+21 kg 600 g
=112 kg 300 g

4 ❶ 2370 kg=2 t 370 kg
❷ (호박의 무게)+(가지의 무게)
=1 t 960 kg+2 t 370 kg
=4 t 330 kg
❸ (전체 무게)−(호박과 가지의 무게)
=8 t−4 t 330 kg=3 t 670 kg

다른 풀이

(오이의 무게)=(전체 무게)−(호박의 무게)−(가지의 무게)
=8 t−1 t 960 kg−2 t 370 kg
=3 t 670 kg

5 기린의 무게를 몇 t으로 나타내면 2000 kg=2 t
(기린과 대왕고래의 무게)
=(기린의 무게)+(대왕고래의 무게)
=2 t+150 t=152 t
(아프리카코끼리의 무게)
=(전체 무게)−(기린과 대왕고래의 무게)
=159 t 500 kg−152 t
=7 t 500 kg

다른 풀이

(아프리카코끼리의 무게)
=(전체 무게)−(기린의 무게)−(대왕고래의 무게)
=159 t 500 kg−2 t−150 t
=7 t 500 kg

6 책가방의 무게를 몇 kg 몇 g으로 나타내면
1600 g=1 kg 600 g
(인형의 무게)=1 kg 600 g+930 g
=2 kg 530 g
(책가방과 인형의 무게)
=(책가방의 무게)+(인형의 무게)
=1 kg 600 g+2 kg 530 g
=4 kg 130 g
(은성이의 몸무게)
=(전체 무게)−(책가방과 인형의 무게)
=37 kg 410 g−4 kg 130 g
=33 kg 280 g

다른 풀이

(은성이의 몸무게)
=(전체 무게)−(책가방의 무게)−(인형의 무게)
=37 kg 410 g−1 kg 600 g−2 kg 530 g
=33 kg 280 g

7 ❶ 수박의 무게가 멜론보다 3 kg 더 무거우므로
(□+3) kg
❷ □+□+3=7이므로
□+□=4 ⇨ □=2
❸ 멜론의 무게는 2 kg입니다.

8 작은 봉지에 담은 소금의 무게를 □ kg이라 하면 큰 봉지에 담은 소금의 무게는 (□+2) kg이므로
□+□+2=16, □+□=14 ⇨ □=7
따라서 작은 봉지에 담은 소금의 무게는 7 kg입니다.

9 작은 그릇에 담은 밀가루의 무게를 □ kg이라 하면 큰 그릇에 담은 밀가루의 무게는 (□+5) kg이므로
□+□+5=13, □+□=8 ⇨ □=4
따라서 작은 그릇에 담은 밀가루의 무게는 4 kg이고, 큰 그릇에 담은 밀가루의 무게는 4+5=9(kg)입니다.

유형 05 무게 계산하여 문제 해결하기

119쪽	1 ❶ 4 kg ❷ 2 t 420 kg ❸ 3대 답 3대	
	2 2대	3 500상자
120쪽	4 ❶ 480 g ❷ 1 kg 200 g ❸ 700 g 답 700 g	
	5 850 g	6 2 kg 400 g
121쪽	7 ❶ 315 g ❷ 126 g ❸ 1 kg 260 g 답 1 kg 260 g	
	8 1 kg 50 g	9 90 g

1 ❶ (페인트 한 통의 무게)×(통 수)
=500 g×8=4000 g=4 kg
❷ (페인트 한 상자의 무게)×(상자 수)
=4 kg×605=2420 kg=2 t 420 kg
❸ 트럭 한 대에 1 t까지 실을 수 있으므로 페인트 2 t 420 kg을 한꺼번에 모두 옮기려면 페인트 2 t을 1 t씩 트럭 2대에 각각 싣고 420 kg도 트럭 한 대에 실어야 합니다.
따라서 트럭은 적어도 2+1=3(대) 필요합니다.

2 (주스 한 묶음의 무게)
=(주스 한 병의 무게)×(병 수)
=400 g×5=2000 g=2 kg
(주스 780묶음의 무게)
=(주스 한 묶음의 무게)×(묶음 수)
=2 kg×780=1560 kg=1 t 560 kg
트럭 한 대에 1 t까지 실을 수 있으므로 주스 1 t 560 kg을 한꺼번에 모두 옮기려면 주스 1 t을 트럭 한 대에 싣고 560 kg도 트럭 한 대에 실어야 합니다.
따라서 트럭은 적어도 1+1=2(대) 필요합니다.

3 짐을 실은 무게가 3 t까지인 트럭만 다리를 건널 수 있으므로
(실을 수 있는 옥수수의 무게)
=(다리를 건널 수 있는 무게)−(빈 트럭의 무게)
=3 t−1 t=2 t=2000 kg

트럭에 옥수수를 2000 kg까지 실을 수 있으므로
(실을 수 있는 옥수수의 상자 수)
=(실을 수 있는 옥수수의 무게)÷(옥수수 한 상자의 무게)
=2000÷4=500(상자)
따라서 옥수수를 최대 500상자까지 실을 수 있습니다.

4 ❶ (참외 5개만 담은 상자의 무게)
−(참외 2개를 꺼낸 후 상자의 무게)
=1 kg 900 g−1 kg 420 g=480 g
❷ (참외 1개의 무게)=(참외 2개의 무게)÷2
=480 g÷2=240 g
(참외 5개의 무게)=(참외 1개의 무게)×5
=240 g×5
=1200 g=1 kg 200 g
❸ (참외 5개만 담은 상자의 무게)−(참외 5개의 무게)
=1 kg 900 g−1 kg 200 g=700 g

5 (축구공 2개의 무게)
=(축구공 2개를 더 담은 후 바구니의 무게)
−(축구공 5개만 담은 바구니의 무게)
=3 kg 580 g−2 kg 800 g=780 g
(축구공 1개의 무게)=(축구공 2개의 무게)÷2
=780 g÷2=390 g
(축구공 5개의 무게)=(축구공 1개의 무게)×5
=390 g×5
=1950 g=1 kg 950 g
(빈 바구니의 무게)
=(축구공 5개만 담은 바구니의 무게)
−(축구공 5개의 무게)
=2 kg 800 g−1 kg 950 g=850 g

6 (쌀 절반의 무게)
=(쌀이 가득 들어 있는 통의 무게)
−(쌀 절반이 들어 있는 통의 무게)
=12 kg−7 kg 200 g=4 kg 800 g
(쌀 전체의 무게)
=(쌀 절반의 무게)+(쌀 절반의 무게)
=4 kg 800 g+4 kg 800 g=9 kg 600 g
(빈 통의 무게)
=(쌀이 가득 들어 있는 통의 무게)
−(쌀 전체의 무게)
=12 kg−9 kg 600 g=2 kg 400 g

다른 풀이
(빈 통의 무게)
=(쌀 절반이 들어 있는 통의 무게)−(쌀 절반의 무게)
=7 kg 200 g−4 kg 800 g
=2 kg 400 g

7 ❶ (사과 4개의 무게)=(배 3개의 무게)
=420 g×3=1260 g
(사과 1개의 무게)=1260 g÷4=315 g
❷ (귤 5개의 무게)=(사과 2개의 무게)
=315 g×2=630 g
(귤 1개의 무게)=630 g÷5=126 g
❸ 126 g×10=1260 g=1 kg 260 g

다른 풀이
(배 3개의 무게)=(사과 4개의 무게)=(귤 10개의 무게)이므로
배 1개의 무게가 420 g이라면
(귤 10개의 무게)=(배 3개의 무게)
=420 g×3
=1260 g=1 kg 260 g

8 (감자 6개의 무게)=(당근 7개의 무게)
=150 g×7=1050 g
(감자 1개의 무게)=1050 g÷6=175 g
(고구마 2개의 무게)=(감자 3개의 무게)
=175 g×3=525 g
(고구마 4개의 무게)=525 g×2
=1050 g=1 kg 50 g

다른 풀이
(당근 7개의 무게)=(감자 6개의 무게)이고
(감자 3개의 무게)=(고구마 2개의 무게)이므로
(감자 6개의 무게)=(고구마 4개의 무게)
⇨ (당근 7개의 무게)=(감자 6개의 무게)
=(고구마 4개의 무게)
당근 1개의 무게가 150 g이라면
(고구마 4개의 무게)=(당근 7개의 무게)
=150 g×7
=1050 g=1 kg 50 g

9 (공 3개의 무게)=(가방 1개의 무게)=405 g
(공 1개의 무게)=405 g÷3=135 g
(필통 3개의 무게)=(공 2개의 무게)
=135 g×2=270 g
(필통 1개의 무게)=270 g÷3=90 g

다른 풀이
(필통 3개의 무게)=(공 2개의 무게)이고
(공 3개의 무게)=(가방 1개의 무게)이므로
(필통 9개의 무게)=(공 6개의 무게)이고
(공 6개의 무게)=(가방 2개의 무게)
⇨ (필통 9개의 무게)=(공 6개의 무게)=(가방 2개의 무게)
가방 1개의 무게가 405 g이라면
(필통 9개의 무게)=(가방 2개의 무게)
=405 g×2=810 g
(필통 1개의 무게)=810 g÷9=90 g

유형 06 들이와 무게 추론

122쪽	1 ❶ 500, 400 ❷ 400, 100 2 예 들이가 700 mL인 그릇에 물을 가득 채운 뒤 들이가 300 mL인 그릇을 가득 채울 수 있도록 덜어 내면 들이가 700 mL인 그릇에 물이 400 mL 남습니다. 3 예 들이가 450 mL인 그릇에 물을 가득 채운 뒤 들이가 600 mL인 그릇에 모두 덜어 내고, 다시 들이가 450 mL인 그릇에 물을 가득 채운 뒤 들이가 600 mL인 그릇을 가득 채울 수 있도록 덜어 내면 들이가 450 mL인 그릇에 물이 300 mL 남습니다.
123쪽	4 ❶ 100 g, 500 g ❷ 600 g, 400 g ❸ 스케치북 답 스케치북 5 모자 6 8가지

1 ❶ 500－400＝100

❷ 두 그릇의 들이의 차 500 mL－400 mL＝100 mL를 이용하여 물 담는 방법을 설명합니다.

2 (두 그릇의 들이의 차)＝700 mL－300 mL＝400 mL를 이용하여 물 담는 방법을 설명합니다.

3 450 mL＋450 mL－600 mL＝300 mL를 이용하여 물 담는 방법을 설명합니다.

4 ❶ 100 g, 500 g

❷ 100 g＋500 g＝600g, 500 g－100 g＝400 g

❸ 무게를 잴 수 있는 물건은 무게가 100 g인 공책, 무게가 400 g인 동화책이고 무게를 잴 수 없는 물건은 무게가 200 g인 스케치북입니다.

5 추 1개만 사용하여 잴 수 있는 무게: 50 g, 200 g
추 2개를 사용하여 잴 수 있는 무게:
50 g＋200 g＝250 g, 200 g－50 g＝150 g
무게를 잴 수 있는 물건은 무게가 50 g인 거울, 무게가 250 g인 휴대 전화이고 무게를 잴 수 없는 물건은 무게가 100 g인 모자입니다.

6 추 1개만 사용하여 잴 수 있는 무게:
100 g, 200 g, 500 g
추 2개를 사용하여 잴 수 있는 무게:
100 g＋200 g＝300 g, 200 g－100 g＝100 g
100 g＋500 g＝600 g, 500 g－100 g＝400 g
200 g＋500 g＝700 g, 500 g－200 g＝300 g
추 3개를 사용하여 잴 수 있는 무게:
100 g＋200 g＋500 g＝800 g
500 g＋100 g－200 g＝400 g
500 g＋200 g－100 g＝600 g
500 g－100 g－200 g＝200 g
물건의 무게를 잴 수 있는 무게는 100 g, 200 g, 300 g, 400 g, 500 g, 600 g, 700 g, 800 g으로 모두 8가지입니다.

단원 5 유형 마스터

124쪽	01 나	02 3 L 350 mL	
	03 850 mL		
125쪽	04 현준, 윤서, 건우, 다연		
	05 4 kg 300 g		
	06 5 t 980 kg		
126쪽	07 10 kg	08 8초	09 550 g
127쪽	10 150 g	11 6번	12 445 kg

01 물을 부어야 하는 횟수를 비교하면
12번(가) < 17번(다) < 21번(나)
들이가 가장 적은 그릇은 물을 부어야 하는 횟수가 가장 많은 그릇인 나입니다.

02 (마시고 남은 물의 양)
＝(처음에 들어 있던 물의 양)－(마신 물의 양)
＝4 L 50 mL－2 L 600 mL＝1 L 450 mL
(물통에 들어 있는 물의 양)
＝(마시고 남은 물의 양)＋(더 부은 물의 양)
＝1 L 450 mL＋1 L 900 mL＝3 L 350 mL

03 (두 양동이에 들어 있는 물의 양의 차)
＝(나 양동이에 들어 있는 물의 양)
－(가 양동이에 들어 있는 물의 양)
＝5 L 250 mL－3 L 550 mL
＝1 L 700 mL＝1700 mL
두 양동이에 들어 있는 물의 양을 같게 하려면 나 양동이에서 가 양동이로 물을
(두 양동이에 들어 있는 물의 양의 차)÷2
＝1700 mL÷2＝850 mL만큼 옮겨야 합니다.

04 네 사람이 딴 딸기의 무게를 몇 kg 몇 g으로 나타내면
윤서: 2 kg 350 g
건우: 2080 g＝2 kg 80 g
다연: 1 kg 900 g
현준: 2720 g＝2 kg 720 g

네 사람이 딴 딸기의 무게를 비교하면
2 kg 720 g＞2 kg 350 g＞2 kg 80 g
＞1 kg 900 g
⇨ 딴 딸기의 무게가 무거운 사람부터 순서대로 이름을 쓰면 현준, 윤서, 건우, 다연입니다.

05 (배추의 무게)
＝(무의 무게)＋(무보다 더 무거운 만큼의 무게)
＝1 kg 400 g＋1 kg 250 g＝2 kg 650 g
(양파의 무게)
＝(무의 무게)－(무보다 더 가벼운 만큼의 무게)
＝1 kg 400 g－1 kg 150 g＝250 g
(세 채소의 무게)
＝(무의 무게)＋(배추의 무게)＋(양파의 무게)
＝1 kg 400 g＋2 kg 650 g＋250 g
＝4 kg 300 g

06 가 공장에서 만든 얼음의 무게를 몇 t 몇 kg으로 나타내면 6235 kg＝6 t 235 kg
(가와 나 공장에서 만든 얼음의 무게)
＝(가 공장에서 만든 얼음의 무게)
＋(나 공장에서 만든 얼음의 무게)
＝6 t 235 kg＋7 t 185 kg＝13 t 420 kg
(다 공장에서 만든 얼음의 무게)
＝(전체 무게)－(가와 나 공장에서 만든 얼음의 무게)
＝19 t 400 kg－13 t 420 kg＝5 t 980 kg

다른 풀이
(**다** 공장에서 만든 얼음의 무게)
＝(전체 무게)－(**가** 공장에서 만든 얼음의 무게)
－(**나** 공장에서 만든 얼음의 무게)
＝19 t 400 kg－6 t 235 kg－7 t 185 kg
＝5 t 980 kg

07 큰 통에 담은 설탕의 무게를 □ kg이라 하면
작은 통에 담은 설탕의 무게는 (□－7) kg이므로
□＋□－7＝13, □＋□＝20 ⇨ □＝10
따라서 큰 통에 담은 설탕의 무게는 10 kg입니다.

08 (1초 동안 두 수도에서 동시에 나오는 물의 양)
＝(1초 동안 가 수도로 나오는 물의 양)
＋(1초 동안 나 수도로 나오는 물의 양)
＝270 mL＋260 mL＝530 mL
(1초 동안 물통에 받는 물의 양)
＝(1초 동안 두 수도에서 동시에 나오는 물의 양)
－(1초 동안 새는 물의 양)
＝530 mL－30 mL＝500 mL
500 mL×2＝1000 mL＝1 L이므로 물 1 L를 물통에 받는 데 걸리는 시간은 2초입니다.
(물통에 물을 가득 채우는 데 걸리는 시간)
＝(물 1 L를 물통에 받는 데 걸리는 시간)
×(물통의 들이)
＝2×4＝8(초)

09 (책 2권의 무게)
＝(책 9권만 담은 가방의 무게)
－(책 2권을 꺼낸 후 가방의 무게)
＝4 kg 600 g－3 kg 700 g＝900 g
(책 1권의 무게)＝(책 2권의 무게)÷2
＝900 g÷2＝450 g
(책 9권의 무게)＝(책 1권의 무게)×9
＝450 g×9＝4050 g＝4 kg 50 g
(빈 가방의 무게)
＝(책 9권만 담은 가방의 무게)－(책 9권의 무게)
＝4 kg 600 g－4 kg 50 g＝550 g

10 (칫솔 5개의 무게)＝(비누 1개의 무게)＝250 g이므로
(칫솔 1개의 무게)＝250 g÷5＝50 g
(치약 1개의 무게)＝(칫솔 3개의 무게)
＝50 g×3＝150 g

다른 풀이
(비누 1개의 무게)＝(칫솔 5개의 무게)이고
(칫솔 3개의 무게)＝(치약 1개의 무게)이므로
(비누 3개의 무게)＝(칫솔 15개의 무게)이고
(칫솔 15개의 무게)＝(치약 5개의 무게)
⇨ (비누 3개의 무게)＝(칫솔 15개의 무게)＝(치약 5개의 무게)
비누 1개의 무게가 250 g이라면
(치약 5개의 무게)＝(비누 3개의 무게)＝250 g×3＝750 g
(치약 1개의 무게)＝750 g÷5＝150 g

11 (냄비의 들이)＝(큰 컵의 들이)×(부은 횟수)
＝450 mL×4＝1800 mL
작은 컵의 들이가 300 mL이고
300 mL×6＝1800 mL이므로
냄비에 물을 가득 채우려면 작은 컵으로 물을 적어도 6번 부어야 합니다.

12 (승강기에 탄 사람의 몸무게)
＝65 kg×2＝130 kg
(2층에서 승강기에 남은 상자 수)
＝26－9＝17(개)
(2층에서 승강기에 남은 상자의 무게)
＝25 kg×17＝425 kg
1 t＝1000 kg이므로
(승강기에 2층부터 더 실을 수 있는 무게)
＝1000 kg－130 kg－425 kg＝445 kg
따라서 승강기에 2층부터 더 실을 수 있는 무게는 445 kg까지입니다.

6 그림그래프

유형 01 그림그래프 해석하기

130쪽	1 ❶ 12명 ❷ 34명 ❸ 46명 답 46명
	2 7권
	3 55마리
131쪽	4 ❶ 95개 ❷ 5700원 답 5700원
	5 258자루
	6 19개

1 ❶ 사과 ⇨ 12명
❷ 바나나 ⇨ 34명
❸ 12+34=46(명)

2 가장 많은 책을 읽은 학생: 다정 ⇨ 23권
가장 적은 책을 읽은 학생: 민하 ⇨ 16권
따라서 가장 많은 책을 읽은 학생과 가장 적은 책을 읽은 학생의 읽은 책의 수의 차는 23−16=7(권)입니다.

3 가장 많은 소를 키우는 농장: 사랑 농장 ⇨ 40마리
두 번째로 적은 소를 키우는 농장: 우리 농장 ⇨ 15마리
따라서 가장 많은 소를 키우는 농장과 두 번째로 적은 소를 키우는 농장의 소의 수의 합은 40+15=55(마리)입니다.

4 ❶ 그림을 모두 세어 보면 큰 그림 8개, 작은 그림 15개이므로 네 가게에서 판매한 단추는 모두 80+15=95(개)입니다.
❷ 한 개의 값이 60원인 단추를 95개 판매했으므로 60×95=5700(원)

5 그림을 모두 세어 보면 큰 그림 7개, 작은 그림 16개이므로 네 반의 학생은 모두 70+16=86(명)입니다.
(필요한 연필 수)
=(나누어 주는 연필 수)×(네 반의 학생 수)
=3×86=258(자루)

6 그림을 모두 세어 보면 큰 그림 14개, 작은 그림 12개이므로 장미는 모두 140+12=152(송이)입니다.
(필요한 바구니 수)
=(네 색깔의 장미 수)÷(바구니 한 개에 담는 장미 수)
=152÷8=19(개)

유형 02 모르는 자료의 값

132쪽	1 ❶ 820명 ❷ 180명 ❸ O형 답 O형
	2 어머니
	3 나눔, 믿음, 햇살, 싱싱
133쪽	4 ❶ 가 마을: 30가구, 라 마을: 12가구 ❷ 18가구 답 18가구
	5 190 kg
	6 21개
134쪽	7 ❶ 36명 ❷ 38명 답 38명
	8 47 kg
	9 5개
135쪽	10 ❶ 감자: 25상자, 양파: 22상자

❷ 채소별 수확량

채소	수확량
오이	◎◎◎◎
호박	◎◎◎○○○○
감자	◎◎○○○○○
양파	◎◎○○

◎ 10상자 ○ 1상자

11 좋아하는 간식별 학생 수

간식	학생 수
만두	◎◎○○○○
떡볶이	◎◎◎○○○
핫도그	◎○○○○○○○
주먹밥	◎◎◎

◎ 10명 ○ 1명

12 마트별 장난감 수

마트	장난감 수
가	◎◎◎◎○○
나	◎◎
다	◎◎○
라	◎◎◎○○○○○

◎ 100개 ○ 10개

1 ❶ 그림을 모두 세어 보면 큰 그림 7개, 작은 그림 12개이므로 A형, B형, O형인 학생은 모두 700+120=820(명)입니다.
❷ 1000−820=180(명)
❸ 네 혈액형의 학생 수를 비교하면
180명<250명<270명<300명이므로 학생 수가 가장 많은 혈액형은 O형입니다.

다른 풀이
AB형인 학생 180명을 그림그래프에 나타내면 입니다.
따라서 큰 그림 이 가장 많은 혈액형을 찾으면 O형이므로 학생 수가 가장 많은 혈액형은 O형입니다.

2 그림을 모두 세어 보면 큰 그림 9개, 작은 그림 7개 이므로
(소이, 동생, 아버지가 마신 물의 양)=90+7=97(L)
(어머니가 마신 물의 양)=115−97=18(L)
따라서 소이네 가족 네 사람이 한 달 동안 마신 물의 양을 비교하면 18 L<25 L<30 L<42 L이므로 물을 가장 적게 마신 사람은 어머니입니다.

3 그림을 모두 세어 보면 큰 그림 4개, 작은 그림 13개 이므로
(햇살, 싱싱, 믿음 과수원의 배 수확량)
=400+130=530(kg)
(나눔 과수원의 배 수확량)
=790−530=260(kg)
따라서 네 과수원의 배 수확량을 비교하면
260 kg>210 kg>170 kg>150 kg이므로 배 수확량이 많은 과수원부터 순서대로 이름을 쓰면 나눔, 믿음, 햇살, 싱싱입니다.

4 ❶ 가 마을: 큰 그림 3개
⇨ 30가구
라 마을: 큰 그림 1개, 작은 그림 2개
⇨ 12가구
❷ (가 마을의 가구 수)−(라 마을의 가구 수)
=30−12=18(가구)

5 (도로의 서쪽에 있는 마을의 음식물 쓰레기 양)
=(강의 남쪽에 있는 마을의 음식물 쓰레기 양)인데
라 마을이 두 쪽에 공통으로 있으므로
(가 마을의 음식물 쓰레기 양)
=(마 마을의 음식물 쓰레기 양)
−(나 마을의 음식물 쓰레기 양)
=320−130=190(kg)

6 (다 지역의 학교 수)
=(마 지역의 학교 수)÷2
=50÷2=25(개)
(도로의 북쪽에 있는 지역의 학교 수)
=(철로의 서쪽에 있는 지역의 학교 수)인데
가 지역이 두 쪽에 공통으로 있으므로
(라 지역의 학교 수)
=(나 지역의 학교 수)−(다 지역의 학교 수)
=46−25=21(개)

7 ❶ (4학년에 안경을 쓴 학생 수)−14
=50−14=36(명)
❷ (2학년에 안경을 쓴 학생 수)+2
=36+2=38(명)

8 (라 목장의 우유 생산량)
=(다 목장의 우유 생산량)+7
=44+7=51(kg)
(가 목장의 우유 생산량)
=(라 목장의 우유 생산량)−4
=51−4=47(kg)

9 (23회에 획득한 메달 수)
=(22회에 획득한 메달 수)+9
=8+9=17(개)
(24회에 획득한 메달 수)
=(23회에 획득한 메달 수)−8
=17−8=9(개)
⇨ (21회에 획득한 메달 수)−(24회에 획득한 메달 수)
=14−9=5(개)

10 ❶ (감자)+(양파)=121−(오이와 호박)
=121−74=47(상자)
(감자)−(양파)=3
(감자)+(감자)=47+3=50(상자)이고
25+25=50(상자)이므로 감자는 25상자입니다.
(양파)=25−3=22(상자)
❷ 감자: 25상자 ⇨ 큰 그림 ◎2개, 작은 그림 ○5개
양파: 22상자 ⇨ 큰 그림 ◎2개, 작은 그림 ○2개

주의
그림그래프로 나타낼 때에는 큰 그림을 최대한 많이 그려야 합니다. 22상자를 큰 그림 ◎ 1개, 작은 그림 ○ 12개로 그리지 않도록 주의합니다.

11 (만두)+(주먹밥)=104−(떡볶이와 핫도그)
=104−50=54(명)
(주먹밥)−(만두)=6
(주먹밥)+(주먹밥)=54+6=60(명)이고
30+30=60(명)이므로
주먹밥을 좋아하는 학생은 30명입니다.
⇨ 큰 그림 ◎3개
(만두)=30−6=24(명)
⇨ 큰 그림 ◎2개, 작은 그림 ○4개

12 (가 마트)+(다 마트)=1180−(나와 라 마트)
=1180−550=630(개)
(가 마트)=(다 마트)×2
(다 마트)+(다 마트)+(다 마트)=630
(다 마트)×3=630, (다 마트)=630÷3=210(개)
⇨ 큰 그림 ◎2개, 작은 그림 ○1개
(가 마트)=210×2=420(개)
⇨ 큰 그림 ◎4개, 작은 그림 ○2개

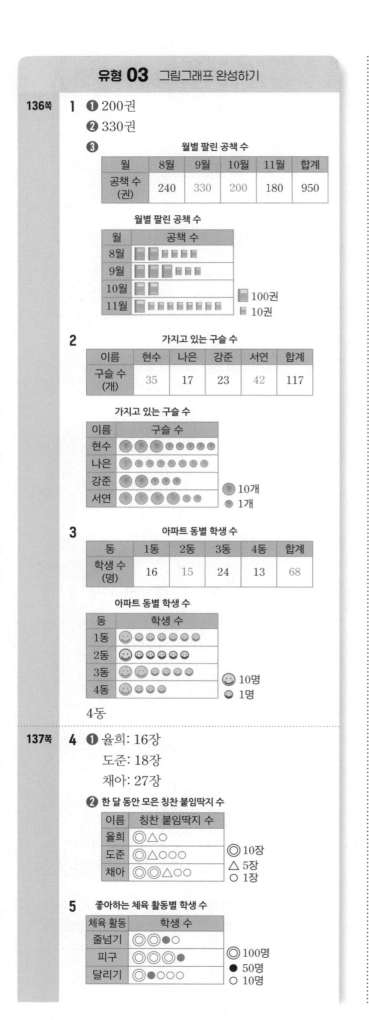

유형 03 그림그래프 완성하기

136쪽

1 ❶ 200권

❷ 330권

❸ 월별 팔린 공책 수

월	8월	9월	10월	11월	합계
공책 수 (권)	240	330	200	180	950

월별 팔린 공책 수

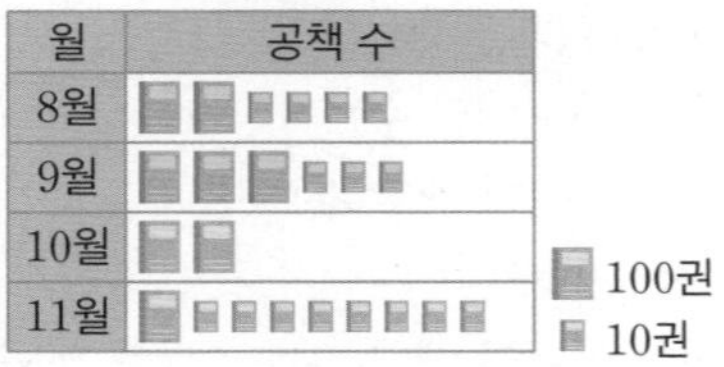

월	공책 수
8월	■■▪▪▪▪
9월	■■■▪▪▪
10월	■■
11월	■▪▪▪▪▪▪▪▪

■ 100권
▪ 10권

2 가지고 있는 구슬 수

이름	현수	나은	강준	서연	합계
구슬 수 (개)	35	17	23	42	117

가지고 있는 구슬 수

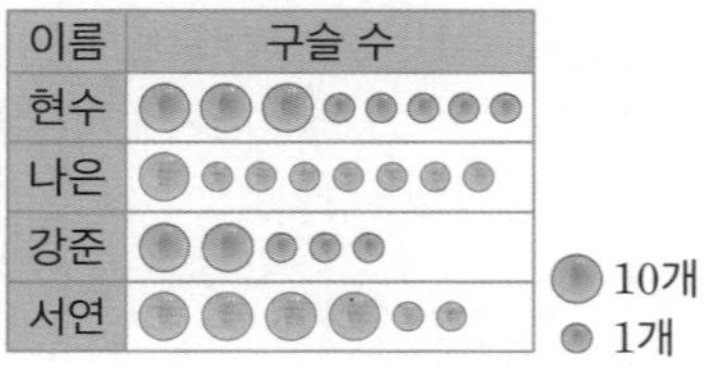

이름	구슬 수
현수	●●●•••••
나은	●•••••••
강준	●●•••
서연	●●●●••

● 10개
• 1개

3 아파트 동별 학생 수

동	1동	2동	3동	4동	합계
학생 수 (명)	16	15	24	13	68

아파트 동별 학생 수

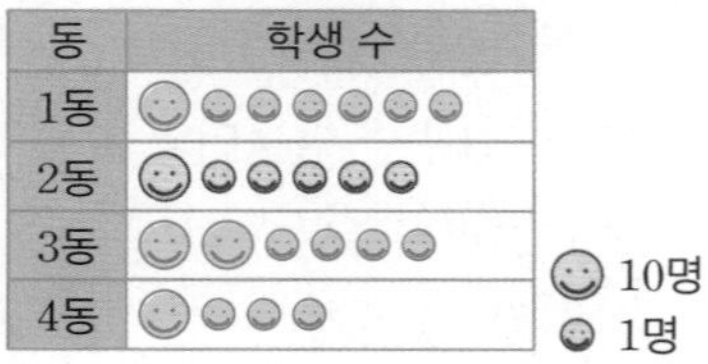

동	학생 수
1동	☺☻☻☻☻☻☻
2동	☺☻☻☻☻☻
3동	☺☺☻☻☻☻
4동	☺☻☻☻

☺ 10명
☻ 1명

4동

137쪽

4 ❶ 율희: 16장

도준: 18장

채아: 27장

❷ 한 달 동안 모은 칭찬 붙임딱지 수

이름	칭찬 붙임딱지 수
율희	◎△○
도준	◎△○○○
채아	◎◎△○○

◎ 10장
△ 5장
○ 1장

5 좋아하는 체육 활동별 학생 수

체육 활동	학생 수
줄넘기	◎◎●○
피구	◎◎◎●
달리기	◎●○○○

◎ 100명
● 50명
○ 10명

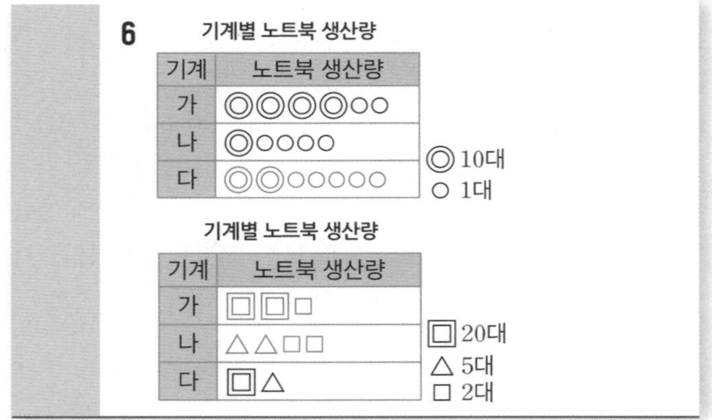

6 기계별 노트북 생산량

기계	노트북 생산량
가	◎◎◎◎○○
나	◎○○○○
다	◎◎○○○○○

◎ 10대
○ 1대

기계별 노트북 생산량

기계	노트북 생산량
가	▣▣□
나	△△□□
다	▣△

▣ 20대
△ 5대
□ 2대

1 ❶ 큰 그림 ■ 2개 ⇨ 200권

❷ 950−(8월, 10월, 11월에 팔린 공책 수)
=950−620=330(권)

❸ 8월: 240권 ⇨ 큰 그림 ■ 2개, 작은 그림 ▪ 4개

9월: 330권 ⇨ 큰 그림 ■ 3개, 작은 그림 ▪ 3개

2 현수: 큰 그림 ● 3개, 작은 그림 • 5개 ⇨ 35개

서연: 117−(현수, 나은, 강준이가 가지고 있는 구슬 수)
=117−75=42(개)
⇨ 큰 그림 ● 4개, 작은 그림 • 2개

나은: 17개 ⇨ 큰 그림 ● 1개, 작은 그림 • 7개

3 2동: 큰 그림 ☺ 1개, 작은 그림 ☻ 5개 ⇨ 15명

(합계)=16+15+24+13=68(명)

1동: 16명 ⇨ 큰 그림 ☺ 1개, 작은 그림 ☻ 6개

3동: 24명 ⇨ 큰 그림 ☺ 2개, 작은 그림 ☻ 4개

4동: 13명 ⇨ 큰 그림 ☺ 1개, 작은 그림 ☻ 3개

아파트 동별 학생 수를 비교하면
13명<15명<16명<24명이므로 학생 수가 가장 적은 동은 4동입니다.

4 율희: ◎○○○○○○ ⇨ 16장 ⇨ ◎△○

도준: ◎○○○○○○○○ ⇨ 18장 ⇨ ◎△○○○

채아: ◎◎○○○○○○○ ⇨ 27장
⇨ ◎◎△○○

5 줄넘기: ◎◎○○○○○○ ⇨ 260명 ⇨ ◎◎●○

피구: ◎◎◎○○○○○ ⇨ 350명 ⇨ ◎◎◎●

달리기: ◎○○○○○○○○ ⇨ 180명 ⇨ ◎●○○○

6 가: ◎◎◎◎○○ ⇨ 42대 ⇨ ▣▣□

나: ◎○○○○ ⇨ 14대 ⇨ △△□□

다: ▣△ ⇨ 25대 ⇨ ◎◎○○○○○

유형 04 그림그래프의 그림 단위

138쪽	1 ❶ 10명 ❷ 25명 답 25명 2 180잔 3 62시간
139쪽	4 ❶ 5그루 ❷ 1그루 답 5그루, 1그루 5 50명, 10명 6 24대

1 ❶ 가장 많은 학생이 좋아하는 계절은 봄으로 큰 그림 3개, 작은 그림 4개가 34명
⇨ 큰 그림 1개는 10명, 작은 그림 1개는 1명
❷ 큰 그림 2개, 작은 그림 5개로 25명입니다.

2 가장 많이 팔린 주스는 딸기 주스로 큰 그림 2개, 작은 그림 7개가 270잔
⇨ 큰 그림 1개는 100잔, 작은 그림 1개는 10잔
따라서 수박 주스는 큰 그림 1개, 작은 그림 8개로 180잔 팔았습니다.

3 다인이가 공부한 시간은 큰 그림 2개, 작은 그림 6개로 46시간
⇨ 큰 그림 1개는 20시간, 작은 그림 1개는 1시간
따라서 가장 오래 공부한 친구인 재현이가 공부한 시간은 큰 그림 3개, 작은 그림 2개로 62시간입니다.

4 ❶ 큰 그림 4개가 20그루이므로
큰 그림 1개는 $20 \div 4 = 5$(그루)
❷ 큰 그림 1개와 작은 그림 4개가 9그루이므로
작은 그림 1개는 $4 \div 4 = 1$(그루)

5 목요일: 큰 그림 3개가 150명이므로
큰 그림 1개는 $150 \div 3 = 50$(명)
월요일: 큰 그림 4개, 작은 그림 2개가 220명이므로
큰 그림 4개는 $50 \times 4 = 200$(명)
작은 그림 2개는 $220 - 200 = 20$(명)
⇨ 작은 그림 1개는 $20 \div 2 = 10$(명)

6 지하 2층: 큰 그림 2개가 10대이므로
큰 그림 1개는 $10 \div 2 = 5$(대)
지하 3층: 큰 그림 3개, 작은 그림 1개가 17대이므로 큰 그림 3개는 $5 \times 3 = 15$(대)
작은 그림 1개는 $17 - 15 = 2$(대)
따라서 자동차가 가장 많이 주차되어 있는 층은 지하 1층이고 큰 그림 4개는 $5 \times 4 = 20$(대), 작은 그림 2개는 $2 \times 2 = 4$(대)이므로 주차되어 있는 자동차는 24대입니다.

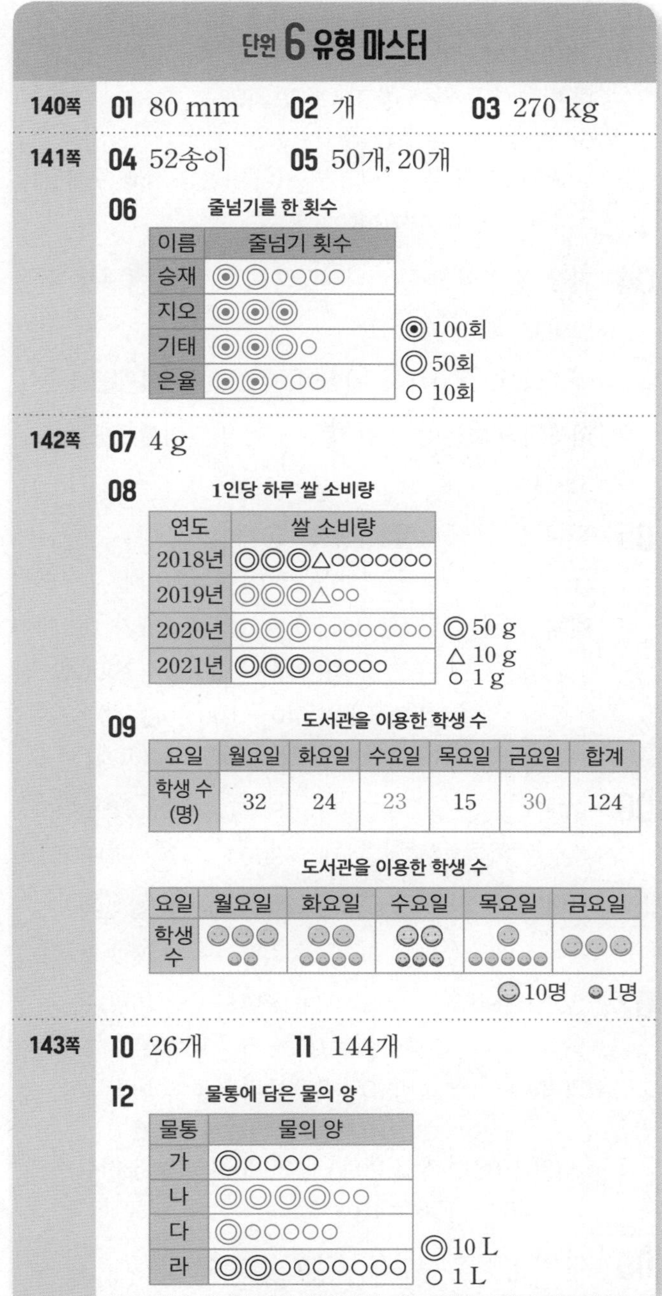

단원 6 유형 마스터

140쪽 **01** 80 mm **02** 개 **03** 270 kg

141쪽 **04** 52송이 **05** 50개, 20개

06 줄넘기를 한 횟수

이름	줄넘기 횟수
승재	◉◎○○○○
지오	◉◉◉
기태	◉◉◎○
은율	◉◉○○○

◉ 100회 ◎ 50회 ○ 10회

142쪽 **07** 4 g

08 1인당 하루 쌀 소비량

연도	쌀 소비량
2018년	◎◎◎△○○○○○○○
2019년	◎◎◎△○○
2020년	◎◎◎○○○○○○○○
2021년	◎◎◎○○○○○

◎ 50 g △ 10 g ○ 1 g

09 도서관을 이용한 학생 수

요일	월요일	화요일	수요일	목요일	금요일	합계
학생 수(명)	32	24	23	15	30	124

도서관을 이용한 학생 수

요일	월요일	화요일	수요일	목요일	금요일
학생 수					

10명 1명

143쪽 **10** 26개 **11** 144개

12 물통에 담은 물의 양

물통	물의 양
가	◎○○○○
나	◎◎◎◎○○
다	◎○○○○○
라	◎◎○○○○○○○

◎ 10 L ○ 1 L

01 가장 많은 비가 온 지역: 다 ⇨ 320 mm
가장 적은 비가 온 지역: 라 ⇨ 240 mm
따라서 가장 많은 비가 온 지역과 가장 적은 비가 온 지역의 비의 양의 차는 $320 - 240 = 80$(mm)입니다.

02 그림을 모두 세어 보면 큰 그림 7개, 작은 그림 11개이므로
(고양이, 토끼, 금붕어를 키우고 싶어 하는 학생 수)
$= 70 + 11 = 81$(명)
(개를 키우고 싶어 하는 학생 수)
$= 120 - 81 = 39$(명)
따라서 동물별 키우고 싶어 하는 학생 수를 비교하면
22명 < 25명 < 34명 < 39명이므로
가장 많은 학생이 키우고 싶어 하는 동물은 개입니다.

03 (강의 동쪽에 있는 마을의 사과 수확량)
=(도로의 남쪽에 있는 마을의 사과 수확량)인데
마 마을이 두 쪽에 공통으로 있으므로
(나 마을의 사과 수확량)
=(라 마을의 사과 수확량)−(다 마을의 사과 수확량)
=430−160=270(kg)

04 가장 적게 심은 꽃은 나팔꽃으로 큰 그림 4개, 작은 그림 1개가 41송이
⇨ 큰 그림 1개는 10송이, 작은 그림 1개는 1송이
따라서 국화는 큰 그림 5개, 작은 그림 2개로 52송이입니다.

05 둘째 주: 큰 그림 5개가 250개이므로
큰 그림 1개는 250÷5=50(개)
넷째 주: 큰 그림 2개, 작은 그림 2개가 140개이므로 큰 그림 2개는 50×2=100(개), 작은 그림 2개는 140−100=40(개)
⇨ 작은 그림 1개는 40÷2=20(개)

06 승재: ◎◎◎○○○○ ⇨ 190회 ⇨ ◉◎○○○○
지오: ◎◎◎◎◎◎ ⇨ 300회 ⇨ ◉◉◉
기태: ◎◎◎◎◎○ ⇨ 260회 ⇨ ◉◉◎○
은율: ◎◎◎◎○○○ ⇨ 230회 ⇨ ◉◉○○○

07 (2019년의 쌀 소비량)=(2018년의 쌀 소비량)−5
=167−5=162(g)
(2020년의 쌀 소비량)=(2021년의 쌀 소비량)+3
=155+3=158(g)
⇨ (2019년의 쌀 소비량)−(2020년의 쌀 소비량)
=162−158=4(g)

08 2019년의 쌀 소비량: 162 g
⇨ ◎◎◎△○○
2020년의 쌀 소비량: 158 g
⇨ ◎◎◎○○○○○○○○

09 월요일: 32명 ⇨ 큰 그림 3개, 작은 그림 2개
화요일: 24명 ⇨ 큰 그림 2개, 작은 그림 4개
수요일: 큰 그림 2개, 작은 그림 3개 ⇨ 23명
목요일: 15명 ⇨ 큰 그림 1개, 작은 그림 5개
금요일: (합계)−(월, 화, 수, 목요일에 이용한 학생 수)
=124−94=30(명)
⇨ 큰 그림 3개

10 그림을 모두 세어 보면 큰 그림 11개, 작은 그림 17개이므로 모은 옷은 모두 110+17=127(벌)입니다.
(모은 옷의 수)÷(상자 한 개에 담을 수 있는 옷의 수)
=127÷5=25⋯2
따라서 상자는 적어도 25+1=26(개) 필요합니다.

11 녹차 맛 아이스크림 24개는 큰 그림 1개, 작은 그림 2개이고 조사한 아이스크림 수는 큰 그림 6개, 작은 그림 12개이므로 녹차 맛 아이스크림 수의 6배입니다.
따라서 조사한 아이스크림은 모두 24×6=144(개)입니다.

12 (물통 나)+(물통 다)=98−(물통 가와 라)
=98−41=57(L)
(물통 나)−(물통 다)=27
(물통 나)+(물통 나)=57+27=84(L)이므로
물통 나에 담은 물의 양은 42 L입니다.
⇨ 큰 그림 ◎ 4개, 작은 그림 ○ 2개
(물통 다)=57−42=15(L)
⇨ 큰 그림 ◎ 1개, 작은 그림 ○ 5개